U0260012

下肢智能携行外骨骼系统控制理论与技术

The Control Theory and Application of Intelligent Carrying Lower Extreme Exoskeleton System

杨秀霞　赵国荣　梁　勇　赵贺伟　著

国防工業出版社

·北京·

图书在版编目（CIP）数据

下肢智能携行外骨骼系统控制理论与技术/杨秀霞等著. —北京：国防工业出版社，2017.12

ISBN 978-7-118-11488-1

Ⅰ. ①下… Ⅱ. ①杨… Ⅲ. ①仿生机器人－应用－步行 Ⅳ. ①TP242②G806

中国版本图书馆 CIP 数据核字（2017）第 304089 号

※

国防工業出版社出版发行

（北京市海淀区紫竹院南路 23 号 邮政编码 100048）

北京京华虎彩印刷有限公司印刷

新华书店经售

*

开本 710×1000 1/16 印张 13½ 字数 250 千字

2017 年 12 月第 1 版第 1 次印刷 印数 1—1000 册 **定价** 158.00 元

（本书如有印装错误，我社负责调换）

国防书店：（010）88540777 发行邮购：（010）88540776

发行传真：（010）88540755 发行业务：（010）88540717

致 读 者

本书由中央军委装备发展部**国防科技图书出版基金**资助出版。

为了促进国防科技和武器装备发展，加强社会主义物质文明和精神文明建设，培养优秀科技人才，确保国防科技优秀图书的出版，原国防科工委于1988年初决定每年拨出专款，设立国防科技图书出版基金，成立评审委员会，扶持、审定出版国防科技优秀图书。这是一项具有深远意义的创举。

国防科技图书出版基金资助的对象是：

1．在国防科学技术领域中，学术水平高，内容有创见，在学科上居领先地位的基础科学理论图书；在工程技术理论方面有突破的应用科学专著。

2．学术思想新颖，内容具体、实用，对国防科技和武器装备发展具有较大推动作用的专著；密切结合国防现代化和武器装备现代化需要的高新技术内容的专著。

3．有重要发展前景和有重大开拓使用价值，密切结合国防现代化和武器装备现代化需要的新工艺、新材料内容的专著。

4．填补目前我国科技领域空白并具有军事应用前景的薄弱学科和边缘学科的科技图书。

国防科技图书出版基金评审委员会在中央军委装备发展部的领导下开展工作，负责掌握出版基金的使用方向，评审受理的图书选题，决定资助的图书选题和资助金额，以及决定中断或取消资助等。经评审给予资助的图书，由中央军委装备发展部国防工业出版社出版发行。

国防科技和武器装备发展应经取得了举世瞩目的成就，国防科技图书承担着记载和弘扬这些成就，积累和传播科技知识的使命。开展好评审工作，使有限的基金发挥出巨大的效能，需要不断摸索、认真总结和及时改进，更需要国防科技和武器装备建设战线广大科技工作者、专家、教授，以及社会各界朋友的热情支持。

让我们携起手来，为祖国昌盛、科技腾飞、出版繁荣而共同奋斗！

国防科技图书出版基金

评审委员会

国防科技图书出版基金
第七届评审委员会组成人员

前　　言

在军事变革迅猛发展的今天，单兵已经成为未来信息化战争中最基本、最重要的作战平台。各国在发展单兵综合作战系统、提高单兵作战能力的同时，虽然考虑了尽量减小单兵武器和负荷的体积和重量，但是由于各种因素的影响，事实上还是不可避免地提高了单兵的负荷量。

下肢智能携行外骨骼系统的出现是运载方式上的革新，它突破了传统车辆等运载工具容易受到地形条件影响的限制。在崎岖的山地、茂密的丛林等不适合机动车辆行进的地域，外骨骼系统能够帮助士兵背负沉重的武器装备。由于它能够明显减轻穿戴者的负重感，可以节省穿戴者的体力，因而可以有效地提高士兵的机动性和持续作战能力。

下肢智能携行外骨骼系统还可以应用于民用领域，如运动康复领域、不能使用大型机械的搬运领域、抢险救灾以及残疾人运动领域。

人-外骨骼服组成的智能携行系统属于典型的人机一体化系统，其需要外骨骼系统和操作者之间的协调运动，而只有给出一套成功的外骨骼系统设计及控制方案，才能保证它能与操作者始终保持协调一致的运动节奏，以使二者之间的互相干涉作用最小，并可以根据人的运动意图来适时提供助力。保证人穿戴后，运动负担减小，即穿戴外骨骼服后行走同样距离的路程，人体所消耗的能量比没有穿戴外骨骼服时所消耗的能量少。

国外在携行系统方面的研究已经持续了 40 多年，而我国仅在 2004 年后才有少数单位涉足，与国际研究水平存在较大差距，因此，尽快开展携行系统的研究，开发我国自主的携行系统产品已经迫在眉睫，其研究对缩短国内外差距、有效提高我军单兵战斗力具有重要意义。

项目组所在的海军航空工程学院研究团队致力于下肢携行外骨骼技术的研究，从 2004 年开始，历经十年的发展，在下肢携行外骨骼系统的设计、驱动、控制等关键技术方面均具有了良好的理论和实验基础，试制了三代外骨骼系统的演示样机，已能完成电动式外骨骼服的携行功能，初步形成了一个研究框架，课题组通过原理样机的研制，增进了对下肢智能携行外骨骼控制机理的认识与实践。

本书的主要内容如下。

首先介绍了下肢智能携行外骨骼系统及其特殊的控制问题，给出了国内外研究现状及系统设计和控制的关键问题。

针对下肢步行的运动机理和主要特征，从下肢关节的结构和运动特征、步态的测量和分析入手，通过步态实验分析人体下肢行走的运动学和动力学特征，为携行外骨骼系统的建模及控制提供了参考。

讨论了运用拉格朗日方程对下肢外骨骼动力学建模的方法，并进行了仿真，仿真结果验证了数学建模的有效性。给出了利用 ADAMS 和 SimMechanics 软件建立虚拟样机模型的方法，并建立了外骨骼系统的虚拟样机模型，为携行系统的控制及仿真奠定了良好的基础。

针对携行系统的特点及要求，对下肢外骨骼系统进行虚拟关节力矩控制的研究。虚拟关节力矩控制律不需要系统中人机之间力的作用点和力矩作用点，这为外骨骼服硬件设计提供了相当多的自由。考虑采用带误差反馈的改进的虚拟力矩控制，设计了基于快速 Terminal 滑模的虚拟力矩控制器对外骨骼服行走的摆动阶段进行控制，克服了虚拟力矩控制严重依赖于系统动态模型的缺点。同时设计了具有固定重力补偿的模糊自适应控制器对外骨骼服进行支撑阶段的位置控制，使系统具有鲁棒性。

运用下肢携行系统重复运动这一特性，设计了携行系统的迭代学习控制器。针对人体个体的差异，根据未加入学习控制阶段的人体行走步态判断出穿戴者的步态特征，结合人体行走的生物力学模型，对外骨骼服加入学习控制，设计了迭代学习控制器，提高了系统的控制速度及精度。

人机穿戴耦合方式研究。前面的控制方法虽然解决了人在系统中的控制问题，但是没有解决穿戴者与外骨骼服的匹配问题。根据造成系统产生不可控内力的因素，详细阐述了人服系统两链原理，定义了链接度的属性分配，计算得到了链接度的机动度递推限制条件和静定递推限制条件以及边界限制条件，利用空间维数的相关定理证明了所得结论的正确性。最后把该方法应用在实例中，并给出了外骨骼服构件的实现方式。

在理论研究的基础上，建立了携行外骨骼样机系统，设计了控制系统并对控制算法进行了实现，完成了携行承载功能，实现了多种运动形式。

感谢海军航空工程学院控制工程系的领导和同事们对本项事业的关心、指导与帮助。感谢顾文锦教授、王亭副教授、杨晓冬副教授、张远山博士、归丽华博士、杨智勇博士、刘建成硕士、陈占伏硕士、刘明辉硕士、朱宇光硕士、李双明硕士、武国胜硕士对本书的帮助。感谢为本书的出版做出贡献的人们。本书在编写过程中参考了国内外相关的文献，在此向有关著作者致以诚挚谢意！

非常感谢西北工业大学的郭建国教授、烟台大学的王培进教授、国防科技大学的马宏绪教授、华东理工大学的曹恒教授对本书提出的宝贵意见和建议。

本书工作是在国家自然科学基金项目(编号：60705030)、中国博士后科学基金（编号：20060400293）、山东省自然科学基金（编号：ZR2010FQ005）、总装预研基金（编号：9140A26020313JB14370）资助下开展的，在此一并表示感谢。

本书的出版得到了国防科技图书出版基金的资助。

下肢智能携行外骨骼系统的研究，是一个不断发展的重要研究方向。本书对携行系统的研究主要专注于对其控制机理及控制方法的研究，目前的携行外骨骼系统已能够实现基本的走、跑等功能，而作为全面、实用的系统，还有很多工作要做。希望更多的读者关注这个具有挑战性的研究领域，使相关问题得到进一步研究和解决。限于作者的学识水平，本书一定还存在不少缺点和错漏，恳请读者不吝指教。

作者

2017年10月

目　录

Contents

第1章　绪　论

1.1　下肢携行外骨骼系统研究的背景与意义

“单兵智能携行系统”是一种新概念携行承载下肢外骨骼系统，其将人的智能与机械腿的机器能量结合在一起。人作为整个系统的控制中枢，控制系统的行走方向和速度，可以完成人最擅长而机器却望其项背的那些任务；携行系统则承载人所背负的负荷，跟随人的运动[1-5]。

在军事变革迅猛发展的今天，各国都在设法增强士兵的生存能力、降低伤亡率、提高观通能力和火力。作战外骨骼系统不仅自身具有能源供应装置，提供保护功能，而且可以集成大量的作战武器系统和现代化的通信系统、传感系统以及生命维持系统，从而把士兵从一个普通的战士武装成一个“超人”。

“单兵智能携行系统”主要应用于参与山地、丛林作战，或其他不适于车辆通行的地域，并且必须背负大量武器装备和补给品的士兵；该装具还可以应用于民用领域，比如运动康复领域、不能使用大型机械的搬运领域以及抢险救灾和残疾人运动领域。

区别于传统机器人，外骨骼系统在运动过程中，有一些特殊的要求。

（1）外骨骼系统对操作者的形体、形态以及穿戴者的步速、步幅等要有较强的适应性，这样才能保证负重士兵的飞奔。

（2）外骨骼系统应为自治系统，控制器为独立系统，不能依赖于外部计算及传感器量测。

（3）外骨骼的控制系统设计应是鲁棒的，可靠的，应考虑到一些严峻的条件及情况。

外骨骼服系统独特的人机一体化控制及设计作为一个新型的控制问题，已引起了国外学者的广泛关注，国内学者在近几年开始对其进行研究。由于下肢智能携行外骨骼系统在军事上和民用领域的广泛及重要应用，而其好的控制策略能够极大地节约能源的消耗，最大限度地提高战斗力和利用价值，因此在我国开展外骨骼系统人机结合的智能控制，对于加快我军现代化及信息化建设，提高部队战斗力和节约能源都具有非常重要的意义。

国外相似的系统都称为“外骨骼”、“骨骼腿”、“骨骼服”或“外骨骼系统”，所以用上述名词时也表示携行系统。

1.2 下肢携行外骨骼系统发展现状

根据应用范围不同可以将下肢外骨骼系统分为两类：一类用于辅助老年人或残疾人行走；另一类是帮助携带大量负荷的人进行长距离的行走。

大多数设计出的外骨骼系统属于第一类。M.Vukobratvic 等于 1967 年就开始了对外骨骼和类似的运动康复矫正装置的研究，设计了一系列的外骨骼系统。他们开发了使用各种驱动装置驱动的外骨骼系统，如液压驱动、气压驱动或直流伺服电动机驱动等。这些系统验证了他们的理论结果，而且实验结果也证明了这种方法是可行的。但是这些装置最大的缺点就是过时的硬件设备和控制技术。

目前，最成功的用于辅助残疾人行走的外骨骼是日本筑波大学 Cybernics 实验室的科学家和工程师们研制出的世界上第一种商业外骨骼机器人 Hybrid Assistive Leg（HAL）[6-11]，准确地说，是自动化机器人腿：“混合辅助腿”。如图 1-1 所示，这种装置能帮助残疾人以每小时 4 千米的速度行走，毫不费力地爬楼梯，HAL 机器腿的运动完全由使用者通过自动控制器来控制，不需要任何操纵台或外部控制设备。HAL 由背囊、内置计算机、电池、感应控制设备、4 个电动机传动驱动装置（对应分布在髋关节和膝关节两侧）组成。这种帮助人行走的外骨骼动力辅助系统，配备较多的传感器，如角辨向器、肌电传感器、地面传感器等，所有动力驱动、测量系统、计算机、无线网络和动力供应设备都装在背包中，电池挂在腰部，是一个可佩戴的混合控制系统，根据生理反馈和前馈原理研制的动力辅助控制器可以调整人的姿态，使其感到舒适。

HAL 采用肌电传感器来辨识人的运动意识，它考虑了人腿具有的黏性特性和弹性特性，基于阻抗控制方法研究了 HAL 的黏性特性的控制，对肌肉的黏弹性特性进行了深入的分析，使得穿上 HAL 的操作者运动起来感觉非常舒适。

HAL 的优缺点都体现在肌电传感器上。首先，人大脑中枢神经发出运动信号，改变了人体表面肌肉电信号，这个电信号要超前于肌肉收缩或屈伸，因此，利用这个超前可以使控制器有充足的时间来对肌电信号进行处理并计算控制输出信号，抵消了控制系统中存在的延迟。这是其有利的方面。其次，肌电传感器由于使用肌电贴片贴于人体肌肉上面，受到很多因素的影响：①在激烈运动下，容易脱落、易位；②长时间运动后，人体出汗会影响传感器的测量；③传

(a)

(b)

图 1-1　日本的 HAL-3 型外骨骼系统

感器随人的个体不同，存在一定的差异；④传感器每次都要贴到人体表面，使用不便。

除 HAL“混合辅助腿”外，日本还研制成功了一种全身形外骨骼机器人。神奈川理工学院研制的“动力辅助服”（Power Assist Suit）可使人的力量增加 0.5～1 倍，使用肌肉压力传感器分析佩戴者的运动状况，通过复杂的气压传动装置增加人的力量[12]。事实上，这种装置最初是为护士研制的，用来帮助她们照料体重较大或根本无法行走的病人。

以色列“埃尔格医学技术”（Argo Medical Technologies）公司研究的“ReWalk”装置是一套康复医疗下肢助力外骨骼，它可帮助下身麻痹患者（从腰部以下瘫痪的人）站立、行走和爬楼梯，它由电动腿部支架、身体感应器和一个背包组成，并需要一副拐杖帮助维持身体平衡，背包内置有计算机控制系统和蓄电池。使用者可以先用遥控腰带选定某种设置，如站、坐、走、爬等，然后向前倾，激活身体感应器来启动装置。

荷兰特温特大学生物力学实验室根据人体下肢关节运动机理，研制了串联式弹性驱动器，并应用于 LOPES 增力型外骨骼中，对卒中患者或截瘫患者进行康复训练[13]。

在国内，浙江大学流体传动及控制国家重点实验室分别在 2005 年和 2009 年开发了气动式下肢步行柔性外骨骼系统和卒中患者下肢运动康复训练柔性外骨骼系统，如图 1-2 所示。气动式下肢步行柔性外骨骼系统通过采集足底的压力信号，将压力信号与穿戴者步态进行直接关联，并基于自适应神经模糊推理系统控制理论，开展了下肢外骨骼的人机耦合控制研究。卒中患者下肢运动康复训练柔性外骨骼系统具有 4 个自由度，每个关节由直线驱动器驱动，可根据患者的病情，带动患者进行被动、半主动和主动等多种运动康复训练[14-16]。

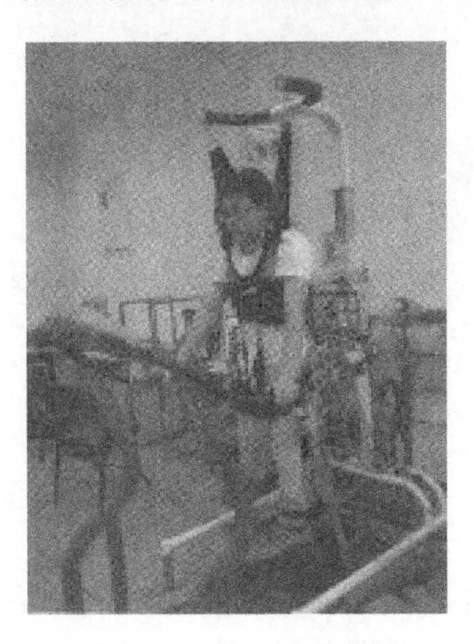

图 1-2　浙江大学的外骨骼系统

哈尔滨工业大学对下肢残疾患者的助力机器腿[17]进行了研究，然后又利用图像法获得了人体的运动数据，同时利用 Matlab 进行了外骨骼服的运动学仿真。哈尔滨工程大学在基于多传感器的步态检测方面展开了诸多研究[18-22]，其传感器系统硬件组成与韩国汉阳大学多传感器系统相似，自主开发的数据采集系统可以实时获得随动腿的关节传感器信息及足底压力信息，通过所开发的软件能够分析下肢的步态特性。

第二种类型的外骨骼用于辅助人负重，与没有穿戴外骨骼服的人相比，在人感到疲劳之前，穿戴外骨骼服的人可以携带更多的负重，可以走得更远。外骨骼系统的设计目的就是使人能在超负荷的状态下执行任务，特别是应用于军事领域。这类外骨骼系统中最早的就是 1960 年美国通用电气公司和美国陆军联合发展一种称为“强人”（Hardiman）的外骨骼系统[21,22]，如图 1-3 所示。它以主从控制方式运行，使用电机驱动方式，可以像举起 10 磅（1 磅=0.4536kg）那样来举起 250 磅的重物。这是负荷型的外骨骼系统，在应用上受到限制，后来没有再继续。

美国五角大楼的“国防远景研究计划署”（DARPA）斥巨资在加利福尼亚大学伯克利分校研制成功了一种可以绑缚在士兵腿上的“伯克利下肢外骨骼”（BLEEX），

(a)

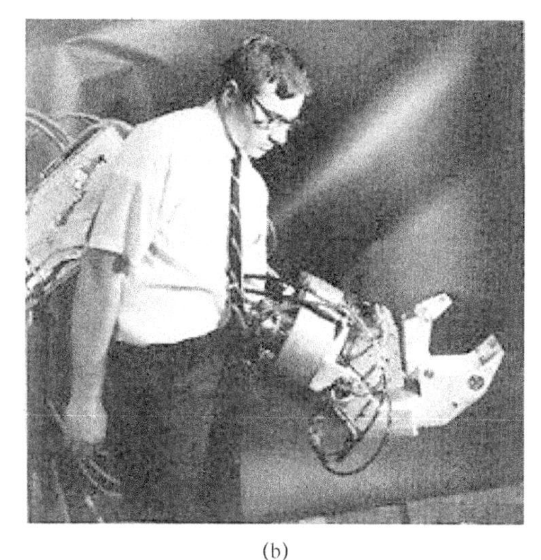

(b)

图 1-3 美国 Hardiman 外骨骼系统

如图 1-4 所示，这是一种灵巧型的外骨骼服。BLEEX 包括金属支架以及用来承载重物的背包式外架和动力设备等。在携带者的臀部装有一台小型发动机，提供行走所需动力。臀部后方延伸出一个精致的折叠式小钢架，方便士兵把军用背包、武器等物品背负于身后。在该装置中总共有 40 多个传感器以及液压关节，它们组成了一个类似人类神经系统的局域网。一些传感器安装在鞋垫中，它们会将信息传给计算机，并根据使用者的动作计算出所需的力量分配，然后调节仿生机械腿，将重量合理分配到一对合成金属制成的不锈钢钢架结构上，从而使佩带者的负荷达到最少。使用目前型号的这种机械外骨骼服，使用者还需要穿一双改进的军靴，军靴和该外骨骼服连在一起。如果能量耗尽，使用者可以把外骨骼服轻而易举地拆除并折叠成一个大背包[23-32]。

这种外骨骼服结合了人控系统和机械“肌肉”，它易操作，符合人体工程学，佩带者可以穿着它轻松自如地走、蹲、弯腰，使用者可以在扛着沉重设备的情况下，依然健步如飞。这种设备上并无操纵杆和按钮一类的东西，它可以和使用者的身体合一。佩带者不需要经过特别训练就可以使用它。在最新的实验中，一般人穿上这个设备最多可外加 200 磅的负重，行走和奔跑起来都非常轻松。

研究者还在继续研究如何提高这种外骨骼服的性能，主攻方向是如何缩小它的部件。研究者们也在研制一种更安静、更强劲的引擎以及更智能化的控制系统。另外，研究者们还在研制可以使佩带者跳跃的“外骨骼服”。

(a)

(b)

(c)

图 1-4　美国 BLEEX 外骨骼系统

美国麻省理工学院（MIT）采用准被动概念设计外骨骼服[33,34]（图 1-5），外骨骼服的关节上不需要使用任何驱动器，而是用行走步态中的处于负能量相位时储存在弹簧中的能量来提供辅助动力。实验表明，基于准被动动力学的外骨骼服可以成功地实现负荷 36kg，并且以 1m/s 的速度行走，在单支撑相，外骨骼服将负荷的 80%传递到了地面。然而，MIT 的外骨骼系统在进行新陈代谢实验时的结果令人失望，同样背负 36kg 的负荷，使用外骨骼服时人体的新陈代谢比不用外骨骼时增加了 10%。

日本东京大学农业与技术学院的研究人员最近研究出了一个外骨骼机器人系

统[35]，如图 1-6 所示。这种外骨骼产品是针对农业领域开发的，可用于改善农民和园丁等人群的工作情况，也可以支撑自身重量。其总重量达到约 20kg，共有 8 个马达和 16 个传感器，可以帮助穿戴者瞬间增力。

新加坡南洋理工大学开发的下肢外骨骼服[36,37]如图 1-7 所示，称为 NTULEE。NTULEE 由内外两个外骨骼组成：内部外骨骼结构简单小巧，直接安装在操作者身上，关节上的编码器用于测量人体的关节角度信息；而外部外骨骼则主要承担负荷。内部外骨骼的测量信息经过算法变换后形成控制信号并经转换后控制外部外骨骼运动。

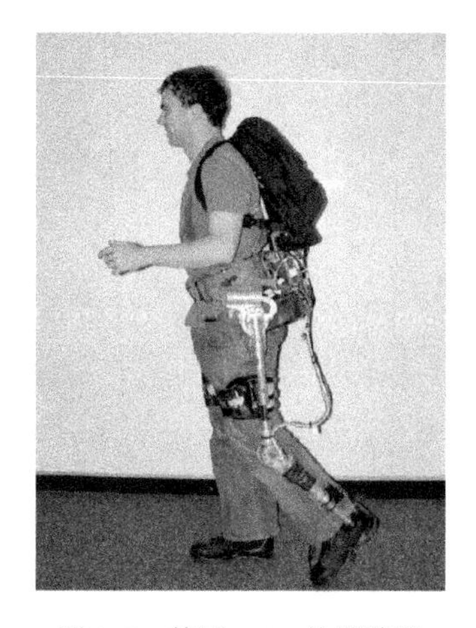

图 1-5　美国 MIT 外骨骼服

图 1-6　日本东京大学农业与技术学院的能量辅助服

图 1-7　新加坡南洋理工大学的下肢外骨骼服

俄罗斯国防部第 3 中央研究所在 2015 年研制出的“战士 21”作战服，它能够让步兵携带重物飞奔，而且在电力耗尽时迅速脱下。俄罗斯莫斯科工程物理学院正在研究使用人造肌肉（依照电磁条件改变长度的纳米材料）取代液压系统来驱动外骨骼机器人。

中国科学技术大学对外骨骼的构型、感知和控制方法等方面进行了分析研究[58]，其样机如图 1-8 所示。华东理工大学进行了外骨骼服虚拟样机的研究[38,39]，还研制了实物样机，如图 1-9 所示。

图 1-8　中国科学技术大学的助力机器人样机

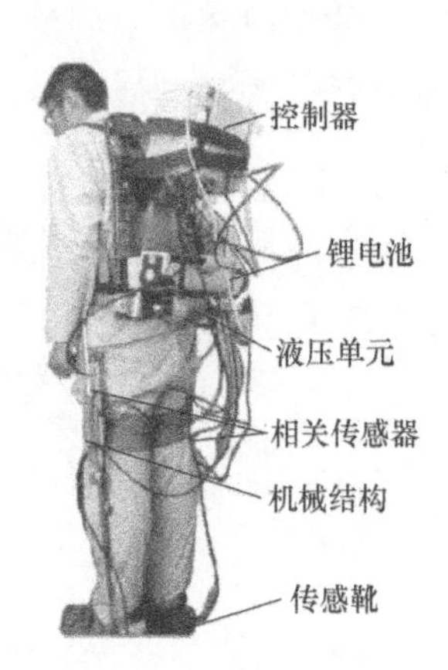

图 1-9　华东理工大学的外骨骼服样机

此外南京理工大学[57]、东南大学[59]、香港大学[60]、北京工业大学[61]等越来越多的院校和科研机构开始涉足外骨骼系统研究领域。

海军航空工程学院从 2004 年开始进行外骨骼系统的研究[62-66]，2006 年设计完成了第一代外骨骼系统，它采用微型计算机控制，以直流伺服电机和谐波齿轮减速器作为驱动系统，配合机械结构气弹簧，巧妙地实现了负重情况下的辅助行走；采用直流 24V 的大功率锂电池组，不仅为系统提供了强劲的动力，而且摆脱了地面电源的束缚，如图 1-10 所示。2008 年又研制了第二代外骨骼服样机，该样机将所有的驱动装置、控制器、电源等全部放在了外骨骼的躯干上，外骨骼腿上设计了柔性的拉索装置和气弹簧，通过脚底安装的压力传感器判断人腿的运动模式，从而控制膝关节的伸展和弯曲，实现摆动相时自由摆动、支撑相时支撑重物的功能，如图 1-11 所示。由于前两代外骨骼系统的计算机为微型工控机，操作系统运行的后台程序影响了数据处理的实时性能，降低了整个系统的响应速度，因此，在前两代外骨骼服样机的基础上，提出了基于嵌入式系统的新一代外骨骼系统的开发，在腰环、传感靴、关节设计、结构设计等方面都有进一步的改进，如图 1-12 所示。

总体上来看，国内在外骨骼系统研究方面起步较晚，至今还没有完全功能化的样机，因此，加快进行外骨骼系统各项技术的研究，对于提高我国外骨骼系统研究水平具有重要意义。

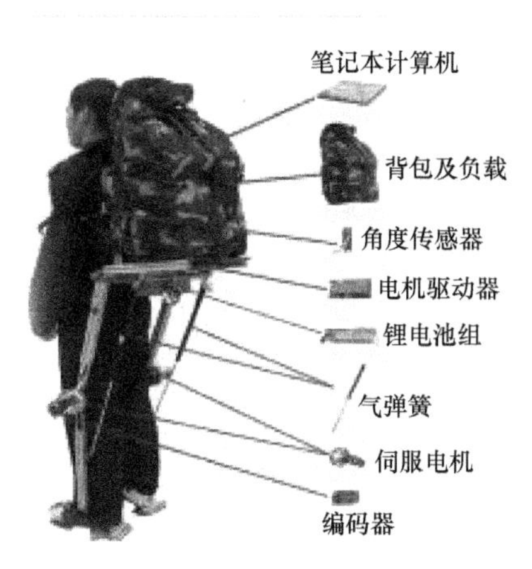

图 1-10　第一代外骨骼服样机

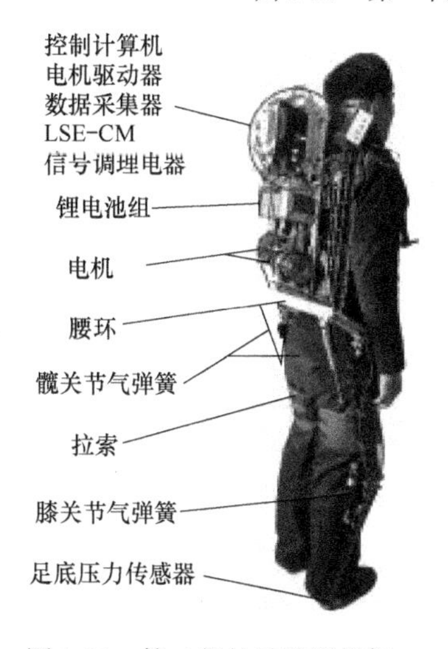

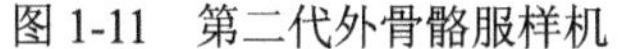

图 1-11　第二代外骨骼服样机

图 1-12　第三代外骨骼服样机

1.3　下肢携行外骨骼系统设计及控制的关键技术及发展现状

外骨骼系统的研究主要集中在系统的功能性设计，在研究人体运动机理的基础上，对外骨骼携行系统实现人机系统设计、运动感知及控制。

1．人机系统设计方面

美国加州大学伯克利分校 Kazerooni 等在 2004 年公布的“伯克利下肢外骨骼”（Berkeley Lower Extremity Exoskeleton，BLEEX）是世界上第一个能够背负载荷和实现真正意义上完全自治式的外骨骼机器人，能够使穿戴者很轻松地背起 34kg 的重物，以每小时 4.5km 的步行速度行走[24]。BLEEX 包括可以牢牢地固定在使用者脚上但又不会和使用者摩擦的金属支架，以及用来承载重物的背包式外架和动力设备等。

日本筑波大学[5,6]研制出世界上第一种商业外骨骼机器人“混合辅助腿”：HAL-3 和 HAL-5。本田机器人研究院在 HAL-3 的基础上开发了代步助力器，它的机械架与鞋子相连，上部安装有鞍状车座，其双下肢共有 6 个自由度，即每条腿的髋关节、膝关节和踝关节各有 1 个自由度。结构上采用了非拟人设计，无绑缚于人体的连接，采用支撑座承受人体自重，膝关节和髋关节为驱动关节。它主要用来帮助老年人行走或帮助某些工种的工人提高工作效率。

美国麻省理工学院（MIT）媒体实验室的生物机械小组（Biomechatronics Group）在 DARPA 的 EHPA 项目第二阶段的资助下提出了一种准被动的外骨骼控制概念[33,34]。这个概念的目标是利用人体行走时的被动动态来开发一种更轻便、效率更高的外骨骼装置。MIT 的外骨骼服采用准被动的概念设计外骨骼服，在外骨骼服的关节上不需要使用任何驱动器，而是使用行走步态中的处于负能量相位时储存在弹簧中的能量来提供辅助动力。通过对人体行走运动的动力学和运动学进行分析来选择准被动元件（例如弹簧、变阻尼器等）。MIT 的外骨骼服通过肩带、腰带、大腿箍带和特制的鞋子与人体耦合在一起。没有负荷时，外骨骼服重 11.7kg，仅需要 2W 的电能来控制安装在膝关节的磁流变阻尼器。实验表明，基于准被动动力学的外骨骼服可以成功地实现负荷 36kg，并且以 1m/s 的速度行走。在单支撑相，外骨骼服将负荷的 80%传递到了地面。然而，MIT 的外骨骼服在进行新陈代谢实验时的结果令人失望，同样背负 36kg 的负荷，使用外骨骼服时的新陈代谢比不用外骨骼服时增加了 10%。

文献[42]提出了一种上肢外骨骼服的柔性器件设计，理论分析及实验结果验证了其良好的随动特性及助力能力，并对各种运动方式具有适应性，本项目考虑在下肢携行外骨骼系统中也引入柔性器件；文献[43]采用无动力设计方法，利用弹性器件的弹性储能原理，只对外骨骼服的膝关节进行了设计，节约了穿戴者的体能消耗，对老年人及体弱病人的行走很有帮助；文献[44]通过加入凸轮、轴销等不同的运动组件，根据运动生物力学模型设计了五种不同结构的膝关节，与不穿戴外骨骼服时进行了比较，进行了理论及实验分析。

多年来，研究人员主要致力于外骨骼服本身的结构设计，对外骨骼服各关节自由度的设置及与人体连接的方式研究却很少。实际上，关节的设计及外骨骼服与人体连接件的结构设计是很重要的。文献[45]采用仿生并行设计方法只设计了髋关节，从关节三自由度的设计、与穿戴者的连接、结构刚度等方面同时考虑，通过仿真，得到了拟人的三自由度运动效果。设计时，外骨骼服设计的运动学特性应尽量复制人的肢体运动学，以保证二者工作空间的相似性，但实际系统并不可能精确。这主要有两方面原因：人的个体形态差别很大，关节运动学很复杂，不能被传统的机器人关节模仿；另外，由于骨结构表面的复杂几何特性，不可能与人体有一致的模型。人体链和外骨骼服链之间的差别是不可避免的，这些不匹配会产生运动不匹配。若连接体为刚性的，产生的超静定力会导致移动上的困难，出现不可控的内力。N. Jarrasse 和 G. Morel 在文献[46]中把人体链和外骨骼服链的结构不匹配看成是超静定问题，提出了一些法则来解决上肢外骨骼服的静定结构设计，其思路非常新颖，但理论上还不够完善。文献[47]中完善了静定结构设计理论成果，并且在上肢外骨骼服 ABLE 上得到了应用，但没有解决链接度的属性分配，也就是指这个链接度是属于线运动？还是属于角运动？文献中只能通过实验的办法来选取。因此，进行人机穿戴耦合方式研究，解决穿戴者与外骨骼服的匹配问题，减少系统产生不可控内力的因素是非常必要的。

2．运动感知及控制系统

外骨骼的控制系统都是建立在一定的信息感知基础上的。在外骨骼系统的发展过程中控制方法是在不断改进的，控制效果也在不断改善，具有代表性的控制方法有程序控制、主从位置控制、ZMP 控制、力反馈控制和虚拟力矩控制等。

1）用户指令控制系统

一些下肢垂直负重装置——机械康复步态仪是为操作者在负伤的步态下能够提供辅助战斗和恢复体能而设计的，很多这样的装置都依赖一个从健全肢体上传来的显式信号进行控制，另外的控制特征通过一个装在手上的开关可以得到。这些方法的局限性在于除了发出指令之外，人不能使用他们的上肢做其他工作，并且指令信号一定要有意识地被人发出[43]。

2）肌电信号控制系统

采用肌电信号进行控制的外骨骼系统典型代表是日本筑波（Tsukuba）大学的 HAL（Hybrid Assistive Limb）系列下肢外骨骼系统[6-11]。由日本筑波大学的山海嘉之（Yoshiyuki Sankai）教授所领导的 Cybernics Lab 开发的 HAL 系列下肢外骨骼系统用于协助步态紊乱的病人行走。它采用了角度传感器、肌电信号传感器和地面接触力传感器等传感设备来获得外骨骼系统和操作者的状态信息。HAL 拥有混合控制系统，包括自动控制器进行诸如身体姿态的控制以及基于生物学反馈和预测前馈的舒适助力控制器。

采用肌电信号进行控制的缺点在于：①无法实现关节转矩和特定肌肉的肌电信号之间一对一映射的关系；②无法实现外骨骼系统的通用性。因为肌肉力矩、肌电信号强度与肌肉力之间的关系因人不同[44]，这也是导致制作每套 HAL 都需针对具体使用者的需求及体能状态而特别订制的原因。

3）预编程步态控制

一些操作者只能控制“动”和“停”等有限功能的下肢外骨骼服控制器是以

预编程步态动作为基础的[45]。Miyamoto 的下肢外骨骼服是为半身麻痹患者恢复运动而设计的。产生运动的原因是外骨骼服关节被预编程了正常动作的有角轨道，并被修正装置修改，关节译码器和对压力敏感的脚开关为相应的关节运动的追踪提供必要的反馈。Ruthenberg 等[46]的步态机也瞄准为关节受伤的人提供像正常人一样的机械双足运动，在这个设计中，使用者通过一个按钮发动腿的运动。上述预编程式步态控制恢复装置都需要病人使用拐杖或步行框架提供额外的稳定。

4）主-从控制

主-从控制最初被用于电动机器人系统，其目的是模仿人类操作员的运动。当应用在关节空间，这种方法旨在通过反馈控制把机器关节一对一的与对应的人类关节相对应。

20 世纪 60 年代后期，以主-从控制为基础，人们开始尝试构造一种全身的外骨骼服。通用电气制造了 Hardiman，系统由两个被操作者穿在身上的交叠处理的外骨骼服组成。操作员操纵了靠内侧的“主”骨骼服，并通过它提供指令给外部的“从”骨骼服。

在外骨骼系统中，主-从控制意味着人的关节必须能被测量并且人能够不被机器阻挡移动。因此，两套外骨骼服是必要的：操作者所穿的“主”骨骼服用来记录关节转角或身体肢节的位置和方向，另一个“从”骨骼服则用来模仿人类的运动。一个基于主从观念的控制规律将导致人机之间必须留有空间以插入适当的仪器并且使人能在此机器中移动。主-从控制也意味着为了避免人机之间的冲突，机器在几何学上一定要和人体相互匹配。两者不仅要有相匹配的关节角度，机器的躯干还要与人的身体保持在相同位置。能引起躯干运动（包括非矢状面旋转的耦合引起的矢状面的运动）的所有自由度都必须被测量以确定躯干的位置和方向。

5）被动控制

被动控制充分应用人体行走过程中势能和动能之间转换近似为一个被动的机械过程这一原理，由一对类人形双腿走出由重力和惯性产生的自然步态模式。文献[47]根据矢状面上人体髋关节、膝关节和踝关节的角度、力矩及能量数据，确定出外骨骼服的驱动构成和控制策略，利用简单的弹簧储能和串联弹性驱动器（Senes elastic actuator，SEA）驱动实现了步态的控制。这种控制方式实现比较简单，但由于是利用人体行走的整个过程中的能量消耗对步态进行控制，因此，对人体行走的各个时刻控制还不精确，外骨骼服对人会产生一定的干涉。

6）力反馈控制

在机器人力反馈控制系统中，通过力传感器的反馈，机械手和其所处环境的力均被控制到一定的值。Eppinger 等[48]、Whitney[49]和 Craig[50]已经描述了机械手力反馈控制的传统应用。在一个外骨骼系统中，操作员和机器之间的作用力应该被控制到操作员感觉不到机器存在为止。

Kazerooni[51-53]为了要增加人类的举起能力，用一个修正后的力反馈控制上肢外骨骼服。在这个系统中，两组力传感器测量人和外部环境强加于外骨骼服上的力，其目的不是在人机接触点获得一个预先设好的力，而是产生一个与负荷成比例的力。Hayashibara 等[54,55]不久后对这种控制规律进行些许改动，使人类在携带一个重的负荷时感觉负重减轻。在力反馈控制中，所有的相互作用力都要被测量，虽然理论上建立这样一个控制规律是可能的，但实际的硬件实现却是十分困难的。力反馈控制律的目标是减小机器作用于人的力，传感器件必须清晰地将机器作用于脚的力从地面作用力中区别开，但目前的力传感器还不能达到这个水平。另外，作用在传感器上由足部弯曲所产生的内部剪力无法与人机接触产生的剪力区别，因此，测量元件将会对脚部交互作用力的剪力成分给出一个错误值。

7）地面反作用力控制

对广义地面反作用力（广义力包括作用在这个点上的力和力矩等成分）控制方法的直观理解是，除了地心引力，在人行走过程中唯一的外力和力矩是地面反作用力，因此，只有此力在运动期间使系统的质心前移，这说明通过控制地面反作用力就能控制机器的推测是可能的。因此，机器的质量是与人的身体成比例的，将一个与人受到的地面反作用力成比例的力作用在外骨骼服上将引起机器与人同时运动。

地面反作用力控制规律的正确运用必需测量人类和机器受到的地面反作用力，而对人-地作用力检测还存在着好多限制，并且此方法是基于人和机器身体部位几何尺寸完全相同的假设下获得的。为使这个控制律工作，每部机器都必须同特定操作员相适合。以几何尺寸不相等为基础的控制律无疑会增加系统方程的复杂性和人体测量数据的数量。

8）虚拟广义力控制

力的反馈控制方法的缺点是因为无法完全地测出系统中人机间的相互作用力。如果人机接触点处，力传感器无法测量，那就不清楚测量出的力是否能够反映人机交互作用力。虚拟的广义力控制方法通过系统的数学模型不能被测量到的作用力，用这些信息建立一力的反馈控制律。因此，沿着机器的肢节在预定位置没有一个真正的传感器接口，而是用虚拟的传感器替换这些接口，不必使用人的数据。但想要得到人机间的作用力，必须得到广义力矢量的 Jacobian 矩阵。这意味着需要人机作用力的精确位置，而机器需要与人在脚以及沿着躯干的部位与人身体接触，因此，这种控制规律的实现是非常困难的。

9）虚拟关节力矩控制

虚拟关节力矩控制选择广义力矩矢量从而绕过上述控制器的限制。控制律在机器的关节空间而不是应用于人体一点的一组力或力矩，由施加在机器上的纯关节力矩构成系统的控制结构。

与广义力空间的控制律不同，关节力矩空间的控制律不需要系统中任何人机之间力的作用点和力矩作用点，这为外骨骼系统硬件设计提供了相当多的自由，结构的人机学设计方面不需要为了控制律而让步，并且与人相接触的点能被放置在最实用、最舒适的位置。控制律不需用任何操作员的信息或人机接口的机械特性，适用于不同的机器和操作员。与主从控制和力反馈控制相比，此控制规律的主要缺点是：此控制律必须得到外骨骼系统的质量属性，由此引入的额外不确定性，就如在力反馈控制方法中会出现的力测量的潜在不可靠性一样，需要加入其他的控制机制进行消除。

美国 Berkeley 大学在虚拟关节力矩控制方面做出了初步研究成果。其通过足底压力传感器，对人体在一个步态周期内的行走阶段进行判断，对各个阶段加入不同的控制。

通过上述分析，考虑到目前我们国家对外骨骼系统的研究尚处于起步阶段[43-45]，虚拟关节力矩控制是可采用的且比较先进可行的控制方法，但此研究领域存在的最大问题是控制律须得到外骨骼系统的质量属性，由此引入了额外不确定性，控制算法的大多数时间被用于计算运动时的动态方程。

3．驱动方式的选择

驱动方式的选择是设计外骨骼服的关键问题之一，对驱动器的要求是不但能够提供外骨骼服运动所需要的能量，还要求驱动器工作稳定、灵敏，适应性好。驱动器受到整体结构的限制，要求重量轻、体积小、灵活、方便使用和维护。传统的驱动装置包括电机驱动方式、液压驱动方式和气压驱动方式，这几种驱动方式技术比较成熟，但要应用于人机结合的携行系统，还要进行大量的应用研究工作。表 1-1 给出了三种传统驱动方式的比较。

表 1-1　三种传统驱动方式的比较

参数	电机驱动	液压驱动	气压驱动
带宽	比液压驱动方式要小	最高	是液压系统的 1/5～1/6
能量重量比	约是液压方式的 1/10	非常好	较低
能量体积比	约是液压方式的 1/5	非常好	较低
减速机构	减速机构使体积增大了 20%～50%	没有减速机构	没有减速机构
成本	较高	一般	最低
控制精度	最高	一般	较低
刚度	较低	高	较低
环保性能	无污染，噪声小	会泄漏，有噪声	会漏气，噪声较大
辅助设备	无	需要液压泵、储液箱、电机、液管、伺服阀等	需要气压机、过滤器等

（续表）

参数	电机驱动	液压驱动	气压驱动
其他	可靠性高，维护简单	需要维护，液体黏度会随温度的改变而改变，对灰尘及液体中的杂质敏感	系统简单、元件可靠

1）液压驱动

液压驱动将采用两种工作方式：一种采用旋转液压缸，直接输出转动力矩；另一种是采用直线液压缸，再将这个力通过机械装置转换为旋转力矩。美国伯克利大学的 BLEEX，它采用了双驱动的线性液压驱动器，将直线液压缸的直线位移输出转换为旋转输出，控制携行系统关节旋转[23]。但是液压油是易燃物质，液压油容易泄漏。这对外部环境比较恶劣的情况，如战场、火灾现场等场合，一旦液压装置故障和损坏会出现危险。

2）气压驱动

现代气压驱动系统设计中，出现了一种气动肌肉的驱动系统方案，该气动肌肉能模仿生物肌肉，通过一个球胆中的气压的增大或者减小来使气动肌肉增长或者变短，Power Assist Suit 采用的就是气压的驱动方式。气压驱动采用气体作为压缩介质，气体密度较小容易压缩，但气体受到温度条件的影响较大，能量传递速度慢、延迟大，而且压缩密封的气体产生的能量相对较小，不易精确控制，因此在外骨骼系统的驱动选择上较少采用气压驱动方式。

3）电机驱动

目前机器人应用最广泛的是利用电机驱动，包括步进电机、直流伺服电机和交流伺服电机。日本筑波大学研制出的世界上第一种商用的外骨骼 HAL 则采用了电机驱动[6-11]。在外骨骼系统上使用的电机受到诸多限制，一般采用微型化的电机，这样造成电机提供的力矩较液压的小一些。但是在一般的机器人系统中，通常要求的驱动力矩较小，利用电机驱动完全可以满足要求。在电机驱动中，对电机的性能要求快速性好，启动转矩大，调速范围宽，电机转速随控制信号的改变能够连续变化，能够频繁地加减速和正反向运行。现有的电机技术已经基本上满足了上述要求，这使得外骨骼系统利用电机驱动成为可能。本书在外骨骼原型机的设计中，选择了电机驱动方式。

此外，SEA 驱动器、直接驱动电机、形状记忆金属驱动器、磁致伸缩驱动器等新型驱动器还处于研究和发展阶段，在不远的将来会变得非常有用。

1.4 本书的主要内容

外骨骼服是一个典型的人机耦合系统，采用人机耦合的概念对外骨骼服展开研究，其重点是在研究过程中关注人体对外骨骼服控制的参与，以及在整个过程中人体的体力消耗问题和舒适度问题，本书从人体运动生物力学实验入手，对下肢携行外骨骼的系统结构设计和外骨骼服的控制方法两个方面入手，主要研究了以下几方面的内容。

（1）针对下肢步行的运动机理和主要特征，从下肢关节的结构和运动特征、步态的测量和分析入手，通过临床步态分析数据分析人体下肢行走的运动学和动力学特征，为携行外骨骼服的建模及控制提供了参考。

（2）讨论了运用拉格朗日方程对下肢外骨骼服动力学建模的方法，并进行了仿真，仿真结果验证了数学建模的有效性。给出了利用 ADAMS 和 SimMechanics 软件建立虚拟样机模型的方法，并建立了外骨骼服的虚拟样机模型，为携行系统的控制及仿真奠定了良好的基础。

（3）针对携行系统的特点及要求，对下肢外骨骼服进行虚拟关节力矩控制的研究。考虑采用带误差反馈的改进的虚拟力矩控制，设计了基于快速 Terminal 滑模的虚拟力矩控制器对外骨骼服行走的摆动阶段进行控制，克服了虚拟力矩控制严重依赖于系统动态模型的缺点，理论分析及仿真结果证明了此控制方案的可行性及有效性。

同时设计了具有固定重力补偿的模糊自适应 PD 控制器对外骨骼服进行支撑阶段的位置控制，克服了传统的具有固定重力补偿的 PD 控制无法实现在线调整 PD 参数，并且当系统负载变化或有干扰信号时，位置控制会出现不稳定乃至发散的现象的缺点，得到了较好的控制效果。

（4）为了提高系统的控制速度及精度，运用下肢携行系统重复运动这一特性，设计了携行系统的迭代学习控制器。针对人体个体的差异，根据未加入学习控制阶段的人体行走步态判断出穿戴者的步态特征，并结合人体行走的生物力学模型，对外骨骼服加入学习控制，设计了迭代学习控制器，并进行了收敛性证明，仿真结果说明了此方法的有效性。

（5）人机穿戴耦合方式研究。前面的控制方法虽然解决了人在系统中的控制问题，但是没有解决穿戴者与外骨骼服的匹配问题。根据造成系统产生不可控内力的因素，详细阐述了人服系统两链原理，定义了链接度的属性分配，计算得到了链接度的机动度递推限制条件和静定递推限制条件以及边界限制条件，利用空间维数的相关定理证明了所得结论的正确性。最后把该方法应用在实例中，并给出了外骨骼服构件的实现示意图。

（6）建立了携行外骨骼服样机系统，设计了控制系统并进行了控制算法验证，完成了携行承载的功能，实现了多种运动形式。

第 2 章　基于携行外骨骼系统的人体负荷行走建模与实验

以人体为研究对象，研究其建模方法，对其进行运动学和动力学分析是仿人机构和双足机器人研究的基础理论之一。在对仿人机构和仿人机器人的研究过程中，国内外各研究机构都以人体为对象，对其进行建模，并从各种步态入手进行基础性研究。外骨骼服穿戴在人体外并跟随人体一起运动，辅助人完成行走，其行走特性与人的行走特性具有相同的机理。因此，有必要深入研究人体行走的内在规律和生物力学原理，分析其运动学和动力学特征，为外骨骼服的进一步研究和设计提供理论基础。对人体进行动力学分析是研究仿人机器人的关键和基础，对它研究的深入程度将直接关系到下肢智能携行外骨骼系统设计的效果。

采用理论和实验相结合的研究方法，以中国人为对象进行了负荷步态的研究。运用多台摄像机对人体在不同步速、不同负荷下的步态进行拍摄，同时采集行经测力台的动力学数据，通过 SIMI 三维运动分析系统对所摄录像进行三维解析，获取人体在不同步速与负荷下的运动学数据，然后运用逆动力学法计算出所需动力学参数，如图 2-1 所示。对已获得的运动学、动力学数据，运用统计软件 SPSS 进行统计学处理，初步建立了在不同步速与负荷下人体步态的数据库，为下肢携行外骨骼系统的控制提供了理论基础。

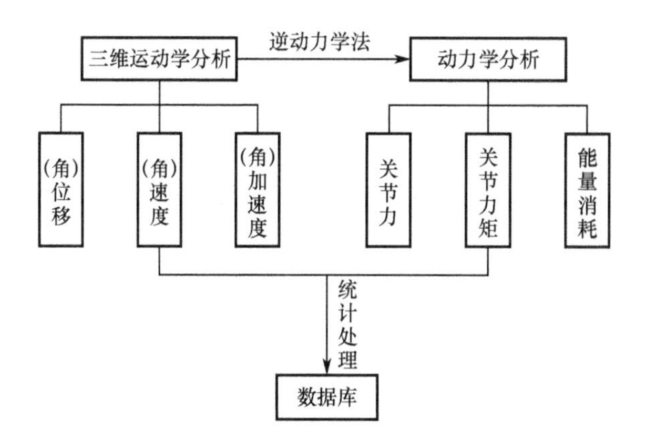

图 2-1　人体负荷行走的生物力学研究方法

其中采用的逆动力学方法，是以人体惯性参数、步态实验解析得出的运动学坐标和测力台测得的地面反作用力为输入，运用牛顿-欧拉方程计算出下肢各关节的运动学参数和动力学参数，其流程图如图 2-2 所示。在使用牛顿-欧拉方程建立各环节动力学方程时采用的是隔离法，按照从足部依次往上的顺序分别对各环节建立方程。

根据上述逆动力学方法，将步态实验中所得运动学数据以及测力台所测数据作为输入进行仿真计算，可以得到各关节的肌肉力矩和关节反力以及关节的角运动数据。

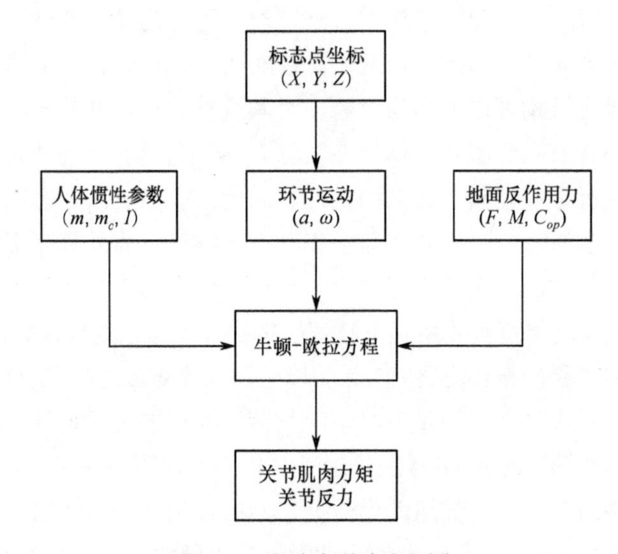

图 2-2　逆动力学法流程图

2.1　人体下肢关节结构及运动步态分析

2.1.1　人体的基本面和基本轴

研究人体特征之前，通常需要了解解剖学中对人体的几个基本定义。运动解剖学规定，人体具有 3 个互相垂直的基本面和基本轴[67,68]。在分析人体环节绕关节运动时，通常都要用到这些基本面和基本轴，如图 2-3 所示。

矢状面（Sagittal Plane）是指沿人体前后方向，将人体纵切为左、右两部分的切面。若沿正中线把人体分为左右对称的两部分的切面称为正中矢状面，简称正中面。

额状面（Frontal Axis），又称冠状面（Coronary Plane），是指沿左右方向将人体纵切为前、后两部分的切面。

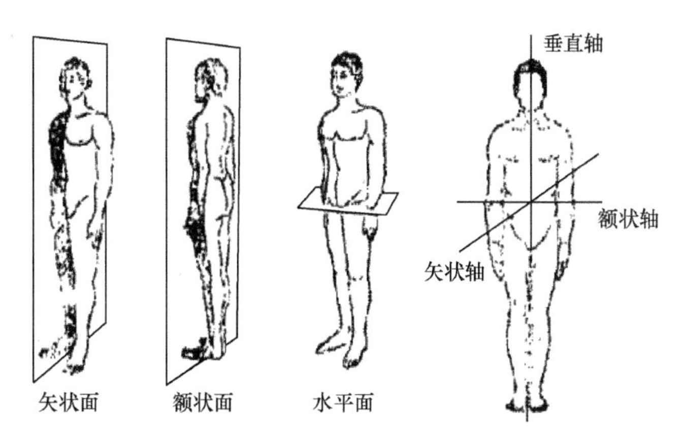

图 2-3　人体的基本面和基本轴

水平面（Horizontal Plane）是指与地面平行，将人体横切为上、下两部分的切面，也称为人体横切面。

垂直轴（Vertical Axis）是指呈上下方向，与水平面垂直的轴。

矢状轴（Sagittal Axis）是指呈前后方向，并与垂直轴垂直交叉的轴。

额状轴（Frontal Axis），又称冠状轴（Coronary Axis），是指呈左右方向，并与前二轴相互垂直的轴。

2.1.2　下肢步行运动机理

人体的下肢部分主要由骨骼、关节和骨骼肌组成，各个环节构成了一个整体的生物运动链。在这个生物运动链中，骨骼是环节的基础，关节是运动的枢纽，肌肉收缩则为环节的运动提供力矩。下肢骨骼在人体中主要起承重和杠杆的作用，人体的肌肉能够收缩和拉伸，带动骨骼绕关节运动。人体在运动时，每块肌肉都不是单独发生作用的，而是存在着复杂的关系。人体在行走时，下肢通过骨骼、关节和肌肉的协调共同发挥功能，实现下肢运动作用于外界环境，从而外界环境以反作用力的形式作用于人体进而实现行走。

人体下肢正常行走表现为周期性的运动，主要特点是每个动作周期的空间特征和时间特征基本相似，而且具有规则的交替性。人体的两条腿在空间中往复进行有规则的抬起和落地，抬起和落地的时间在每个步态周期的比例也相对固定。行走中肌肉力、重力、地面反作用力和惯性力共同作用产生向前的推力，使人体稳定行走。人体经过多年的进化，下肢达到近于“完美”的结构，肌肉、骨骼和关节协调配合保证在行走中消耗最小的能量。

2.1.3 下肢关节结构及运动

人体下肢的关节是骨骼连接运动的枢纽，尽管各关节的结构很复杂，但它们的基本运动形式可以分为三类：屈伸、外展内收和旋转运动[69,70]，如图 2-4 所示。人体的下肢关节主要有髋关节、膝关节和踝关节，下面分别介绍各关节的结构和运动范围。

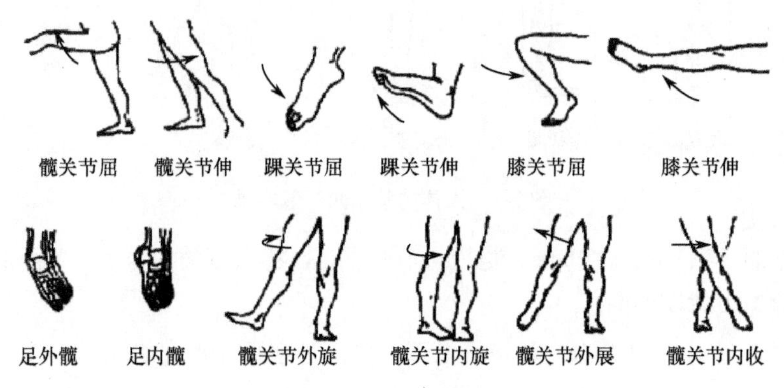

图 2-4　下肢关节运动形式

髋关节（Hip Joint）由股骨头和髋臼构成，股骨头全部嵌入髋臼中形成球窝关节。髋关节具有较深的关节窝、坚韧的关节囊和韧带，周围肌肉发达，可以满足走、跑、跳、蹲等动作的需要。髋关节的运动包括沿额状轴的屈伸运动，沿矢状轴的外展、内收运动以及沿垂直轴的旋转运动（包括旋内和旋外）。

膝关节（Knee Joint）是人体最复杂的关节，它由股胫关节和股膑关节构成，属于椭圆屈戍关节。股胫关节为椭圆关节，股膑关节为屈戍关节。当膝关节完全伸直时，胫骨髁间隆起与股骨髁间窝嵌锁，股胫关节不能做旋转运动。屈膝时，嵌锁关系解除，股胫关节可以绕垂直轴做轻微的旋转运动。

踝关节（Ankle Joint）也是屈戍关节，内外踝高度不一致，内踝高于外踝。踝关节可以绕额状轴屈伸运动，脚部向下为屈，脚部向上为伸。踝关节可绕矢状轴做微小的外展内收动作。踝关节稳固性较差，是人体容易受伤的部位。

各关节的转动受到人体下肢结构的限制，都有最大的活动范围，各关节的运动范围如表 2-1 所列，在外骨骼服关节设计中，应该保证外骨骼服的关节角度不能超出正常人体关节的最大范围，否则容易发生危险。

表 2-1　下肢关节旋转轴及运动范围

关节	关节运动	运动轴	运动范围/（°）
髋关节	屈	额状轴	120～135
	伸		10～20

（续表）

关节	关节运动	运动轴	运动范围/（°）
髋关节	外展	矢状轴	45
	内收		30
	旋内	垂直轴	40～45
	旋外		45～50
膝关节	屈	额状轴	135～140
	伸		
	旋内	垂直轴	10～30
	旋外		10～40
踝关节	屈	额状轴	40～50
	伸		20～28

2.1.4 步态特征

由于人体下肢的动作是周期性变化的，通常在研究人体步态时，对行走状态的描述用一个步态周期表示，整个行走过程是多个近似相同的步态周期的连续衔接。图 2-5 为在矢状平面内人体行走的步态周期。

根据人脚与地面的关系，行走中主要有单支撑和双支撑两种不同的状态。单支撑状态为人体的一条腿脚部与地面接触支撑身体，另一条腿则离开地面在空中摆动；双支撑状态为人体两条腿的脚部都与地面相接触。图 2-5 所示的一个步态周期开始于左脚支撑，右脚跟刚着地的双支撑状态。

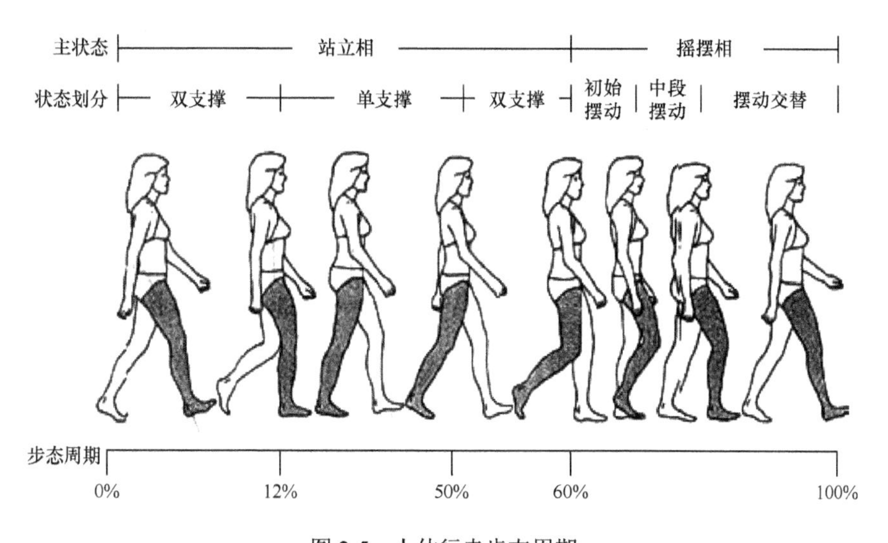

图 2-5 人体行走步态周期

对一条腿而言，在一个完整的步态周期内可以分为站立相和摇摆相，处于站立相的腿称为支撑腿，处于摇摆相的腿称为摆动腿。支撑腿的主要作用是通过与地面的接触来支撑身体的重量，改变行走的速度，调整人体的位姿和重心，实现稳定的向前行走。摆动腿的主要作用是通过抬脚翻越障碍物，当脚底再次接触地面时实现一个步长。

人体在正常步行时，至少有一条腿的脚部与地面接触，这与跑步和跳跃时双脚离地不同。在一个步态周期内，每一条腿都要经过支撑相和摆动相，支撑相与摆动相所占的时间比例不同而且相对固定，如图 2-6 所示，支撑相约为整个周期的 62%，摆动相约为 38%。人体行走状态可以认为是双腿交替支撑与摆动的过程，一般正常行走时，可以认为双腿的状态相差半个周期。

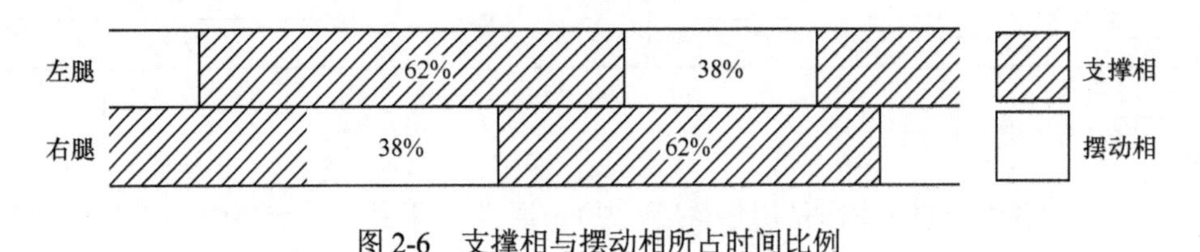

图 2-6　支撑相与摆动相所占时间比例

2.2　人体下肢负荷行走的动力学建模

建立人体运动的动力学方程是运动生物力学理论分析方法的关键步骤，这一步骤通常称为建模。人体运动是一项非常复杂的运动，经过千万年的进化，人体的自身结构已经最适合人类的行走运动。人的意志通过神经系统传递到肌肉骨骼系统，然后按照人的意愿进行各种活动，这样一个生物运动过程要用数学方程式合理正确地描述具有相当的难度。

对运动体进行动力学建模一般有两种方法：正动力学法（Forward Dynamics）和逆动力学法（Inverse Dynamics）。正动力学法是已知关节的力和力矩来计算各环节的运动；逆动力学法是通过已知的环节运动学及人在运动时所受的外力来计算各关节的力和力矩，它是在人体运动科学里面被广泛采用的一种建模方法[71]。

本书采用逆动力学方法进行步行运动的建模，以人体惯性参数、步态实验解析得出的运动学坐标和测力台测得的地面反作用力为输入，运用牛顿-欧拉方程计算出下肢各关节的运动学参数和动力学参数，其流程图如图 2-2 所示。由于在使用牛顿-欧拉方程建立各环节动力学方程的时候采用的是隔离法，按照从足部依次往上的顺序分别对各环节建立方程，因此，这种逆动力学方法对正常及负荷情况下行走的动力学建模都适用。

考虑到步行的对称性特点，减少重复，书中仅列出了右下肢建模的过程和方程，左下肢的建模方法同右下肢。

2.2.1 人体模型的简化

把人体简化成有限刚体铰接组成的多刚体系统，按 Hanavan 模型设为 15 个刚体，如图 2-7 所示，把人体的肌肉、筋腱等组织的作用处理为各刚体间的作用力及力矩，忽略肌肉的力学特性和神经系统对运动的控制。根据研究需要，主要考虑下肢部分的 6 个环节，即左右足部、左右小腿和左右大腿。

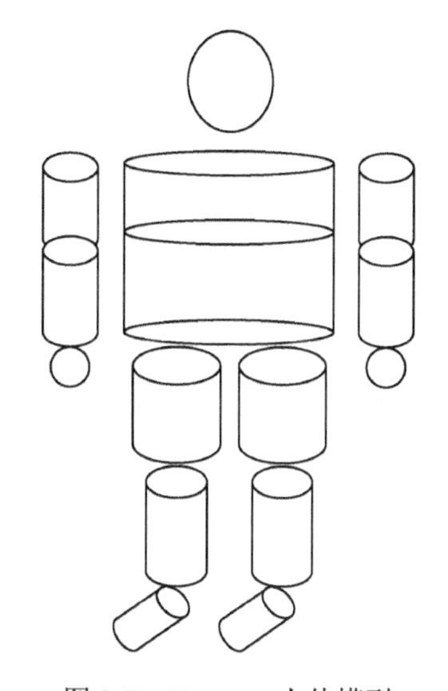

图 2-7 Hanavan 人体模型

2.2.2 关节中心和环节重心的计算

在这一节中，首先基于各环节的外部标志点建立坐标系以计算各关节中心的位置及环节的端点位置，然后再根据得出的关节中心及端点的位置计算各环节的重心位置，最后以各环节重心为原点建立起各环节的环节坐标系，以描述环节在三维空间中的运动。

1．关节中心的计算

一个物体在三维空间中的运动有六个自由度，三个为线位移自由度 X、Y、Z，三个为旋转角自由度 ϕ、θ、ψ。为了确定这六个坐标，必须在每个环节上设置至少三个不相关的标志点。

本书采用 Vaughan 等提出的方法，使用 15 个标志点对各环节的运动进行跟踪定位，如图 2-8 所示。在大腿及小腿外侧粗隆处绑定 7～10cm 的杆状标志并在其顶端安置标志点，这样设计能够保证在三维空间内为各环节的运动提供更精准的定位，并且在进行步态实验时易于摄像机的拍摄。但是，其缺点是在一定程度上阻碍了人体的运动，并且杆状标识本身也会跟随人体运动产生一定幅度的振动，从而影响测量的精度。

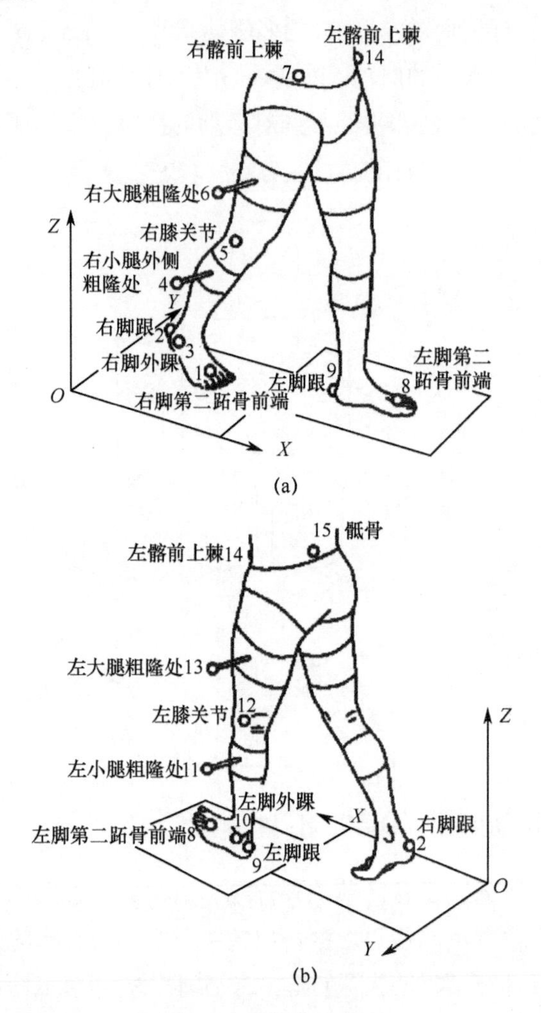

图 2-8 标志点的选取

1）髋关节中心的计算

骨盆部的三个标志点分别位于：标识点 7，右髂前上棘部位；标识点 14，左髂前上棘部位；标识点 15，骶骨部位，位于第五腰椎骨和骶骨之间。

以标志点 15 为原点创立骨盆部坐标系 $u_1v_1w_1$，如图 2-9 所示，v_1 轴与标志点 7、14 间连线平行并指向标志点 14，w_1 轴垂直于标志点 7、14、15 所形成的平面并指向上，u_1 轴与 v_1 轴、w_1 轴形成右手系。

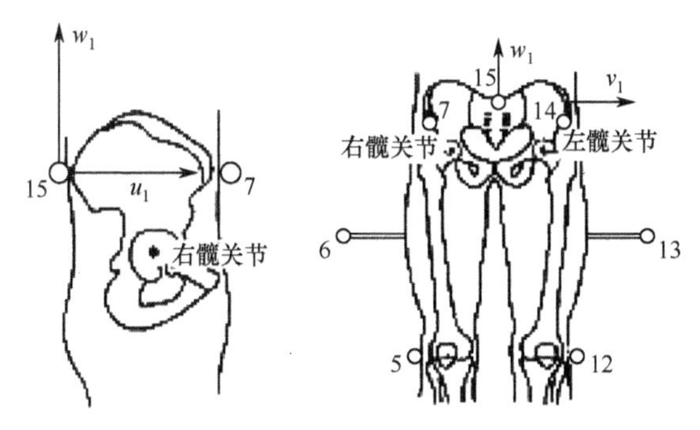

图 2-9　骨盆部标志点示意图

其计算公式为

$$\boldsymbol{v}_1 = (\boldsymbol{p}_{14} - \boldsymbol{p}_7) / |\boldsymbol{p}_{14} - \boldsymbol{p}_7| \tag{2-1}$$

$$\boldsymbol{w}_1 = \frac{(\boldsymbol{p}_7 - \boldsymbol{p}_{15}) \times (\boldsymbol{p}_{14} - \boldsymbol{p}_{15})}{|(\boldsymbol{p}_7 - \boldsymbol{p}_{15}) \times (\boldsymbol{p}_{14} - \boldsymbol{p}_{15})|} \tag{2-2}$$

$$\boldsymbol{u}_1 = \boldsymbol{v}_1 \times \boldsymbol{w}_1 \tag{2-3}$$

基于坐标系 $u_1v_1w_1$ 以及立体 X 射线实验得出的经验公式，可以计算出右髋关节中心的位置 $\boldsymbol{p}_{\mathrm{Hip}}$ 为

$$\boldsymbol{p}_{\mathrm{Hip}} = \boldsymbol{p}_{15} + 0.598A_4\boldsymbol{u}_1 - 0.344A_4\boldsymbol{v}_1 - 0.290A_4\boldsymbol{w}_1 \tag{2-4}$$

式中：A_4 为髂棘间距。

2）膝关节中心的计算

右小腿的三个标志点分别位于：标识点 3，右脚外踝部位；标识点 4，右小腿外侧粗隆处部位；标识点 5，右股骨外上踝部位。

以标志点 5 为原点创立右小腿坐标系 $u_2v_2w_2$，如图 2-10 所示，v_2 轴与标志点 3、5 间连线平行并指向标志点 3，u_2 轴垂直于标志点 3、4、5 所形成的平面并指向前，w_2 轴与 u_2 轴、v_2 轴形成右手系。

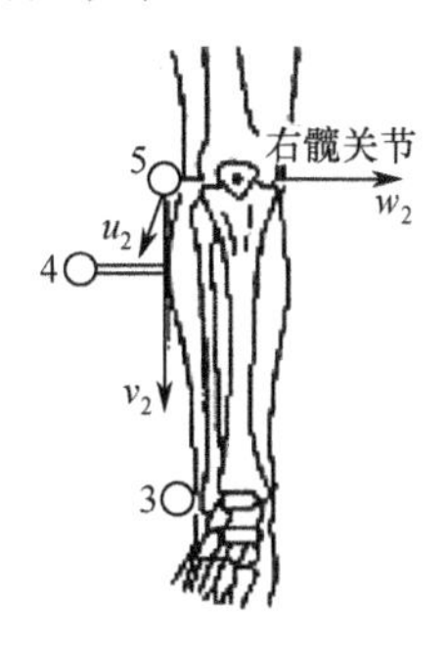

图 2-10　右小腿标志点示意图

其计算公式为

$$\boldsymbol{v}_2 = (\boldsymbol{p}_3 - \boldsymbol{p}_5)/|\boldsymbol{p}_3 - \boldsymbol{p}_5| \tag{2-5}$$

$$\boldsymbol{u}_2 = \frac{(\boldsymbol{p}_4 - \boldsymbol{p}_5)\times(\boldsymbol{p}_3 - \boldsymbol{p}_5)}{|(\boldsymbol{p}_4 - \boldsymbol{p}_5)\times(\boldsymbol{p}_3 - \boldsymbol{p}_5)|} \tag{2-6}$$

$$\boldsymbol{w}_2 = \boldsymbol{u}_2 \times \boldsymbol{v}_2 \tag{2-7}$$

基于 $\boldsymbol{u}_2\boldsymbol{v}_2\boldsymbol{w}_2$ 坐标系可以计算出膝关节的位置 $\boldsymbol{p}_{\text{Knee}}$。

$$\boldsymbol{p}_{\text{Knee}} = \boldsymbol{p}_5 + 0.000A_8\boldsymbol{u}_2 + 0.000A_8\boldsymbol{v}_2 + 0.500A_8\boldsymbol{w}_2 \tag{2-8}$$

式中：A_8 为右膝宽。

3）踝关节中心的计算

右足的三个标志点分别位于：标志点 1，右脚第二跖骨前端；标志点 2，右脚外踝；标志点 3，右脚脚跟。

以标志点 3 为原点创立右足部坐标系 $u_3v_3w_3$，如图 2-11 所示，u_3 轴与标志点 1、2 间连线平行并指向标志点 1，w_3 轴垂直于标志点 1、2、3 所形成的平面并指向内侧，v_3 轴与 w_3 轴、u_3 轴形成右手系。

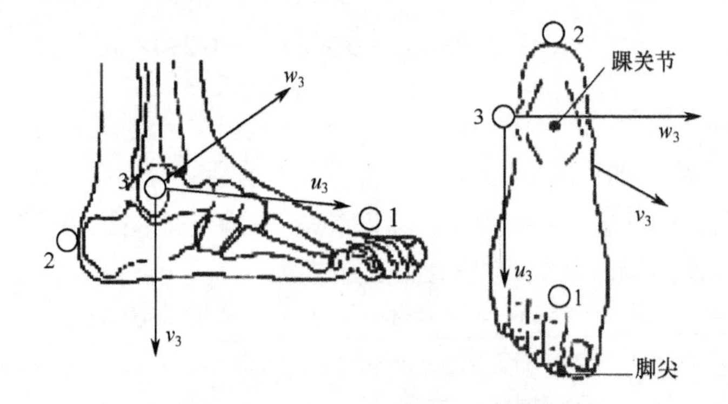

图 2-11 右足部标志点示意图

其计算公式为

$$\boldsymbol{u}_3 = (\boldsymbol{p}_1 - \boldsymbol{p}_2)/|\boldsymbol{p}_1 - \boldsymbol{p}_2| \tag{2-9}$$

$$\boldsymbol{w}_3 = \frac{(\boldsymbol{p}_1 - \boldsymbol{p}_3)\times(\boldsymbol{p}_2 - \boldsymbol{p}_3)}{|(\boldsymbol{p}_1 - \boldsymbol{p}_3)\times(\boldsymbol{p}_2 - \boldsymbol{p}_3)|} \tag{2-10}$$

$$\boldsymbol{v}_3 = \boldsymbol{w}_3 \times \triangleleft_3 \tag{2-11}$$

基于 $\boldsymbol{u}_3\boldsymbol{v}_3\boldsymbol{w}_3$ 坐标系可以计算出右脚踝的位置 $\boldsymbol{p}_{\text{Ankle}}$ 及右脚尖的位置 $\boldsymbol{p}_{\text{Toe}}$。

$$\boldsymbol{p}_{\text{Ankle}} = \boldsymbol{p}_3 + 0.016A_{14}\boldsymbol{u}_3 + 0.392A_{11}\boldsymbol{v}_3 + 0.487A_{13}\boldsymbol{w}_3 \tag{2-12}$$

$$\boldsymbol{p}_{\text{Toe}} = \boldsymbol{p}_3 + 0.742A_{14}\boldsymbol{u}_3 + 1.074A_{11}\boldsymbol{v}_3 - 0.187A_{15}\boldsymbol{w}_3 \tag{2-13}$$

式中：A_{14} 为足长；A_{11} 为踝高；A_{13} 为踝宽；A_{15} 为足宽。

2．环节重心的计算

基于 Chandler 等人研究得出的各环节重心平均估计参数以及得出的各关节中心位置，就可以计算出各环节重心的位置坐标。以右下肢为例分别给出右大腿、右小腿和右足的重心位置。

$$\boldsymbol{p}_{\text{Thigh.CG}} = \boldsymbol{p}_{\text{Hip}} + 0.39(\boldsymbol{p}_{\text{Knee}} - \boldsymbol{p}_{\text{Hip}}) \tag{2-14}$$

$$\boldsymbol{p}_{\text{Calf.CG}} = \boldsymbol{p}_{\text{Knee}} + 0.42(\boldsymbol{p}_{\text{Ankle}} - \boldsymbol{p}_{\text{Knee}}) \tag{2-15}$$

$$\boldsymbol{p}_{\text{Foot.CG}} = \boldsymbol{p}_{\text{Heel}} + 0.44(\boldsymbol{p}_{\text{Toe}} - \boldsymbol{p}_{\text{Heel}}) \tag{2-16}$$

由位移、速度和加速度之间的关系可知，已知各时刻重心的坐标，对位移进行微分可以得出重心运动的速度，再对速度进行微分可以得出重心运动的加速度。

3．环节坐标系的建立

为了描述环节在三维空间中相对于大地坐标系 *XYZ* 的位置及运动，需要在各环节建立环节坐标系 $x_i y_i z_i$，其原点均位于环节重心位置，如图 2-12 所示。

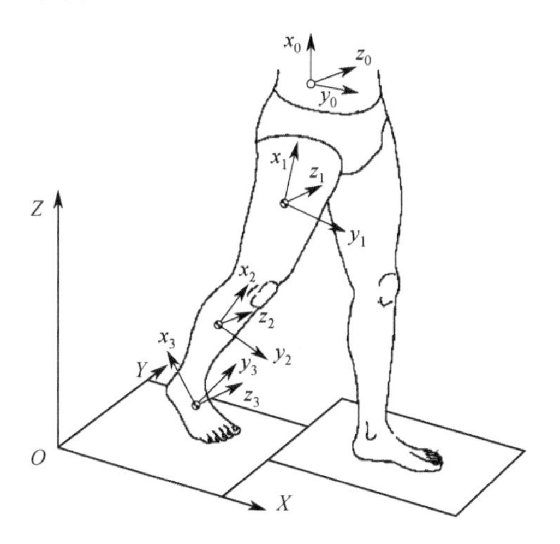

图 2-12　环节参考坐标系的建立

为了描述及表达方便，在后面的方程式里，环节坐标系 $x_i y_i z_i$ 均用 $i_l j_l k_l$ 表示，大地坐标系 *XYZ* 用 *IJK* 表示。

对大腿环节，x_1 轴与膝关节和髋关节之间的连线平行，从远端指向近端；y_1 轴与髋关节、大腿棍状标识和膝关节形成的x_1y_1平面垂直并指向前；z_1轴按右手定则与x_1轴、y_1轴垂直。

$$\boldsymbol{i}_1 = \frac{(\boldsymbol{p}_{\text{Hip}} - \boldsymbol{p}_{\text{Knee}})}{|\boldsymbol{p}_{\text{Hip}} - \boldsymbol{p}_{\text{Knee}}|} \tag{2-17}$$

$$\boldsymbol{j}_1 = \frac{(\boldsymbol{p}_6 - \boldsymbol{p}_{\text{Hip}}) \times (\boldsymbol{p}_{\text{Knee}} - \boldsymbol{p}_{\text{Hip}})}{|(\boldsymbol{p}_6 - \boldsymbol{p}_{\text{Hip}}) \times (\boldsymbol{p}_{\text{Knee}} - \boldsymbol{p}_{\text{Hip}})|} \tag{2-18}$$

$$\boldsymbol{k}_1 = \boldsymbol{i}_1 \times \boldsymbol{j}_1 \tag{2-19}$$

对小腿环节，x_2轴与踝关节和膝关节之间的连线平行，从远端指向近端；y_2轴与膝关节、小腿处棍状标识和踝关节形成的x_2z_2平面垂直并指向前；z_2轴按右手定则与x_2轴、y_2轴垂直。

$$\boldsymbol{i}_2 = \frac{(\boldsymbol{p}_{\text{Knee}} - \boldsymbol{p}_{\text{Ankle}})}{|\boldsymbol{p}_{\text{Knee}} - \boldsymbol{p}_{\text{Ankle}}|} \tag{2-20}$$

$$\boldsymbol{j}_2 = \frac{(\boldsymbol{p}_5 - \boldsymbol{p}_{\text{Knee}}) \times (\boldsymbol{p}_{\text{Ankle}} - \boldsymbol{p}_{\text{Knee}})}{|(\boldsymbol{p}_5 - \boldsymbol{p}_{\text{Knee}}) \times (\boldsymbol{p}_{\text{Ankle}} - \boldsymbol{p}_{\text{Knee}})|} \tag{2-21}$$

$$\boldsymbol{k}_2 = \boldsymbol{i}_2 \times \boldsymbol{j}_2 \tag{2-22}$$

对足部环节，x_3轴与脚尖和脚跟标志点之间的连线平行，指向脚跟；z_3轴垂直于踝关节、脚跟标识和第二脚趾形成的x_3y_3平面并指向人体的内侧；由右手定则可知，y_2轴按右手定则与z_3轴、x_3轴垂直。

$$\boldsymbol{i}_3 = \frac{(\boldsymbol{p}_2 - \boldsymbol{p}_{\text{Toe}})}{|\boldsymbol{p}_2 - \boldsymbol{p}_{\text{Toe}}|} \tag{2-23}$$

$$\boldsymbol{k}_3 = \frac{(\boldsymbol{p}_{\text{Ankle}} - \boldsymbol{p}_2) \times (\boldsymbol{p}_{\text{Toe}} - \boldsymbol{p}_2)}{|(\boldsymbol{p}_{\text{Ankle}} - \boldsymbol{p}_2) \times (\boldsymbol{p}_{\text{Toe}} - \boldsymbol{p}_2)|} \tag{2-24}$$

$$\boldsymbol{j}_3 = \boldsymbol{k}_3 \times \boldsymbol{i}_3 \tag{2-25}$$

骨盆部坐标系$x_0y_0z_0$与坐标系$u_1v_1w_1$重合。

2.2.3 环节的角运动

本节定义环节的两种角度，一种是基于解剖学定义的关节角，如髋关节的外展和内收、膝关节的屈伸以及踝关节的内翻和外翻等，它有很强的实际意义；另一种是环节欧拉角，主要用于计算环节的角速度和角加速度。

1．关节角运动

关节角定义为远端环节相对于近端环节的旋转角，具体定义如下。

屈曲/伸展轴k定义为近端环节的横轴，屈曲/伸展角用α表示，屈曲（跖屈）为正，伸展（背屈）为负；

内旋/外旋轴i定义为远端环节的纵轴，内旋/外旋角用β表示，内旋（内翻）为正，外旋（外翻）为负；

外展/内收轴l定义为与k轴和i轴相垂直的轴，外展/内收角用γ表示，外展为正，内收为负。

以右下肢为例给出各关节角的计算公式，髋关节的关节角为

$$\alpha_{\text{Hip}} = \arcsin[\boldsymbol{l}_{\text{Hip}} \cdot \boldsymbol{i}_0] \tag{2-26}$$

$$\beta_{\text{Hip}} = \arcsin[\boldsymbol{k}_0 \cdot \boldsymbol{i}_1] \tag{2-27}$$

$$\gamma_{\text{Hip}} = -\arcsin[\boldsymbol{l}_{\text{Hip}} \cdot \boldsymbol{k}_1] \tag{2-28}$$

膝关节的关节角为

$$\alpha_{\text{Knee}} = -\arcsin[\boldsymbol{l}_{\text{Knee}} \cdot \boldsymbol{i}_1] \tag{2-29}$$

$$\beta_{\text{Knee}} = \arcsin[\boldsymbol{k}_1 \cdot \boldsymbol{i}_2] \tag{2-30}$$

$$\gamma_{\text{Knee}} = -\arcsin[\boldsymbol{l}_{\text{Knee}} \cdot \boldsymbol{k}_2] \tag{2-31}$$

踝关节的关节角为

$$\alpha_{\text{Ankle}} = \arcsin[l_{\text{Ankle}} \cdot j_2] \tag{2-32}$$

$$\beta_{\text{Ankle}} = \arcsin[k_2 \cdot i_3] \tag{2-33}$$

$$\gamma_{\text{Ankle}} = -\arcsin[l_{\text{Ankle}} \cdot k_3] \tag{2-34}$$

2．欧拉角运动

每个环节在三维空间运动有六个自由度，对应就要用六个坐标来表示，其中三个为定义在环节重心的XYZ坐标，另外三个就是下面要定义的欧拉角。以右小腿为例进行说明，其他环节的计算形式与此相同。如图2-13所示，首先将右小腿的重心平移到大地坐标系的原点，然后依次进行三次旋转：

（1）关于Z轴旋转ϕ角；

（2）关于L轴旋转θ角；

（3）关于z轴旋转ψ角。

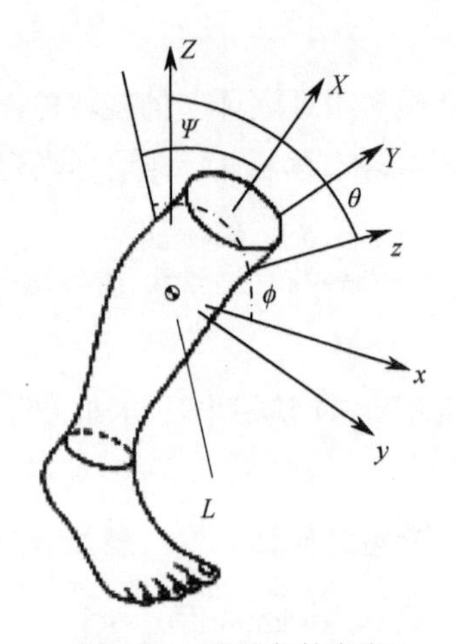

图 2-13　欧拉角的定义

其中，L 轴为与大地坐标系的 Z 轴和小腿坐标系的 z 轴相垂直的轴：

$$\boldsymbol{L}=\frac{\boldsymbol{K}\times\boldsymbol{k}}{|\boldsymbol{K}\times\boldsymbol{k}|} \tag{2-35}$$

这三次旋转所形成的角就称为欧拉角，其计算公式为

$$\phi=\arcsin[(\boldsymbol{I}\times\boldsymbol{L})\cdot\boldsymbol{K}] \tag{2-36}$$

$$\theta=\arcsin[(\boldsymbol{K}\times\boldsymbol{k})\cdot\boldsymbol{L}] \tag{2-37}$$

$$\psi=\arcsin[(\boldsymbol{L}\times\boldsymbol{i})\cdot\boldsymbol{k}] \tag{2-38}$$

由欧拉角就可以推导出环节运动的角速度，其分量都是相对于环节坐标系 $x_i y_i z_i$ 定义的：

$$\omega_x=\dot{\phi}\sin\theta\sin\psi+\dot{\theta}\cos\psi \tag{2-39}$$

$$\omega_y=\dot{\phi}\sin\theta\cos\psi-\dot{\theta}\sin\psi \tag{2-40}$$

$$\omega_z=\dot{\phi}\cos\theta+\dot{\psi} \tag{2-41}$$

然后，沿时间轴对角速度进行求导就可以得出环节运动的角加速度公式：

$$\dot{\omega}_x=\ddot{\phi}\sin\theta\sin\psi+\dot{\phi}\dot{\theta}\cos\theta\sin\psi+\dot{\phi}\dot{\psi}\sin\theta\cos\psi+\ddot{\theta}\cos\psi-\dot{\theta}\dot{\psi}\sin\psi \tag{2-42}$$

$$\dot{\omega}_y=\ddot{\phi}\sin\theta\cos\psi+\dot{\phi}\dot{\theta}\cos\theta\cos\psi-\dot{\phi}\dot{\psi}\sin\theta\sin\psi-\ddot{\theta}\sin\psi-\dot{\theta}\dot{\psi}\cos\psi \tag{2-43}$$

$$\dot{\omega}_z=\ddot{\phi}\cos\theta-\dot{\phi}\dot{\theta}\sin\theta+\ddot{\psi} \tag{2-44}$$

2.2.4 关节动力学

本章的最终目的就是建立起下肢运动的动力学方程，由实测参数作为已知量，求解出各关节的动力学数据，实测参数包括人体惯性参数和标志点的运动学参数以及测力台的动力学参数。

首先对足部运用牛顿第二定律，建立足部的动力学方程，计算出小腿施加给足部的力和力矩。根据牛顿第三定律，小腿施加给足部的力和力矩与足部施加给小腿的力和力矩大小相等，方向相反，因此可建立小腿的动力学方程，计算出膝关节的力和力矩。重复这个过程可建立起大腿的动力学方程，计算出髋关节的力和力矩。

为了便于下面的计算，先给出角动量导数 $\dot{\boldsymbol{H}}$ 的表达式，对各环节其形式都相同：

$$\dot{\boldsymbol{H}} = \dot{H}_x\boldsymbol{i} + \dot{H}_y\boldsymbol{j} + \dot{H}_z\boldsymbol{k} \tag{2-45}$$

式中：分量 $\dot{H}_x$、$\dot{H}_y$ 和 $\dot{H}_z$ 的表达式分别为

$$\dot{H}_x = J_{\text{IntExt}}\dot{\omega}_x + (J_{\text{FlxExt}} - J_{\text{AbdAdd}})\omega_z\omega_y \tag{2-46}$$

$$\dot{H}_y = J_{\text{AbdAdd}}\dot{\omega}_y + (J_{\text{IntExt}} - J_{\text{FlxExt}})\omega_x\omega_z \tag{2-47}$$

$$\dot{H}_z = J_{\text{FlxExt}}\dot{\omega}_z + (J_{\text{AbdAdd}} - J_{\text{IntExt}})\omega_y\omega_x \tag{2-48}$$

1．足部动力学方程的建立

把足部环节从下肢隔离出来进行受力分析，如图 2-14 所示，足部受到的外力为重力 $m_{\text{Foot}}\boldsymbol{g}$，地面反作用力 $\boldsymbol{F}_{\text{P}}$，地面作用于足部的力矩 $\boldsymbol{T}_{\text{P}}$ 以及小腿施加给足部的作用力 $\boldsymbol{F}_{\text{Ankle}}$ 和力矩 $\boldsymbol{M}_{\text{Ankle}}$。

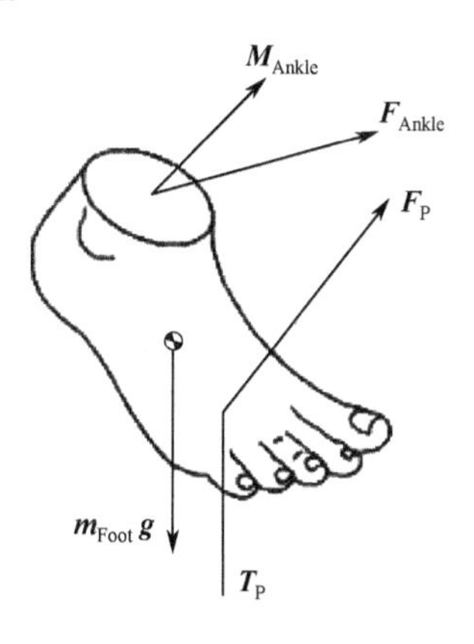

图 2-14　足部受力示意图

对足部在 X、Y、Z 方向上分别应用牛顿第二定律，得到踝关节的关节反力

$$F_{\text{Ankle.X}} = m_{\text{Foot}} \ddot{X}_{\text{Foot.CG}} - F_{\text{PX}} \tag{2-49}$$

$$F_{\text{Ankle.Y}} = m_{\text{Foot}} \ddot{Y}_{\text{Foot.CG}} - F_{\text{PY}} \tag{2-50}$$

$$F_{\text{Ankle.Z}} = m_{\text{Foot}} (\ddot{Z}_{\text{Foot.CG}} + g) - F_{\text{PZ}} \tag{2-51}$$

表示成合力的形式即为

$$\boldsymbol{F}_{\text{Ankle}} = F_{\text{Ankle.X}} \boldsymbol{I} + F_{\text{Ankle.Y}} \boldsymbol{J} + F_{\text{Ankle.Z}} \boldsymbol{K} \tag{2-52}$$

应用转动定律，则可以计算出踝关节的肌肉力矩：

$$M_{\text{Ankle.}x} = \dot{H}_{3x} - \boldsymbol{i}_3 \cdot (\boldsymbol{T}_{\text{P}} + (\boldsymbol{p}_{\text{Prx.3}} \times \boldsymbol{F}_{\text{Ankle}}) + (\boldsymbol{p}_{\text{Dis.3}} \times \boldsymbol{F}_{\text{P}})) \tag{2-53}$$

$$M_{\text{Ankle.}y} = \dot{H}_{3y} - \boldsymbol{j}_3 \cdot (\boldsymbol{T}_{\text{P}} + (\boldsymbol{p}_{\text{Prx.3}} \times \boldsymbol{F}_{\text{Ankle}}) + (\boldsymbol{p}_{\text{Dis.3}} \times \boldsymbol{F}_{\text{P}})) \tag{2-54}$$

$$M_{\text{Ankle.}z} = \dot{H}_{3z} - \boldsymbol{k}_3 \cdot (\boldsymbol{T}_{\text{P}} + (\boldsymbol{p}_{\text{Prx.3}} \times \boldsymbol{F}_{\text{Ankle}}) + (\boldsymbol{p}_{\text{Dis.3}} \times \boldsymbol{F}_{\text{P}})) \tag{2-55}$$

式中：$\boldsymbol{p}_{\text{Prx.3}}$ 和 $\boldsymbol{p}_{\text{Dis.3}}$ 分别为力 $\boldsymbol{F}_{\text{Ankle}}$ 和 $\boldsymbol{F}_{\text{Plate}}$ 的力臂：

$$\boldsymbol{p}_{\text{Prx.3}} = \boldsymbol{p}_{\text{Ankle}} - \boldsymbol{p}_{\text{Foot.CG}} \tag{2-56}$$

$$\boldsymbol{p}_{\text{Dis.3}} = \boldsymbol{p}_{\text{Plate}} - \boldsymbol{p}_{\text{Foot.CG}} \tag{2-57}$$

表示成合力矩的形式即为

$$\boldsymbol{M}_{\text{Ankle}} = M_{\text{Ankle.}x} \boldsymbol{i}_3 + M_{\text{Ankle.}y} \boldsymbol{j}_3 + M_{\text{Ankle.}z} \boldsymbol{k}_3 \tag{2-58}$$

所求得的关节反力 $\boldsymbol{F}_{\text{Ankle}}$ 及肌肉力矩 $\boldsymbol{M}_{\text{Ankle}}$ 都是基于大地坐标系表达出来的，其分量不具备实际意义，在应用中我们更关心它们在踝关节关节角坐标系中的分量值。因此，将关节反力 $\boldsymbol{F}_{\text{Ankle}}$ 及肌肉力矩 $\boldsymbol{M}_{\text{Ankle}}$ 表示到关节角坐标系中，使这些分量值具有解剖学上的意义。其三个方向上的力分别为

$$F_{\text{Ankle.PrxDis}} = \boldsymbol{F}_{\text{Ankle}} \cdot \boldsymbol{i}_3 \tag{2-59}$$

$$F_{\text{Ankle.MedLat}} = \boldsymbol{F}_{\text{Ankle}} \cdot \boldsymbol{k}_2 \tag{2-60}$$

$$F_{\text{Ankle.AntPos}} = \boldsymbol{F}_{\text{Ankle}} \cdot \boldsymbol{l}_{\text{Ankle}} \tag{2-61}$$

三个方向上的力矩分别为

$$M_{\text{Ankle.InvEve}} = M_{\text{Ankle}} \cdot i_3 \tag{2-62}$$

$$M_{\text{Ankle.PlaDor}} = M_{\text{Ankle}} \cdot k_2 \tag{2-63}$$

$$M_{\text{Ankle.VarVal}} = -M_{\text{Ankle}} \cdot l_{\text{Ankle}} \tag{2-64}$$

2．小腿动力学方程的建立

把小腿环节从下肢隔离出来进行受力分析，如图 2-15 所示，小腿受到的外力为重力 $m_{\text{Calf}}\boldsymbol{g}$，踝关节关节反力 $-\boldsymbol{F}_{\text{Ankle}}$ 及肌肉力矩 $-\boldsymbol{M}_{\text{Ankle}}$，膝关节关节反力 $\boldsymbol{F}_{\text{Knee}}$ 及肌肉力矩 $\boldsymbol{M}_{\text{Knee}}$。

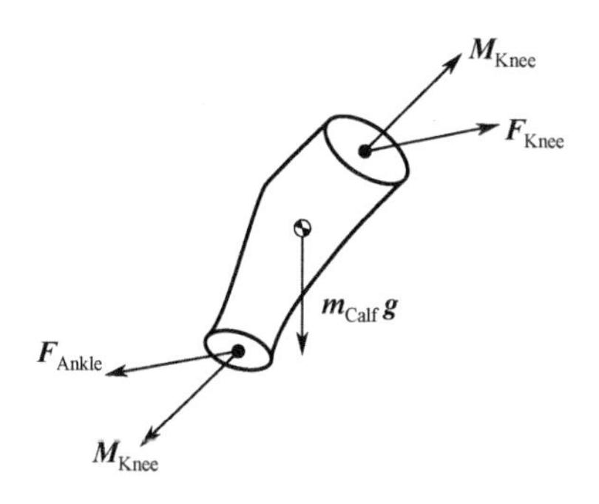

图 2-15　小腿受力示意图

对小腿在 X、Y、Z 方向上分别应用牛顿第二定律，得到膝关节的关节反力

$$F_{\text{Knee}.X} = m_{\text{Calf}} \ddot{X}_{\text{Calf.CG}} + F_{\text{Ankle}.X} \tag{2-65}$$

$$F_{\text{Knee}.Y} = m_{\text{Calf}} \ddot{Y}_{\text{Calf.CG}} + F_{\text{Ankle}.Y} \tag{2-66}$$

$$F_{\text{Knee}.Z} = m_{\text{Calf}} (\ddot{Z}_{\text{Calf.CG}} + g) + F_{\text{Ankle}.Z} \tag{2-67}$$

表示成合力的形式即为

$$\boldsymbol{F}_{\text{Calf}} = F_{\text{Calf}.X}\boldsymbol{I} + F_{\text{Calf}.Y}\boldsymbol{J} + F_{\text{Calf}.Z}\boldsymbol{K} \tag{2-68}$$

应用转动定律，则可以计算出膝关节的肌肉力矩：

$$M_{\text{Knee}.x} = \dot{H}_{2x} - \boldsymbol{i}_2 \cdot (-\boldsymbol{M}_{\text{Ankle}} - (\boldsymbol{p}_{\text{Dis.2}} \times \boldsymbol{F}_{\text{Ankle}}) + (\boldsymbol{p}_{\text{Prx.2}} \times \boldsymbol{F}_{\text{Knee}})) \tag{2-69}$$

$$M_{\text{Knee}.y} = \dot{H}_{2y} - \boldsymbol{j}_2 \cdot (-\boldsymbol{M}_{\text{Ankle}} - (\boldsymbol{p}_{\text{Dis.2}} \times \boldsymbol{F}_{\text{Ankle}}) + (\boldsymbol{p}_{\text{Prx.2}} \times \boldsymbol{F}_{\text{Knee}})) \tag{2-70}$$

$$M_{\text{Knee}.z} = \dot{H}_{2z} - \boldsymbol{k}_2 \cdot (-\boldsymbol{M}_{\text{Ankle}} - (\boldsymbol{p}_{\text{Dis.2}} \times \boldsymbol{F}_{\text{Ankle}}) + (\boldsymbol{p}_{\text{Prx.2}} \times \boldsymbol{F}_{\text{Knee}})) \tag{2-71}$$

式中：$\boldsymbol{p}_{\text{Prx.2}}$ 和 $\boldsymbol{p}_{\text{Dis.2}}$ 分别为力 $\boldsymbol{F}_{\text{Knee}}$ 和 $\boldsymbol{F}_{\text{Ankle}}$ 的力臂：

$$\boldsymbol{p}_{\text{Prx.2}} = \boldsymbol{p}_{\text{Knee}} - \boldsymbol{p}_{\text{Calf.CG}} \tag{2-72}$$

$$\boldsymbol{p}_{\text{Dis.2}} = \boldsymbol{p}_{\text{Ankle}} - \boldsymbol{p}_{\text{Calf.CG}} \tag{2-73}$$

表示成合力矩的形式即为

$$\boldsymbol{M}_{\text{Knee}} = M_{\text{Knee}.x}\boldsymbol{i}_2 + M_{\text{Knee}.y}\boldsymbol{j}_2 + M_{\text{Knee}.z}\boldsymbol{k}_2 \tag{2-74}$$

为了使计算出来的力和力矩具有解剖学上的意义，把 $\boldsymbol{F}_{\text{Knee}}$ 及 $\boldsymbol{M}_{\text{Knee}}$ 表示到膝关节的关节角坐标系中，三个方向上的力分别为

$$F_{\text{Knee.PrxDis}} = \boldsymbol{F}_{\text{Knee}} \cdot \boldsymbol{i}_2 \tag{2-75}$$

$$F_{\text{Knee.MedLat}} = \boldsymbol{F}_{\text{Knee}} \cdot \boldsymbol{k}_1 \tag{2-76}$$

$$F_{\text{Knee.AntPos}} = \boldsymbol{F}_{\text{Knee}} \cdot \boldsymbol{l}_{\text{Knee}} \tag{2-77}$$

三个方向上的力矩分别为

$$M_{\text{Knee.IntExt}} = \boldsymbol{M}_{\text{Knee}} \cdot \boldsymbol{i}_2 \tag{2-78}$$

$$M_{\text{Knee.FlxExt}} = \boldsymbol{M}_{\text{Knee}} \cdot \boldsymbol{k}_1 \tag{2-79}$$

$$M_{\text{Knee.AbdAdd}} = -\boldsymbol{M}_{\text{Knee}} \cdot \boldsymbol{l}_{\text{Knee}} \tag{2-80}$$

3．大腿动力学方程的建立

把大腿环节从下肢隔离出来进行受力分析，如图 2-16 所示，大腿受到的外力为重力 $m_{\text{Thigh}}g$，膝关节关节反力 $-F_{\text{Knee}}$ 及肌肉力矩 $-M_{\text{Knee}}$，髋关节关节反力 F_{Hip} 及肌肉力矩 M_{Hip}。

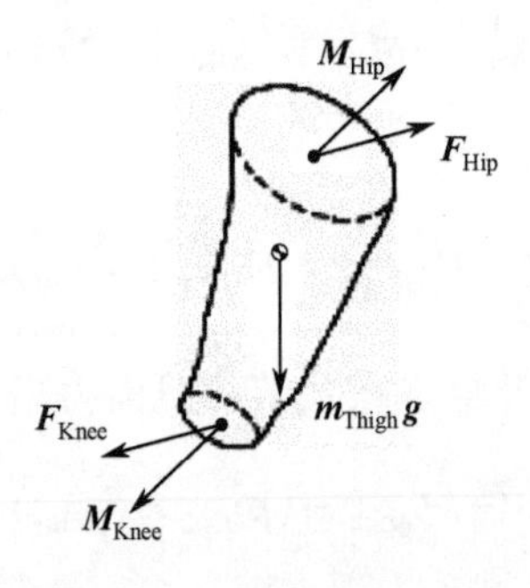

图 2-16　大腿受力示意图

对大腿在 X、Y、Z 方向上分别应用牛顿第二定律，得到髋关节的关节反力

$$F_{\text{Hip}.X} = m_{\text{Thigh}}\ddot{X}_{\text{Thigh.CG}} + F_{\text{Knee}.X} \tag{2-81}$$

$$F_{\text{Hip}.Y} = m_{\text{Thigh}}\ddot{Y}_{\text{Thigh.CG}} + F_{\text{Knee}.Y} \tag{2-82}$$

$$F_{\text{Hip}.Z} = m_{\text{Thigh}}(\ddot{Z}_{\text{Thigh.CG}} + g) + F_{\text{Knee}.Z} \tag{2-83}$$

表示成合力的形式即为

$$\boldsymbol{F}_{\text{Hip}} = F_{\text{Hip}.X}\boldsymbol{I} + F_{\text{Hip}.Y}\boldsymbol{J} + F_{\text{Hip}.Z}\boldsymbol{K} \tag{2-84}$$

应用转动定律，则可以计算出髋关节的肌肉力矩：

$$M_{\text{Hip}.x} = \dot{H}_{1x} - \boldsymbol{i}_1 \cdot (-\boldsymbol{M}_{\text{Knee}} - (\boldsymbol{p}_{\text{Dis}.1} \times \boldsymbol{F}_{\text{Knee}}) + (\boldsymbol{p}_{\text{Prx}.1} \times \boldsymbol{F}_{\text{Hip}})) \tag{2-85}$$

$$M_{\text{Hip}.y} = \dot{H}_{1y} - \boldsymbol{j}_1 \cdot (-\boldsymbol{M}_{\text{Knee}} - (\boldsymbol{p}_{\text{Dis}.1} \times \boldsymbol{F}_{\text{Knee}}) + (\boldsymbol{p}_{\text{Prx}.1} \times \boldsymbol{F}_{\text{Hip}})) \tag{2-86}$$

$$M_{\text{Hip}.z} = \dot{H}_{1z} - \boldsymbol{k}_1 \cdot (-\boldsymbol{M}_{\text{Knee}} - (\boldsymbol{p}_{\text{Dis}.1} \times \boldsymbol{F}_{\text{Knee}}) + (\boldsymbol{p}_{\text{Prx}.1} \times \boldsymbol{F}_{\text{Hip}})) \tag{2-87}$$

式中：$\boldsymbol{p}_{\text{Prx}.1}$ 和 $\boldsymbol{p}_{\text{Dis}.1}$ 分别为力 $\boldsymbol{F}_{\text{Hip}}$ 和 $\boldsymbol{F}_{\text{Knee}}$ 的力臂：

$$\boldsymbol{p}_{\text{Prx}.1} = \boldsymbol{p}_{\text{Hip}} - \boldsymbol{p}_{\text{Thigh.CG}} \tag{2-88}$$

$$\boldsymbol{p}_{\text{Dis}.1} = \boldsymbol{p}_{\text{Knee}} - \boldsymbol{p}_{\text{Thigh.CG}} \tag{2-89}$$

表示成合力矩的形式即为

$$\boldsymbol{M}_{\text{Hip}} = M_{\text{Hip}.x}\boldsymbol{i}_1 + M_{\text{Hip}.y}\boldsymbol{j}_1 + M_{\text{Hip}.z}\boldsymbol{k}_1 \tag{2-90}$$

为了使计算出来的力和力矩具有解剖学上的意义，把 F_{Hip} 及 M_{Hip} 表达到髋关节的关节角坐标系中，其三个方向上的力分别为

$$F_{\text{Hip.PrxDis}} = \boldsymbol{F}_{\text{Hip}} \cdot \boldsymbol{i}_1 \tag{2-91}$$

$$F_{\text{Hip.MedLat}} = \boldsymbol{F}_{\text{Hip}} \cdot \boldsymbol{k}_0 \tag{2-92}$$

$$F_{\text{Hip.AntPos}} = \boldsymbol{F}_{\text{Hip}} \cdot \boldsymbol{l}_{\text{Hip}} \tag{2-93}$$

三个方向上的力矩分别为

$$M_{\text{Hip.IntExt}} = \boldsymbol{M}_{\text{Hip}} \cdot \boldsymbol{i}_1 \tag{2-94}$$

$$M_{\text{Hip.FlxExt}} = -\boldsymbol{M}_{\text{Hip}} \cdot \boldsymbol{k}_0 \tag{2-95}$$

$$M_{\text{Hip.AbdAdd}} = -\boldsymbol{M}_{\text{Hip}} \cdot \boldsymbol{l}_{\text{Hip}} \tag{2-96}$$

2.3 人体负荷行走的步态实验

运用逆动力学法对负荷行走运动进行动力学建模时，作为已知的参量有三种，分别为人体环节参数（包括基本参数和惯性参数）、标志点的运动学坐标以及测力

台的测量数据。第一种参数可通过实测计算得到，而第二、三种参数需进行步态实验才能获得。

1．采集运动参数的方法

负荷人体在行走过程中，需要记录运动学和动力学两种信息，采用录像解析系统通过对拍摄图像的解析获取运动学数据，采用多分量测力台获取人体对地面的各分量力以获取动力学信息。

录像解析系统是由大容量图像采集器和运动解析软件组成。通过和计算机、录像机及监视器的连接，实时地将整个运动过程的图像采集并存储到大容量图像采集器中，然后通过运动解析软件可计算出受试人员的运动参数。

人对地面的作用力是分析运动的重要参数，其中用得最广泛的是三维测力系统。实验中我们使用的是中科院合肥所生产的SUNSOR多维力测力台，它给出的测量参数为力F_{PX}、F_{PY}、F_{PZ}，力矩M_{PX}、M_{PY}、M_{PZ}及压力中心位置(X_P,Y_P)。虽然这 8 个参数代表了人体对测力台的作用，但我们需要的却是测力台对人体反作用力的 6 个参数：三维力F_X、F_Y、F_Z，压力中心位置(X,Y)及扭矩T_Z。三维力和压力中心位置可以通过牛顿第三定律及坐标系的转换得出，但扭矩T_Z却还需要自行计算，下面给出T_Z的具体计算方法，如图 2-17 所示。

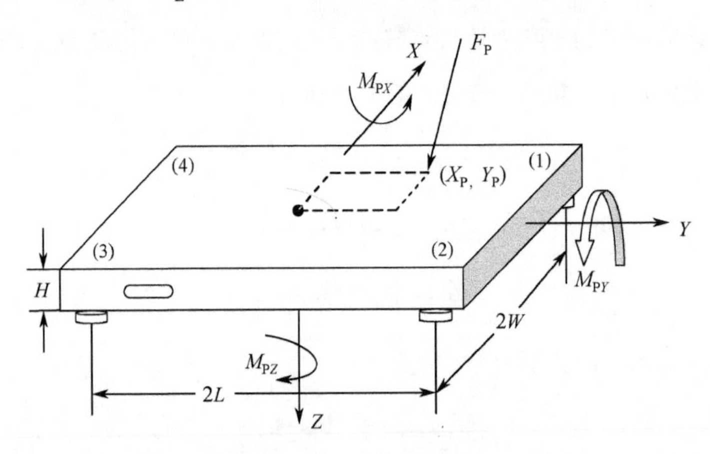

图 2-17　测力台作用力及坐标系

当受试者的脚踏在台面上时，脚对于测力台的作用力将由 4 个柱形传感器共同承担，把 4 个传感器上所受的力作代数相加，就可以得到总的三维力F_{PX}、F_{PY}和F_{PZ}。

$$F_{PX} = F_{PX1} + F_{PX2} + F_{PX3} + F_{PX4} \tag{2-97}$$

$$F_{PY} = F_{PY1} + F_{PY2} + F_{PY3} + F_{PY4} \tag{2-98}$$

$$F_{PZ}=F_{PZ1}+F_{PZ2}+F_{PZ3}+F_{PZ4} \tag{2-99}$$

作用力在测力平面表面的力矩为

$$M_{PX}=L\times(F_{PZ1}+F_{PZ2}-F_{PZ3}-F_{PZ4}) \tag{2-100}$$

$$M_{PY}=W\times(F_{PZ2}+F_{PZ3}-F_{PZ1}-F_{PZ4}) \tag{2-101}$$

$$M_{PZ}=L\times(F_{PX3}+F_{PX4}-F_{PX1}-F_{PX2})+W\times(F_{PY1}+F_{PY4}-F_{PY2}-F_{PY3}) \tag{2-102}$$

式中：L和W分别为测力台的半长和半宽。

作用力在平台表面的压力中心为

$$X_P=-M_{PY}/F_{PZ} \tag{2-103}$$

$$Y_P=M_{PX}/F_{PZ} \tag{2-104}$$

作用力在测力台表面的纯扭矩为

$$T_{PZ}=M_{PZ}-F_{PY}\times X_P+F_{PX}\times Y_P \tag{2-105}$$

根据牛顿第三定律，测力台对人体的力和力矩与人体对测力台的力和力矩大小相等，方向相反，由此可得出测力台对人体反作用力的各项参数。

2．实验方案和过程

1）实验对象

实验以10名青年男性为研究对象，在实验之前告知其实验目的及过程，在获得其同意的前提下进行了此次实验。受试对象均为军校在读硕士研究生，年龄24.5±1.5岁，身高171.2±4.2cm，体重64.1±15.9kg。

2）实验设备

实验设备分硬件和软件两部分，硬件设备见表2-2所列。

表2-2　实验硬件设备

设备	数量	设备	数量
三维测力台	2台	节拍器	1台
常速SONY摄像机	5台	标定框架	1套
三脚架	5个	标记球	15个
计算机	2台	双肩帆布背包	1个
电源稳压器	1台	10kg质量块	3块

实验所用软件有两种，运动图像解析软件和测力台软件。录像解析系统采用德国SIMI运动图像分析系统，它支持多台摄像机进行三维拍摄，并具有良好的扩展功能，可与测力台、表面肌电及足底压力分布测量系统等进行同步连接分析，

被广泛地应用于体育动作技术分析和步态的生物力学研究。测力台软件可实现多线程力信号采集，支持压力中心（COP）的计算及包络轨迹显示、各分量力/力矩动态曲线显示、合力曲线显示等。

3）实验方案及过程

实验方案如图 2-18 所示，使用 5 台常速 SONY 摄像机拍摄受试者的步态录像，机高 1.05m，拍摄频率 50f/s，同步误差小于 0.02s，快门速度 1/200s，摄像机之间夹角约为 70º，与测力台的距离约为 8m，在受试者行进的正前方及两侧对称放置，以实现标志点的无遮挡，提高打点精度。两块测力台串行放置并嵌于 5m 长的步道平台中以记录一个完整步态周期的动力学参数，采样频率设置为 500Hz，两测力台与计算机相连以采集数据，两测力台之间通过同步线及同步卡实现同步。

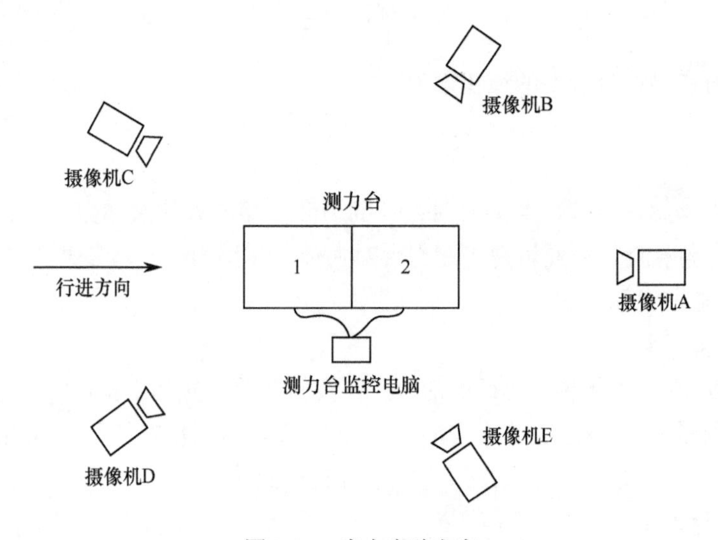

图 2-18　步态实验方案

受试者的速度使用节拍器进行控制，对应不同的频率节拍器发出相应频率的声音，受试者根据声音的频率调整自己的步频。实验选取 4 种频率，分别为：84Hz、96Hz、108Hz 和 120Hz，控制步长约为 70cm，这样，对应受试者的速度便大约控制在 0.98m/s、1.12m/s、1.26m/s 和 1.4m/s。实验之前，首先让受试者先跟随节拍器的不同频率按照实验要求试行走一段时间以适应节拍器的节奏，使步行速度在受到控制的同时步态也要自然。

为提高图像解析的精度，实验对象着深色紧身短裤、赤膊，在下肢各环节及骨盆部贴上反光标记球，直径为 2cm，一共有 15 各标志点，标志点及其位置见表 2-3 所列，具体贴法如图 2-19 所示。

表 2-3　标志点的位置

标志点	标志点的位置	标志点	标志点的位置
标志点 1	右脚第二跖骨前端	标志点 9	左脚脚跟部
标志点 2	右脚脚跟部	标志点 10	左脚脚踝部
标志点 3	右脚脚踝部	标志点 11	左小腿粗隆处
标志点 4	右小腿粗隆处	标志点 12	左膝关节处
标志点 5	右膝关节处	标志点 13	左大腿粗隆处
标志点 6	右大腿粗隆处	标志点 14	左髂前上棘部
标志点 7	右髂前上棘部	标志点 15	骶骨部
标志点 8	左脚第二跖骨前端		

(a)

(b)

图 2-19　标记球的贴法

为了能够固定好小腿粗隆处及大腿粗隆处的标志，尽量减小标志点在行走过程中的振动，自制了杆状标志物。绑带与标志点之间用硬海绵联结以作为支撑平台，硬海绵的性质决定了其既能起到支撑作用，也能在一定程度上吸收振动，这样就达到了减小振动的目的。实验也验证了采用这种标志物的有效性，提高了标志点的跟踪精度。

受试者听到声音指令后开始行走，在踏入测力台前完成两步行走以确保所采集图像为正常行走步态而非过渡过程。对每个受试者，首先不加负荷进行正常步态的实验，然后利用双肩帆布背包在其背部施加负荷，负荷按 10kg、20kg、30kg 递增，速度按 0.98m/s、1.12m/s、1.26m/s、1.4m/s 递增，对应有 16 种组合，每个受试对象对每种负荷与速度的组合按要求行走 2 次或 3 次，每次行走间至少休息 3min 以减轻受试者的疲劳，取最理想的一次数据进行分析。实验现场示意图如图 2-20 所示。

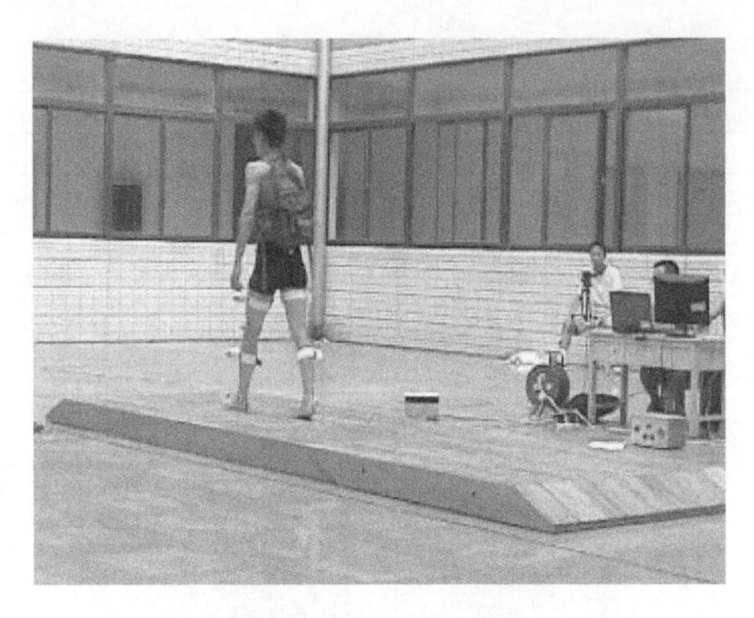

图 2-20　负荷步态实验现场图

4）测力台数据与运动学数据的同步

测力台数据与运动学数据的同步分为时间上的同步和空间上的同步。最先进的运动捕捉系统允许按一致的采样频率同时采集运动学和测力台数据。

受实验条件制约，在本实验中，通过人工判定的方法来找出测力台数据和运动学数据的同步点。在使用 SIMI 软件图像进行打点解析时，对每一台摄像机拍摄的录像，找出右脚跟刚与测力台台面接触时的那帧图像，并以这帧画面作为同步帧进行解析。而测力台也是从右脚跟着台面的那一刻开始采集数据的，这样，就通过人工判定的方法实现了测力台数据与运动学数据在时间上的同步。因为使用的是常速摄像机，其采样频率为 50Hz，而测力台的设置频率为 500Hz，因此在时间上同步的最大误差为 0.02s。

由于在足部环节的动力学计算中需要用到测力台的压力中心数据，而测力台压力中心的位置是由测力台的传感器测量经计算得出的，无法在 SIMI 解析软件中直接打点得出，因此，还需要考虑测力台数据与运动学数据的空间同步问题。

我们采用的方法是把大地坐标系的原点建立在测力台的角上，如图 2-21 所示。这样，测力台在大地坐标系的位置坐标就确定下来了。由于所用测力台坐标系的原点处于测力台中心，因此，还需要对测力台给出的压力中心位置进行坐标转换。

图 2-21　标定框架的放置

3．录像的解析

运用 SIMI 运动解析软件对各次实验的行走录像进行打点解析，经过解析软件计算就能将标志点的图像信息转换成空间里的坐标数据。首先需要对运动空间进行三维标定，将五台摄像机拍摄的标定框架图像在SIMI解析软件里进行打点标定，以测力台角上的点为原点，建立起运动空间的坐标系，为了提高精度，选取了 10 个点进行标定，如图 2-22 所示。

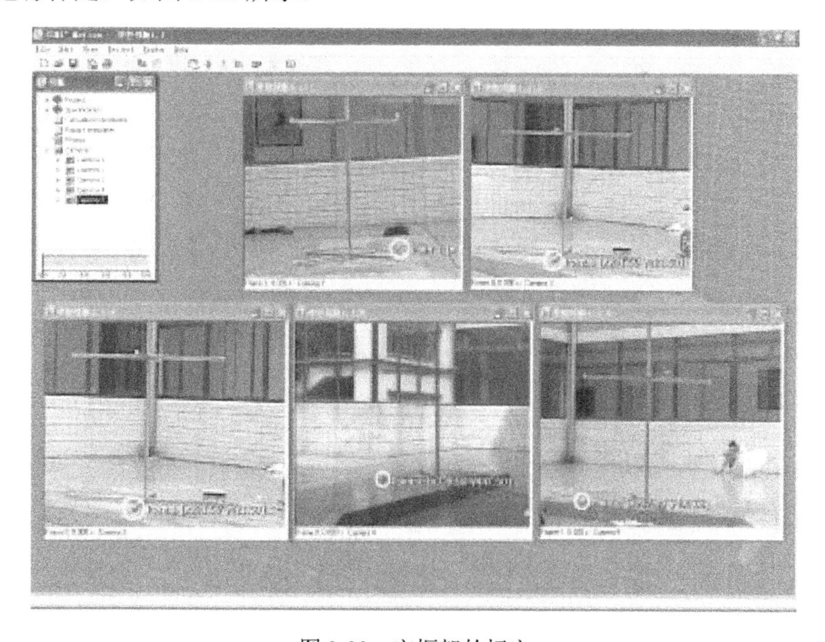

图 2-22　定框架的标定

每台摄像机的录像仅能提供一组二维坐标，因此，对于每个标志点，至少要对两台摄像机的录像进行打点。由这些二维坐标数据，根据直接线性变换法就能计算出各标志点的三维空间坐标。在 SIMI 解析软件里，录像是逐帧显示的，对每一个标志点来说就需要进行逐帧打点，如图 2-23 所示。本次实验的受试对象为 10 名，所需跟踪的标志点为 15 个，每个标志点至少要对两套录像进行打点解析，平均每个步态周期需解析 100 幅画面，对应速度和负荷的组合为 16 种，因此，整个实验就需要进行约 48 万次打点标定，这是一个工作量非常巨大且十分枯燥的过程。

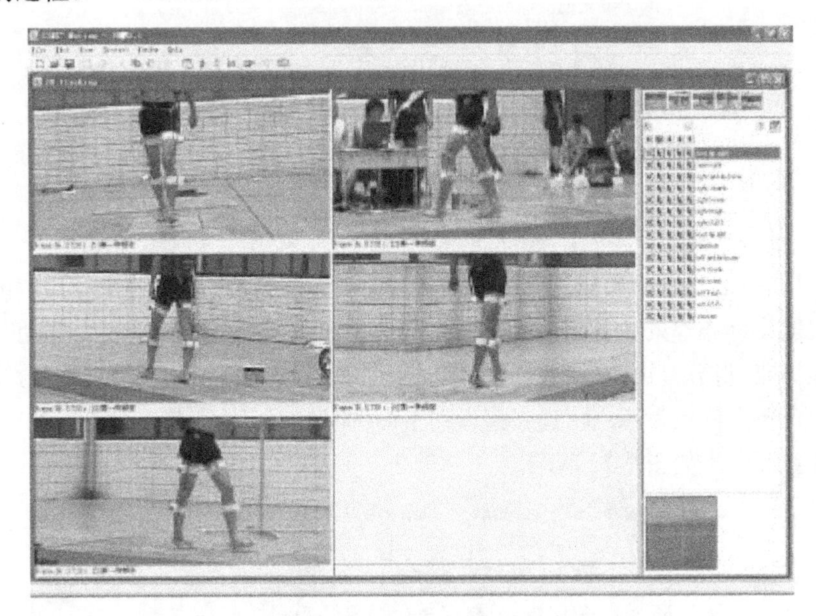

图 2-23　标志点的打点解析

2.4　人体负荷行走的运动学方程及动力学分析

以人体环节基本参数、实验所得各标志点运动学坐标以及测力台数据作为输入，计算出人体负荷行走的各种运动学及动力学参数。仿真的流程图如图 2-24 所示。

在分析仿真结果的过程中，首先对人体正常行走情况下步态的运动学和动力学特征进行分析，其曲线均取步速 1.26m/s 时各次实验的平均值，然后对不同负荷和步速对步态参数产生的影响进行讨论。下面以大腿及髋关节为例给出人体负荷行走实验的运动分析，小腿和足部及相应的膝关节和踝关节的运动分析方法与此相似，在此略去。

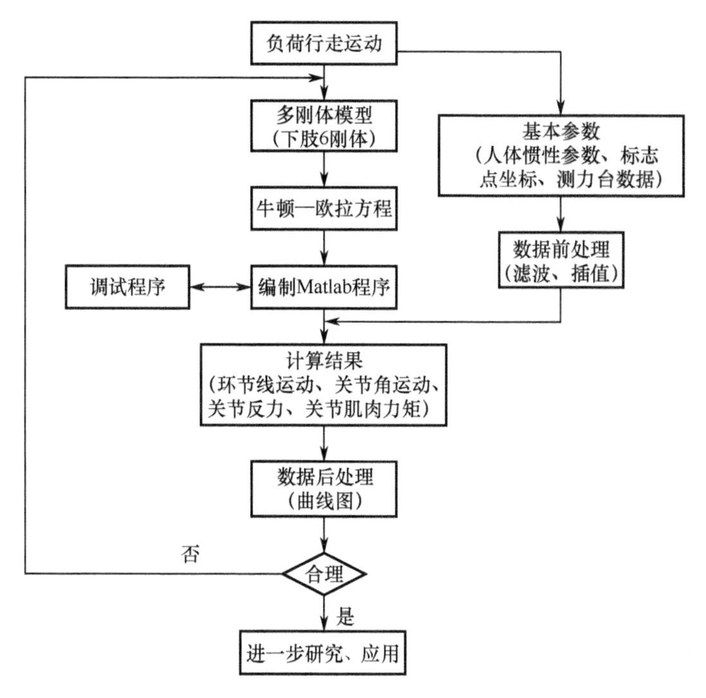

图 2-24　仿真流程图

2.4.1　运动学分析

运动学主要研究步行时各环节运动的空间和时间变化规律。人体在行走时，各环节的运动可以看成是重心在空间里的线运动以及环节围绕重心所做的旋转角运动。在进行环节线运动及关节角运动的分析时，时间均以步态周期的百分数表示，以消除由于各受试者行走速度不完全相同所导致的差异。

1．环节线运动

步行时，人体的运动主要集中在矢状面上，但是在额状面和横截面上也有一定幅度的运动。为了对各环节在三个平面内的运动有更清晰的了解，把环节的运动分解到 X、Y、Z 轴上分别表示，并根据步行的特点做出相应分析。

1）大腿运动

由式（2-14）可计算出大腿重心的位置坐标，经两次微分可分别得到大腿重心运动的速度和加速度，在 X、Y、Z 轴上进行分解即得图 2-25、图 2-26 和图 2-27。

由图 2-25 可以看出，大腿重心在 X 轴方向上的位移与时间大致成线性关系。在跟离地期（约在步态周期的 50%），重心的加速度达到最大值；跟离地期末（约在步态周期的 58%），重心的速度达到最大值，其后加速度变为负，进入摆动期。

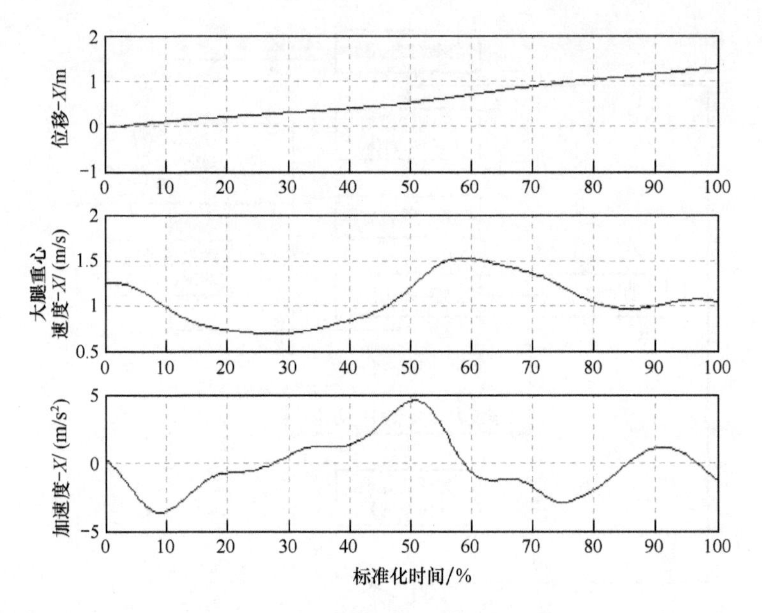

图 2-25　大腿重心在 *X* 轴上的运动

由图 2-26 可以看出，大腿重心在 *Y* 轴方向的位移幅值较小，其范围基本在 3cm 以内，速度和加速度曲线均在零值上下波动。

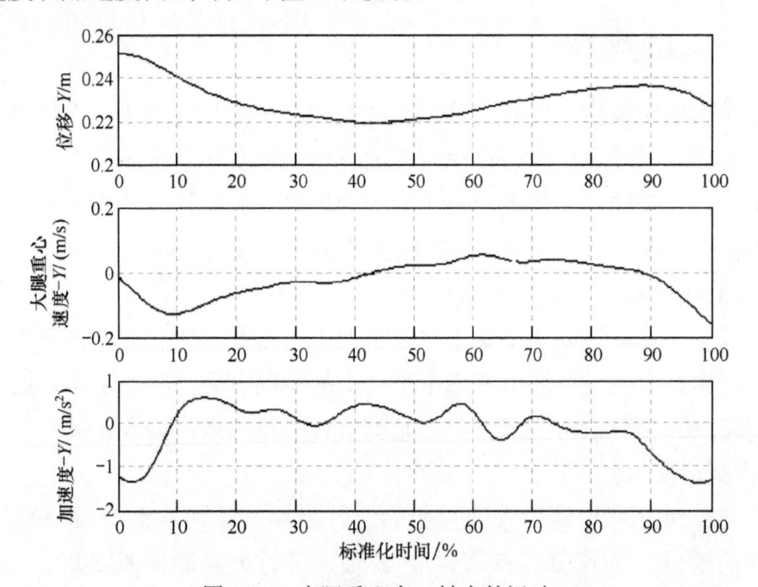

图 2-26　大腿重心在 *Y* 轴上的运动

由图 2-27 可以看出，大腿重心在 *Z* 轴上的运动大致呈正弦曲线规律变化。在跟离地期（约在步态周期的 55%），大腿重心达到最低，此时重心在 *Y* 轴上的速度为零；在摆动中期（约在步态周期的 80%），大腿重心居最高位，此时支撑腿与地面垂直，且在 *Y* 轴上的速度为零。

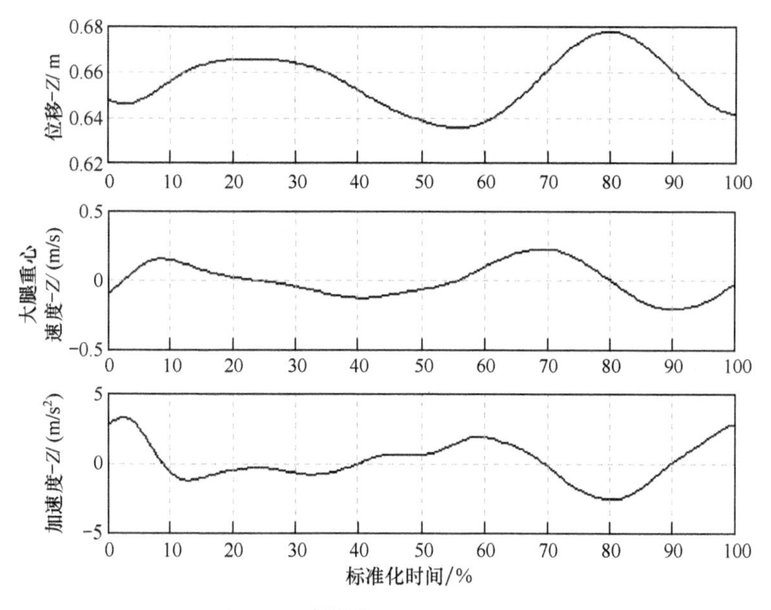

图 2-27　大腿重心在 Z 轴上的运动

2）小腿运动

由式（2-15）可计算出小腿重心的位置坐标，经两次微分可分别得到小腿重心运动的速度和加速度，在 X、Y、Z 轴上进行分解得到图 2-28、图 2-29 和图 2-30。

由图 2-28 可以看出，在跟离地期末期（约在步态周期的 50%～60%），小腿重心在 X 轴方向上有一个较大的跃升，期间重心的加速度达到最大，随后由支撑期进入摆动期。

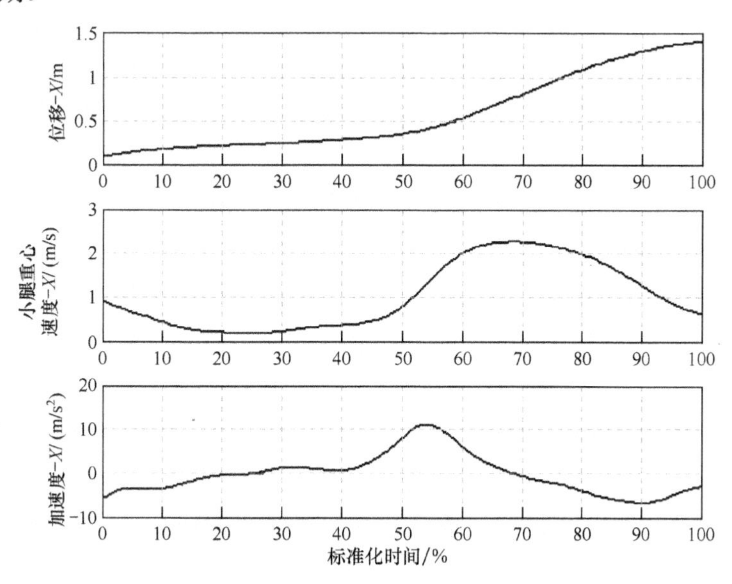

图 2-28　小腿重心在 X 轴上的运动

由图 2-29 可以看出，小腿重心在 Y 轴方向上的运动幅度跟大腿重心基本一致，约为 3cm；在跟离地期（约在步态周期的 55%），重心速度达到负的最大值，此时加速度为零。

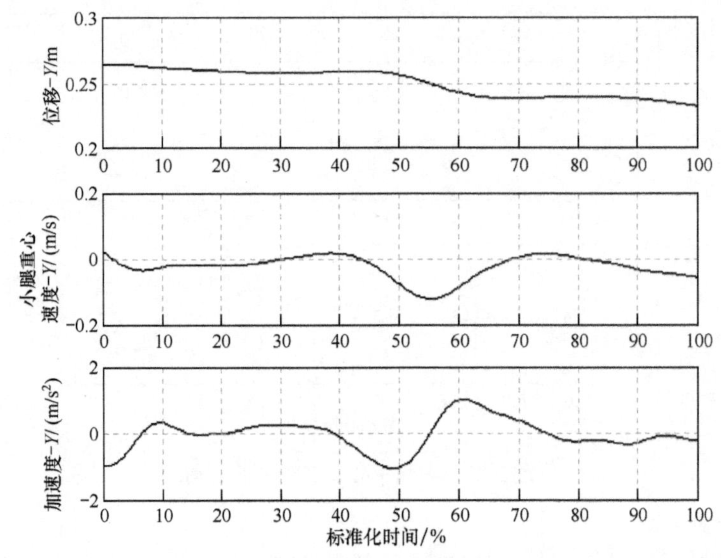

图 2-29　小腿重心在 Y 轴上的运动

由图 2-30 可以看出，在支撑期前期和中期（约在步态周期的 0～40%），小腿绕足跟做倒摆运动，其重心在 Z 轴上的位移基本保持不变，速度约为零；此后进入跟离地期，小腿开始向上做抬腿运动，重心位置逐渐升高，重心运动速度逐渐增大；在后摆动期（约在步态周期的 72%），小腿重心位置达到最高。

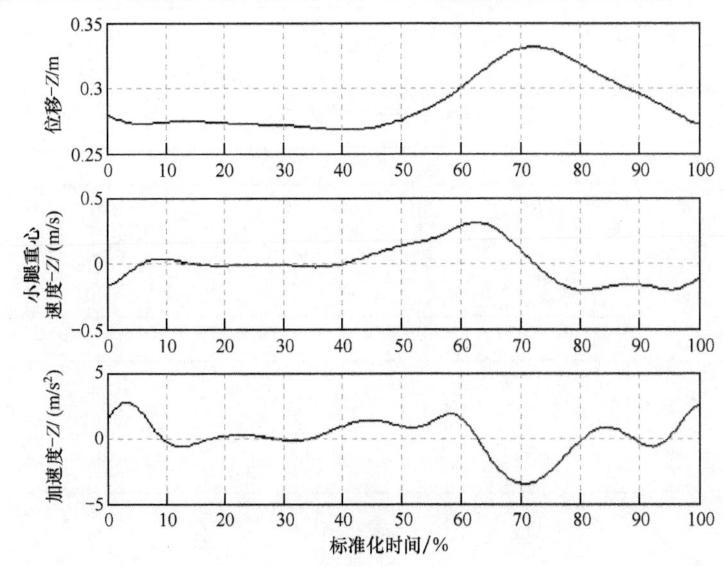

图 2-30　小腿重心在 Z 轴上的运动

3）足部运动

由式（2-16）可计算出足部重心的位置坐标，经两次微分可分别得到足部重心运动的速度和加速度，在 X、Y、Z 上进行分解得到图 2-31、图 2-32、图 2-33。

由图 2-31 可以看出，跟着地期间，足部重心在 X 轴方向上有一个大的负加速度，此时地面对人体施加了一个 X 反方向的制动力；在跟离地期（约在步态周期的 50%～60%），重心在 X 轴方向上的加速度为正，此时地面对人体施加了一个 X 正方向的推进力，推动人体向前行进。

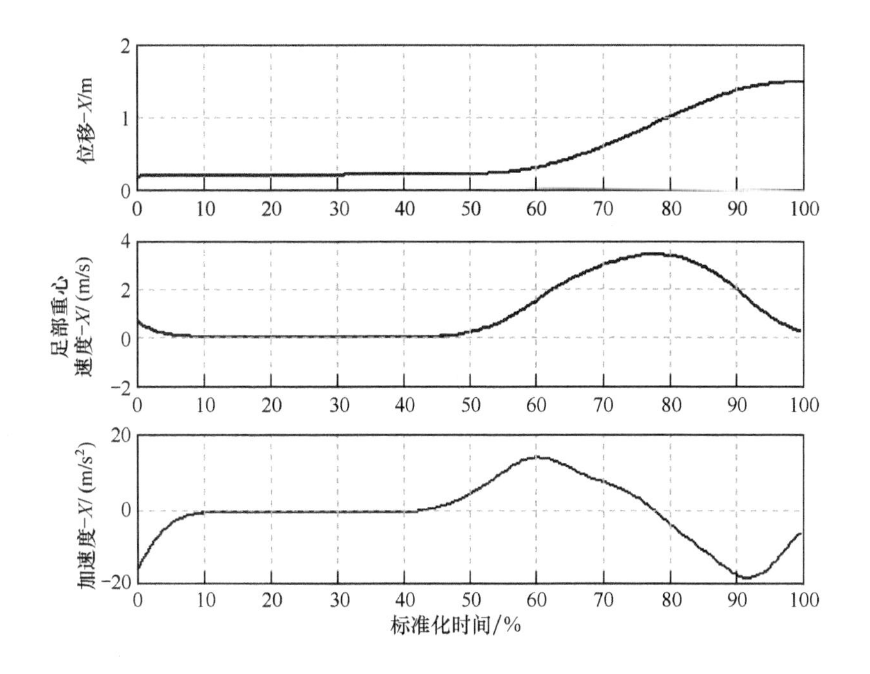

图 2-31　足部重心在 X 轴上的运动

由图 2-32 可以看出，相对于大腿和小腿来说，足部在 Y 方向上的运动幅度稍大一些，约为 4cm，其加速度曲线围绕零值做小范围波动。

由图 2-33 可以看出，跟着地期间，足部重心速度在 Z 方向上为一个小的负数，此时重心仍然向下运动；跟着地后重心有一个较大的正加速度，此时地面给人体施加一个向上的力；全足着地期及支撑中期里，重心的位置基本保持不变，其速度和加速度基本为零；在后摆动期（约在步态周期的 67%），重心位置上升到最高值，此时速度为零。

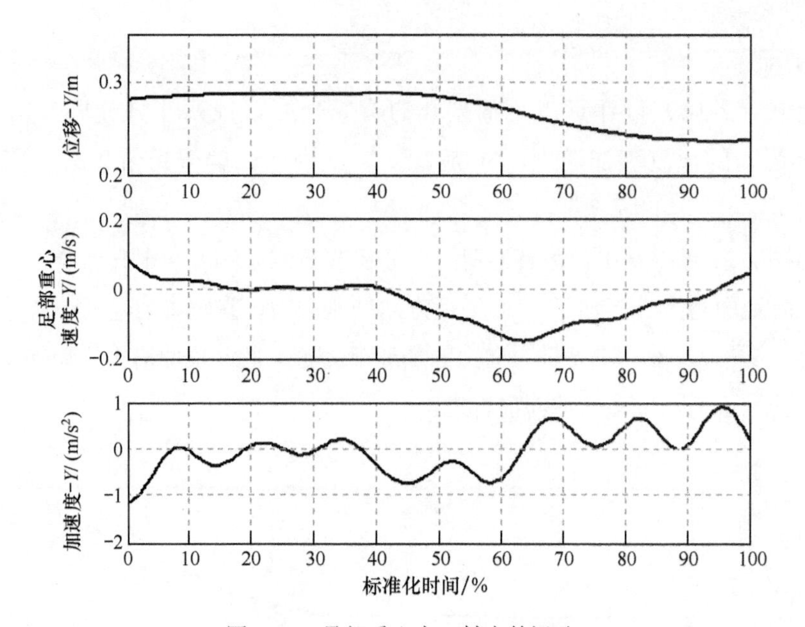

图 2-32　足部重心在 Y 轴上的运动

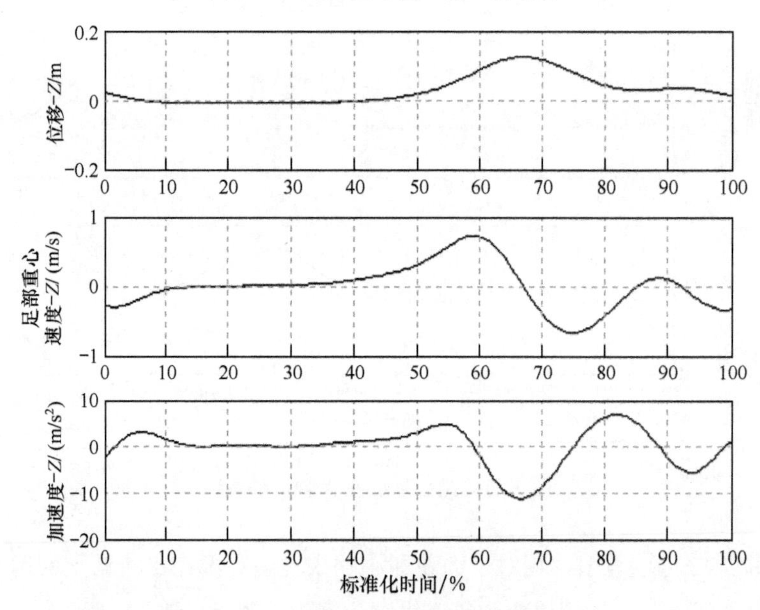

图 2-33　足部重心在 Z 轴上的运动

4）人体重心运动

人体重心大致位于第二骶骨前缘，两髋关节中央，受个体差异其位置稍有不同。直线运动时该中心是身体上下和左右摆动度最小的部位。为了减小重心上下及侧向运动，以使运动更为平稳并降低能耗，骨盆也配合步行周期而做左右旋转、左右倾斜及侧向移动，步行时减少重心摆动是降低能耗的关键，身体重心摆动包括：

（1）骨盆前后倾斜，摆动侧的髋关节前向速度高于支撑侧，造成骨盆前倾。

（2）骨盆左右倾斜，摆动侧骨盆平面低于支撑侧。

（3）骨盆侧移，支撑相骨盆向支撑腿的方向侧移。

（4）膝关节支撑相早期和晚期的屈曲。

步行中身体的重心沿一复杂的螺旋形曲线向前运动，在矢状面及水平面上的投影各呈一正弦曲线，向前运动也有交替的加速与减速。

在步态实验中，标志点 15 贴于受试者的骶骨部位，与人体重心的位置基本一致，因此，取该点的运动曲线进行分析可基本代表人体重心的运动趋势和规律。其位置坐标直接由解析软件打点计算得出，对坐标数据进行滤波平滑后再微分可分别得到人体重心运动的速度和加速度，在 *X*、*Y*、*Z* 轴上进行分解得出图 2-34、图 2-35 和图 2-36。

由图 2-34 可以看出，在 *X* 方向上，重心运动交替加速与减速，在跟着地期（约在步态周期的 0%）及跟离地期（约在步态周期的 50%），重心的速度达到最大值；在支撑中期（约在步态周期的 30%）及摆动中期（约在步态周期的 80%），重心速度达到最小值。

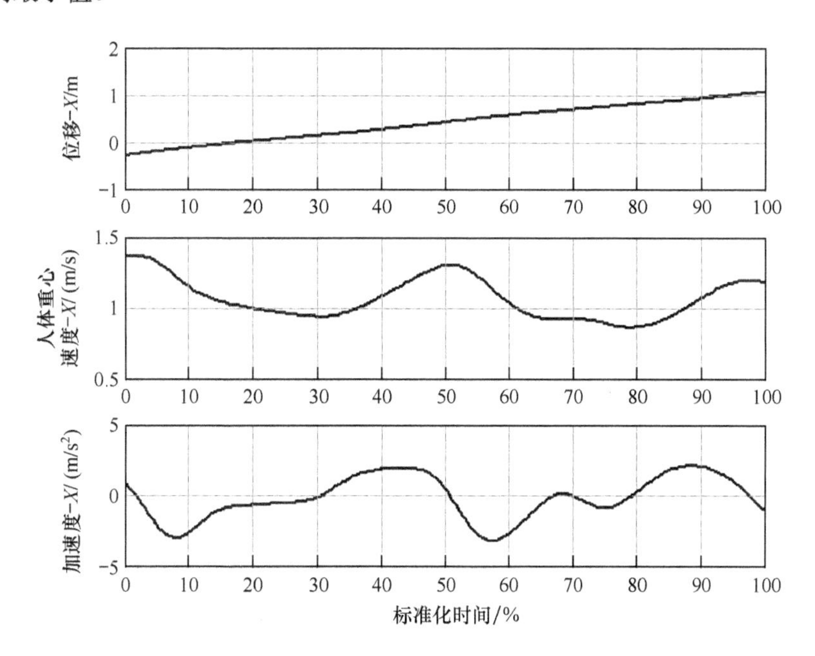

图 2-34　人体重心在 *X* 轴上的运动

由图 2-35 可以看出，身体重心在行走时外移，偏离正中面约 2cm，以使身体靠近支撑面上方，往一侧的最大偏离发生于全足着地期，即步态周期的 20%时，走得越快，向一侧摇动越小，这是由于受身体惯性的平稳影响所致。

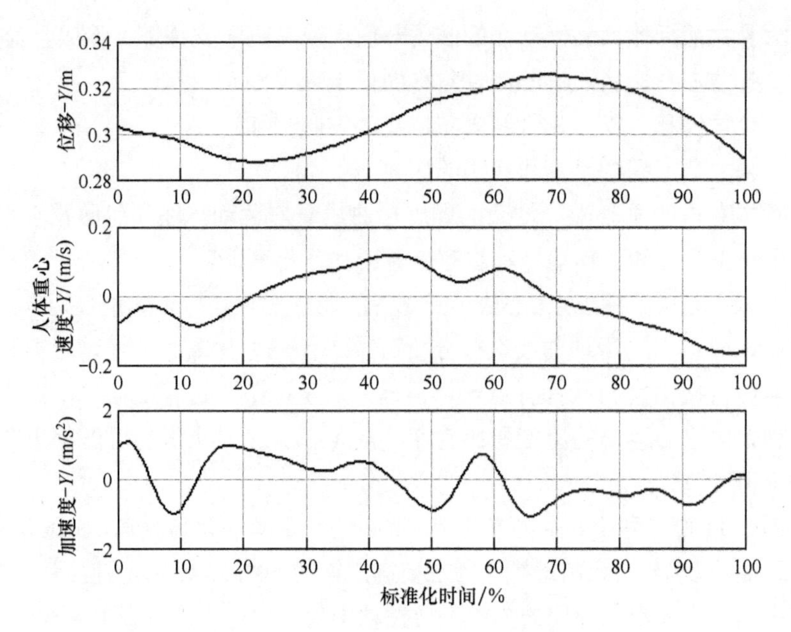

图 2-35　人体重心在 Y 轴上的运动

由图 2-36 可以看出，在行走时，身体重心随躯干前进而上下移动，呈正弦变化规律，幅度约为 4cm。跟着地时的双支撑阶段（约在步态周期的 5%时），重心居最低点，此时前进速度最大；在支撑中期（约在步态周期的 30%），重心居最高位，前进速度最小。

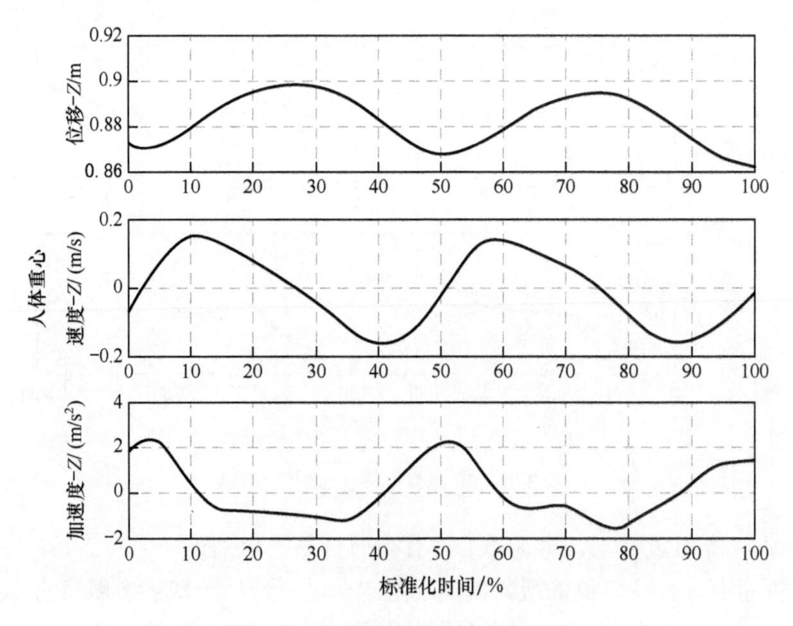

图 2-36　人体重心在 Z 轴上的运动

2．关节角运动

在行走过程中，髋关节、膝关节和踝关节以一定规律协调运动，使身体沿着期望轨迹稳定前行。

根据所建模型，对于各关节角的方向定义如下。

（1）屈曲/伸展角：屈曲（跖屈）为正，伸展（背屈）为负；

（2）外展/内收角：外展为正，内收为负；

（3）内旋/外旋角：内旋（内翻）为正，外旋（外翻）为负。

1）髋关节角运动

由式（2-26）～式（2-28）即可计算出髋关节的三个关节角，如图 2-37 所示。

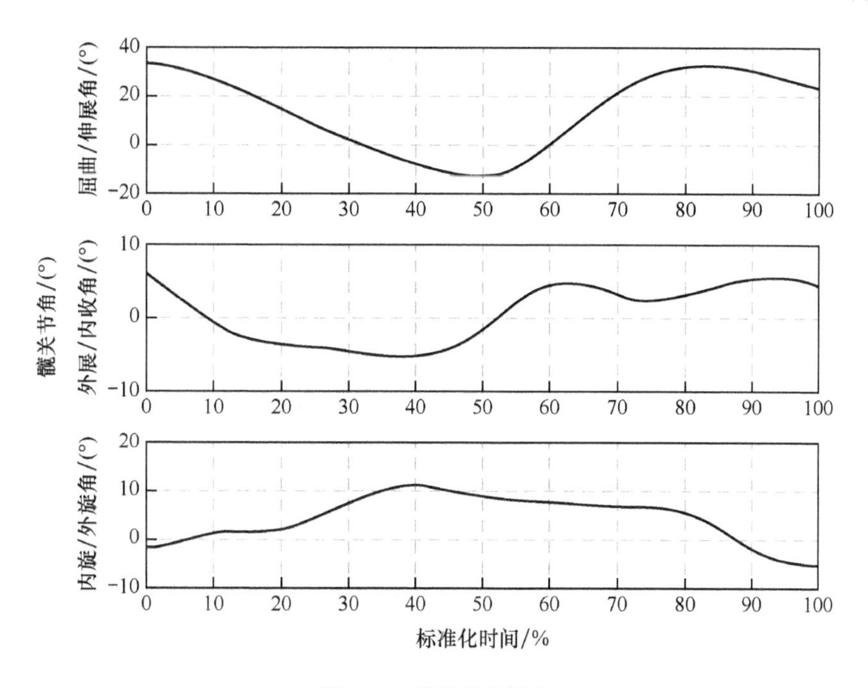

图 2-37　髋关节角运动

由图 2-37 可以看出，由足跟着地起，髋关节由屈曲位过渡到伸直位，同时由外旋转向内旋；由于臀中肌的作用，髋呈轻度外展，以维持单腿负重的稳定性；在支撑中期，髋基本伸直，略微屈曲；从跟着地到趾离地的支撑期内，骨盆以支撑髋为中心，总共可内旋 10º 左右；在摆动期间，大腿外旋，髋一直处于屈曲位，在摆动中期屈曲角达到最大，约 35º。

2）膝关节角运动

由式（2-29）～式（2-31）可计算出膝关节的三个关节角，如图 2-38 所示。

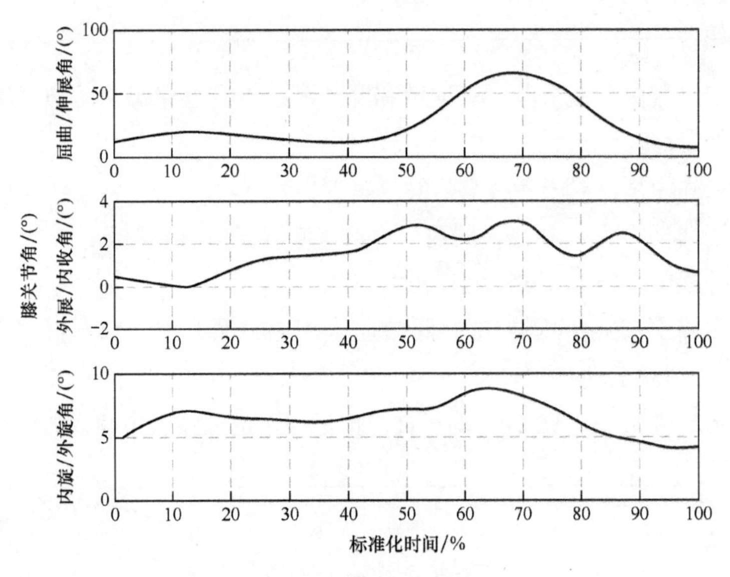

图 2-38 膝关节角运动

由图 2-38 可以看出，跟着地后，膝并未完全伸直，而是有一定程度的屈曲，同时，胫骨对股骨产生内旋约 5º；在支撑期间，小腿三头肌借其等长收缩维持膝的伸直，并将躯干向前推进，但此时膝仍有一定的屈曲，小腿内旋约 6º；在跟离地期，膝关节稍微屈曲，为接下来小腿的摆动做好准备；在后摆动期，膝关节的屈曲达到最大，约为 65º，其后小腿逐渐伸直。

3）踝关节角运动

由式（2-32）～式（2-34）即可计算出踝关节的三个关节角，如图 2-39 所示。

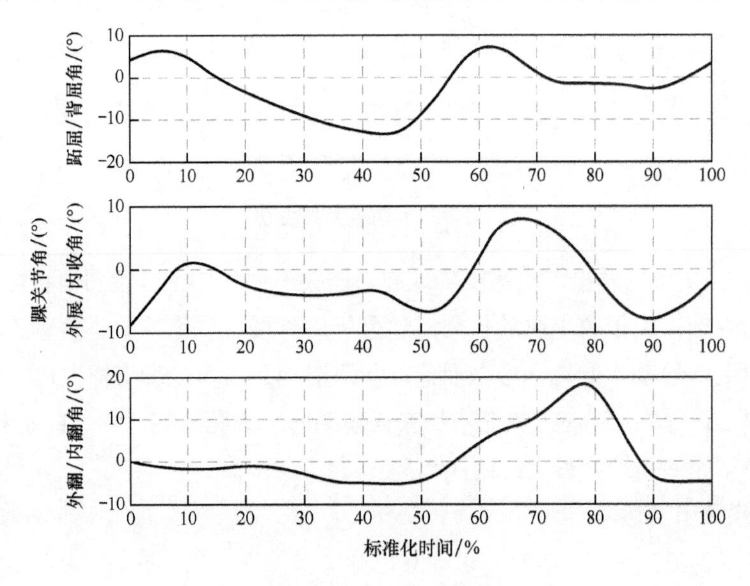

图 2-39 踝关节角运动

由图 2-39 可以看出，跟着地时，踝关节处于跖屈位，稍微外翻；从支撑中期开始，踝关节由跖屈位转向背屈位，并在跟离地前期其背屈达到最大，其后踝开始转向跖屈；在后摆动期，踝关节由跖屈位前伸转向背屈。

2.4.2 动力学分析

关节动力学分析在于对肢体产生的运动进行更加细致的研究，它将分析肌肉在运动中的功能。

在行走中，人体受到内力和外力的共同作用。内力是指人体内部各组织器官间相互作用的力，主要为肌力，它通过骨的附着点根据杠杆原理使人体产生相应的运动；外力是外界环境作用于人体的力，主要为人体所受重力以及地面对人体的反作用力。

走的基本动力是肌力和地面反作用力。身体蹬离地面的力量主要依靠肌肉的收缩力。足蹬地面时，可遇到与所蹬力量大小相等、方向相反的阻力，这种阻力可分解成两个分力：垂直分力和水平分力。垂直分力为对身体的反作用力，可使身体向上运动；水平分力为与地面的摩擦力，可使身体向前运动，两力之和使身体向上向前运动。

在研究行走时，我们更关心引起这种运动的内在原因：地面对人体施加了多大的力，下肢各关节产生了多大的肌肉力矩以及关节间的反力是多少。通过对这些动力学参数的分析，能帮助我们探寻人体行走的内在机理及运动规律，并对骨骼服的设计提供理论上的指导。

下面分别对三个关节进行动力学分析，各关节肌肉力矩正负的定义与关节角的定义一致。各力值的大小采用与受试者体重相比的百分数形式；力矩的大小采用与受试者质量相比的百分数形式，以消除由于受试对象体重差异对分析结果造成的影响。

1．髋关节动力学

由式（2-91）～式（2-96）可以计算出髋关节的肌肉力矩和关节反力，分别如图 2-40、图 2-41 所示。

由图 2-40 和图 2-41 可以看出，在支撑期的前半段（0～30%），髋关节主要产生的是伸肌力矩，臀大肌积极收缩以伸髋使躯干逐步伸直，并使髋产生向上的冲击力，从而提高身体重心，髋外展肌对保持髋在额状面上的平衡起重要作用；跟着地后，外展肌积极收缩，以防止骨盆向对侧倾斜；至支撑中期，髋关节的屈、伸肌平静，髋基本伸直；在跟离地期，主要表现为屈肌力矩，腿部肌肉收缩力大，使身体得到强有力的向前上方的推动力，这种推动力称为“后蹬”；进入摆动期，下肢抬离地面，关节肌肉力矩及关节反力迅速减小。

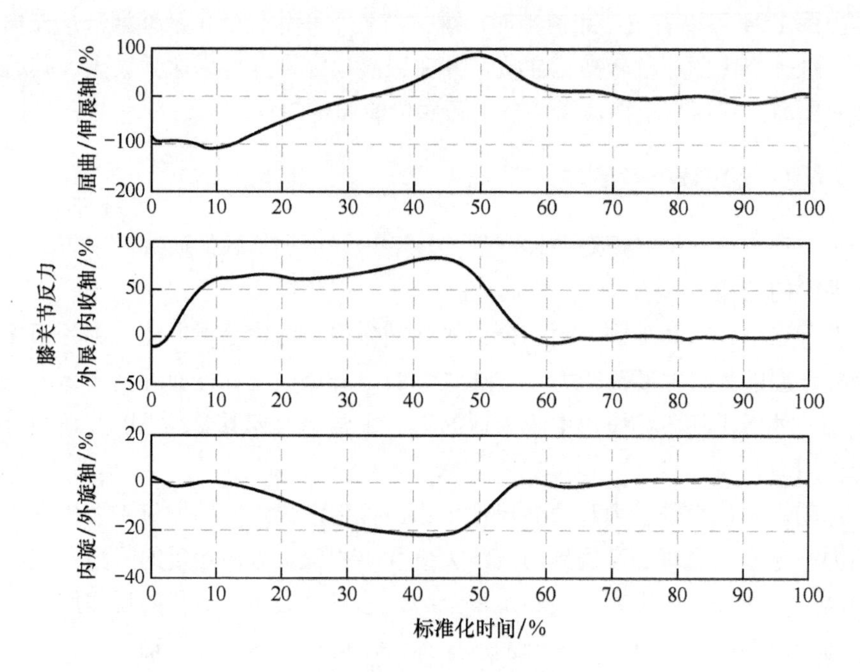

图 2-40　髋关节肌肉力矩

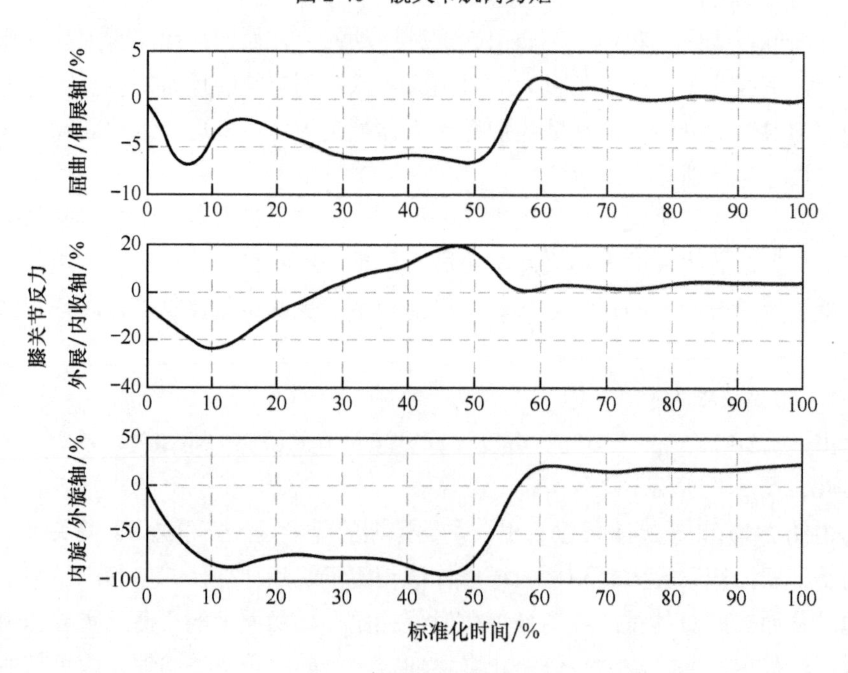

图 2-41　髋关节关节反力

2. 膝关节动力学

由式（2-75）～式（2-80）可以计算出膝关节的肌肉力矩和关节反力，分别如

图 2-42 和图 2-43 所示。

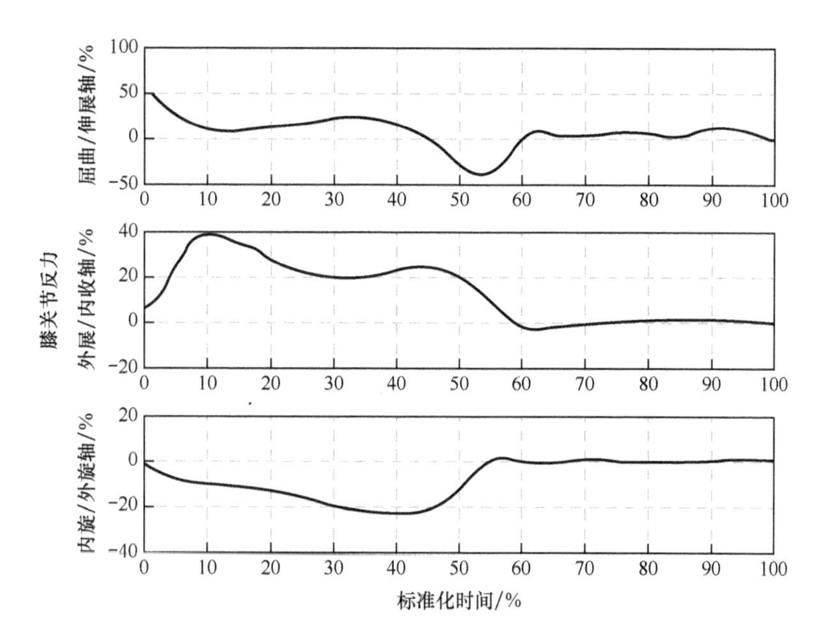

图 2-42　膝关节肌肉力矩

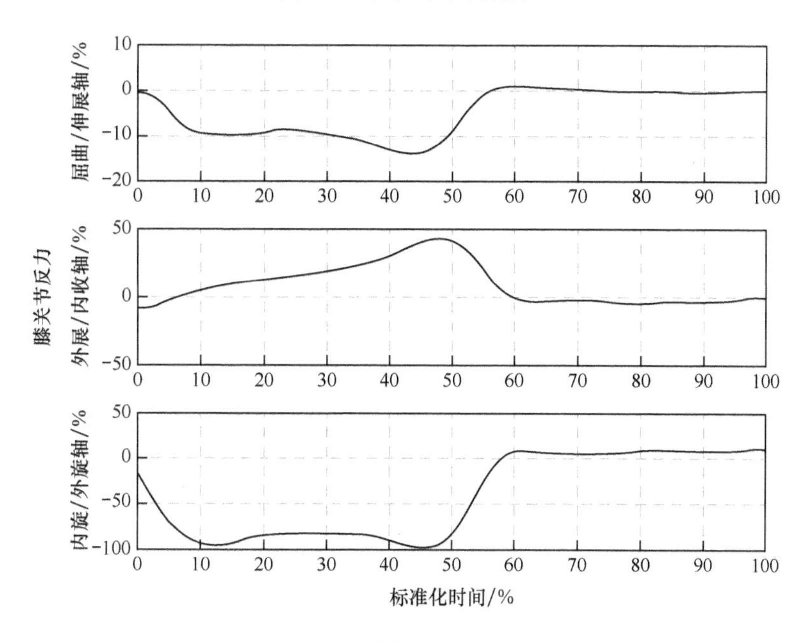

图 2-43　膝关节关节反力

由图 2-42 和图 2-43 可以看出，在支撑前期和中期，膝关节主要表现为屈肌力矩；跟着地后，胫骨前肌收缩一方面固定踝关节，同时将足跟着地的前冲力传递到胫骨上部，从而牵引胫骨上部向前；跟离地期，膝关节产生较大的伸肌力矩，小腿三头肌收缩，使踝跖屈的同时间接地固定膝关节，股四头肌和腘绳肌轻度收缩以保持膝的稳定；其后，借胫骨的上冲力，膝关节稍微屈曲，为小腿冲向前上开始摆动做准备。

3. 踝关节动力学

由式（2-59）～式（2-64）可以计算出踝关节的关节肌肉力矩和关节反力，分别如图 2-44、图 2-45 所示。

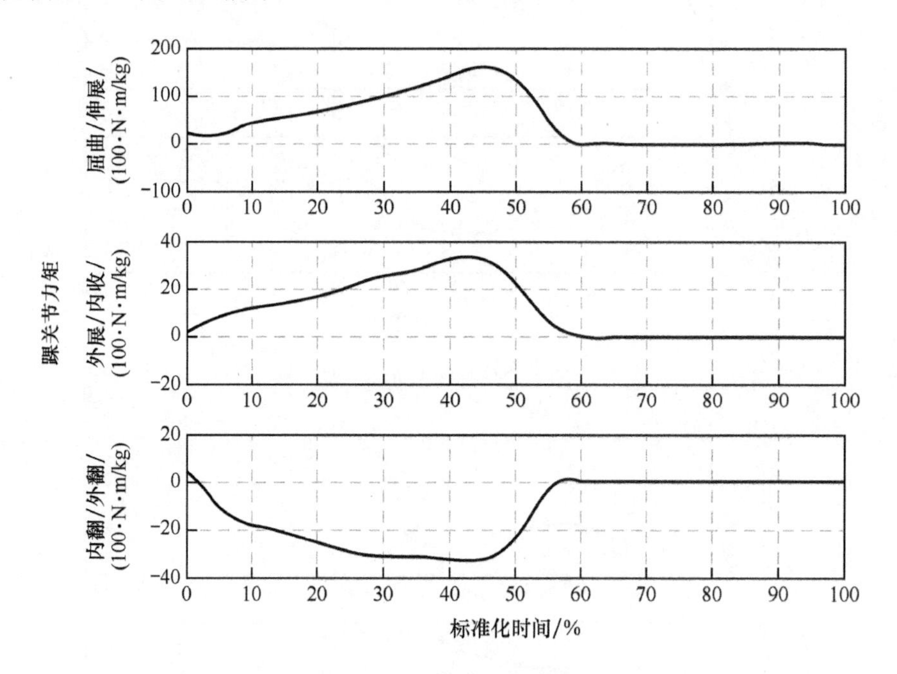

图 2-44　踝关节肌肉力矩

由图 2-44 和图 2-45 可以看出，在整个步态周期内，踝关节肌肉力矩主要表现为跖屈力矩。跟着地时，小腿前群肌（胫骨前肌、趾长伸肌、拇长伸肌）显著收缩，这几块肌肉是跟着地时的减速肌，避免足跟着地时过猛；跟着地后，胫骨前肌持续收缩，以使踝得到固定并牵制前足。跟着地时足内肌不活动，紧接着，足内肌、小腿三头肌和腓骨肌开始收缩，使足跖屈，以便全足尽早与地接触；支撑中期，足内肌、胫骨后肌和腓骨肌开始收缩，牵制足，稳定距下关节，准备将重荷移至前足。小腿三头肌强力收缩，阻止由于身体前移引起的足背。此阶段踝关节承受的关节反力约为体重的 1.2 倍，作用于踝关节的力除重力、经跟腱压缩力外，还有距骨滑车的反作用力。跟离地期，小腿三头肌收缩，使踝跖屈，足跟离地。在摆动期，踝关节的肌肉力矩和关节反力基本为零。

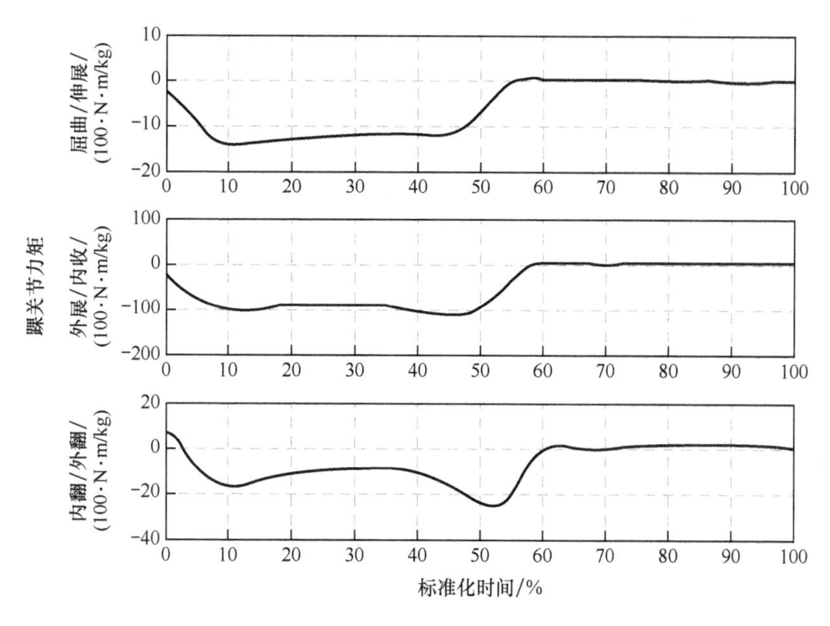

图 2-45　踝关节关节反力

2.4.3　速度和负荷对步态参数的影响

1. 地面反作用力

对测力台采集的前后剪力数据进行平滑处理，并分别按负荷和速度取各次实验的平均值，得到前后剪力的曲线图 2-46 和图 2-47。

由前后剪力曲线图可以看出，前后剪力曲线基本呈对称型，前后出现两个极值，分别出现在跟着地期和趾蹬地期。在首次触地时剪力向后，为制动力；越过重心线时剪力向前，为推进力。

从图 2-46 中可以明显看出，随着负荷的增加，前后向剪力幅值均显著增大，且显示出一定的线性性。负荷每增大 10kg，后向剪力的增幅约为体重的 2%，前向剪力的增幅约为体重的 4%。负荷的增加与前后剪力的增幅之间存在较好的比例关系，但是前向向剪力的增幅要大于后向剪力的增幅，造成这个现象的原因有两方面：一方面是跟着地时，随着背部负荷的增加，下肢产生保护机制，膝关节屈曲角增大以减小地面的冲击力，加大着地时与地面间的缓冲，避免下肢受到损伤；另一方面是随着负荷的增加，人体行走时需要更大的推进力，以保持人体以稳定的速度前进，因此，加大了趾离地期的蹬地力量。

而在图 2-47 中，随着速度的增加，前后向剪力的增大趋势不明显。

为具体分析负重和速度对前后剪力的影响，取各次行走实验后向剪力的最小值和前向剪力的最大值，在 SPSS 统计软件中进行分析，得出后向剪力的方差分析表 2-4 和前向剪力的方差分析表 2-5，均取显著性水平为 0.05。

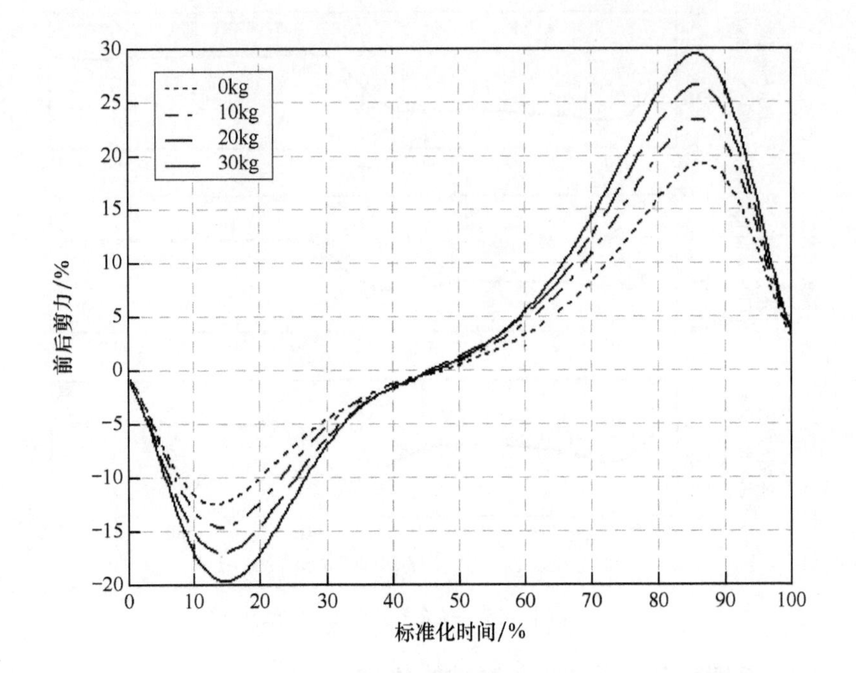

图 2-46　不同负荷下的前后剪力

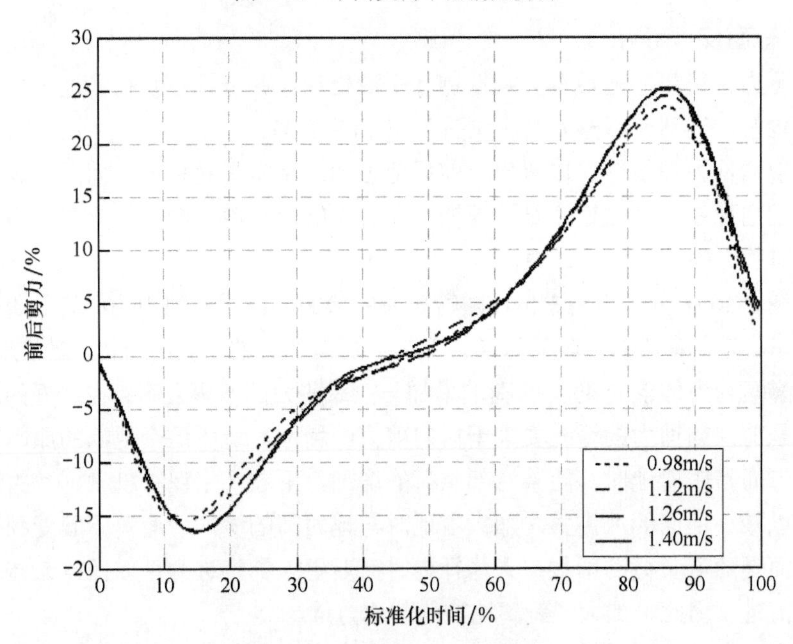

图 2-47　不同负荷下的前后剪力

由表 2-4 可知，对于后向剪力，负荷的显著性为 0.000<0.05，因此负荷对后向剪力的影响非常显著，其观察能效为 1.000，检验效能较大，无须增加样本；而速

度的显著性为 0.836>0.05，因此，认为速度对后向剪力的影响效果不显著，但其观察能效为 0.103，检验效能一般，如果增大样本可能会得到不同的结果。负荷和速度的交互作用显著性为 0.888>0.05，因此交互作用的影响也不显著。

表 2-4 后向剪力的方差分析表

方差来源	平方和	自由度	均方	F 比	显著性	Eta 平方	观察能效
因素 A（负荷）	1095.292	3	365.097	18.231	0.000	0.328	1.000
因素 B（速度）	17.134	3	5.711	0.285	0.836	0.008	0.103
交互作用 A*B	85.697	9	9.522	0.475	0.888	0.037	0.224
误差	2242.928	112	20.026				
总和	38356.763	128					

由表 2-5 可知，对于前向剪力，负荷的显著性也为 0.000<0.05，认为负荷对前向剪力的影响非常显著；速度的显著性为 0.167>0.05，因此，认为速度对后向剪力的影响效果也不显著，但是，相对于后向剪力来说，其影响程度要大一些；负荷和速度交互作用的影响也不显著。

表 2-5 前向剪力的方差分析表

方差来源	平方和	自由度	均方	F 比	显著性	Eta 平方	观察能效
因素 A（负荷）	1685.658	3	561.886	37.372	0.000	0.500	1.000
因素 B（速度）	77.620	3	25.873	1.721	0.167	0.044	0.439
交互作用 A*B	100.952	9	11.217	0.746	0.666	0.057	0.353
误差	1683.894	112	15.035				
总和	80409.184	128					

2．关节肌肉力矩

对仿真计算得出的髋关节屈伸力矩分别按负荷和速度取各次行走实验的平均值，得出图 2-48 和图 2-49。

由图 2-48 可以看出，负荷的变化对支撑期髋关节屈伸力矩的影响较大，而在摆动期，屈伸力矩基本不受负荷变化的影响。在跟着地期和全足着地期，髋关节表现为伸力矩，使躯干逐步伸直。随着负荷的增加，髋关节伸力矩也随之增大以支承更大的上体重量。在跟着地期末（约在步态周期的 10%），伸力矩达到最大值，此时伸力矩的增幅也最大；在支撑中期，髋基本处于伸直状态，屈伸力矩较小，约在步态周期的 33%时刻，由伸力矩转为屈力矩，此期髋关节屈伸力矩的变化也较小；在跟离地期，髋关节表现为屈力矩，推动身体向前上方运动，负荷越大，屈力矩也越大以获得更大的推动力。

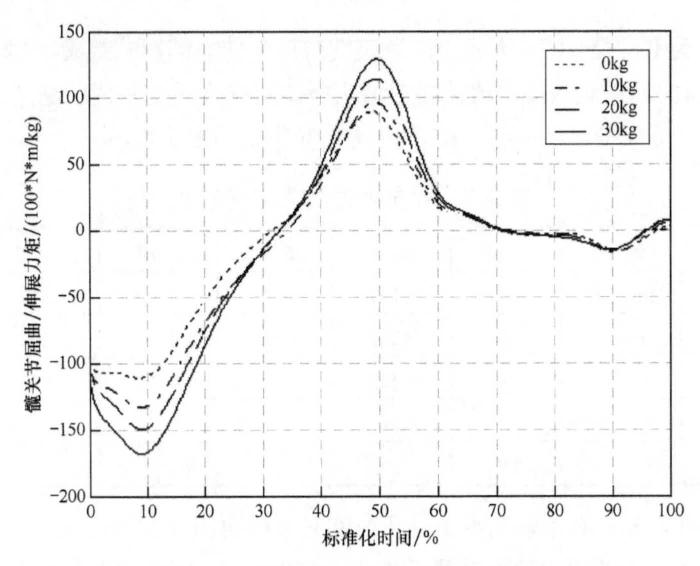

图 2-48　不同负荷下的髋关节屈伸力矩

由图 2-49 可以看出，速度的变化对髋关节屈伸力矩的影响主要体现在支撑期的前期以及摆动期的前期和末期，而对步态周期其他阶段的影响较小。在跟着地期和全足着地期，随着速度的增加，身体重心运动的惯性增大，髋关节需要提供更大的伸力矩来使躯干伸直；在摆动期，行走速度越大，摆动腿向前上方摆动的速度也越大；在后摆动期，髋关节表现为屈力矩，使腿向前摆动，要增大摆动腿的速度，就需要提供更大的屈力矩，此时屈力矩随着速度的增大而增大；在前摆动期，髋关节表现为伸力矩以抑制摆动腿继续向前摆动，减小摆动速度，以实现摆动腿着地，速度越大，所需的伸力矩也越大，此时伸力矩随速度的增大而增大。

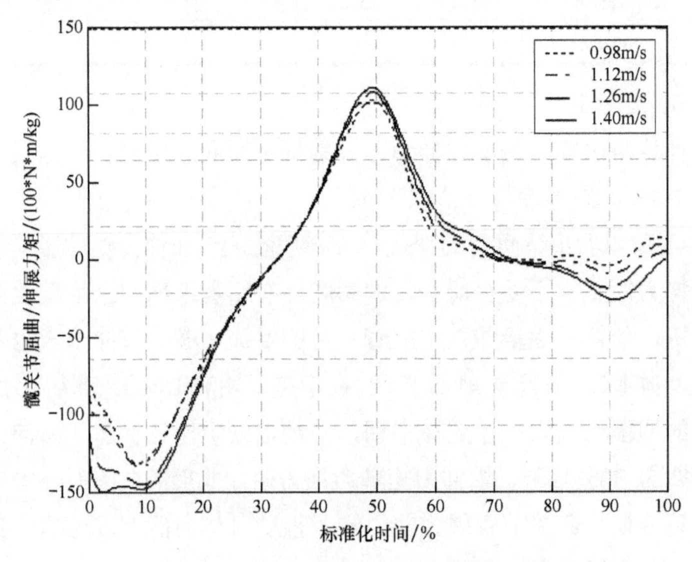

图 2-49　不同步速下的髋关节屈伸力矩

3．关节角度

对仿真计算得出的髋关节屈伸角分别按负荷和速度取各次行走实验的平均值，得出图 2-50 和图 2-51。

由图 2-50 可以看出，当由无负荷状态转为负荷 10kg，髋关节的屈伸角产生了明显的变化。在跟着地期间，由于负荷较轻，屈角基本不变，但是到了跟离地期，伸角显著增大，其峰值增加了约 4.5°。随着负荷的增加，整个步态周期中，屈角逐渐增大，在跟着地期最为显著。因为加上负荷之后，人体为了维持整体重心仍处于骨盆正上方以减小能量消耗，躯干前倾角增大，从而导致其屈角增加。脚跟着地时，屈角增加以增大与地面间的缓冲，负荷每增加 10kg，屈角增大约 3.5°。

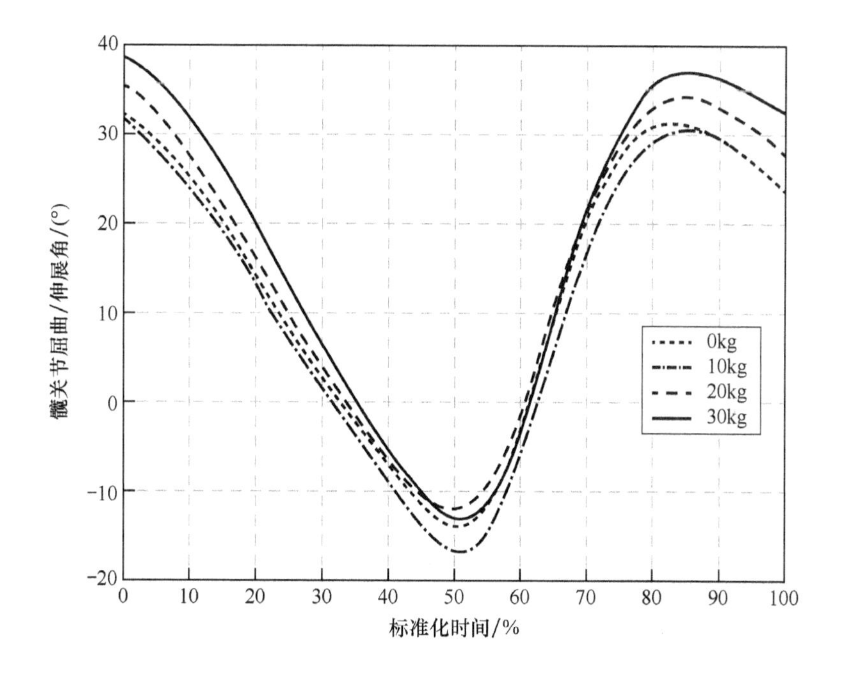

图 2-50　不同负荷下的髋关节屈伸角

由图 2-51 可以看出，与负荷相比，行走速度的变化对髋关节屈伸角的影响不那么显著，这有可能是因为速度的增幅较小（约 0.14m/s）且受试者对速度控制的准确度不是很高的缘故。在支撑期的前期和中期，髋关节屈角随着速度的增加而增大；在跟离地期，髋关节伸角基本保持不变；在摆动期，髋关节屈角随着速度的增加而减小。

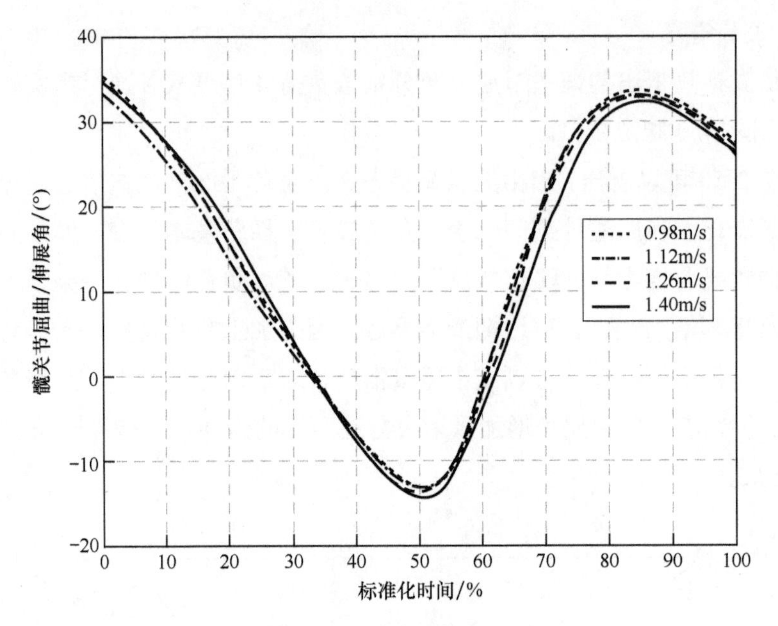

图 2-51　不同步速下的髋关节屈伸角

2.4.4　人体行走生物力学在外骨骼系统中的应用

探寻下肢行走的内在机制和规律，可为智能携行系统的控制提供指导。

1．外骨骼关节自由度的设计

人体的髋关节运动范围在下肢三个关节中是最大的，在外骨骼中该关节最好设计成三个方向的自由度，使髋关节能够完成屈曲/伸展、外展/内收以及内旋/外旋运动，其中屈曲/伸展的运动范围最大，所需的力矩也最大，因此，曲伸自由度必须由力矩电机进行驱动。

人体膝关节的主要运动为伸和屈，旋转运动和收展运动的幅度都非常小，因此，外骨骼的膝关节一般只需设计成一个方向的自由度，实现膝关节的屈伸运动。

踝关节是一个较为复杂且运动灵活的关节，其运动往往是由好几个关节联合起来完成的，要使外骨骼能较好地跟踪足部的运动，该关节的自由度设计成三个是较为合理的。另外，人在行走时足趾关节还存在屈伸运动，因此，在外骨骼前脚的设计上还需要增加一个自由度以跟随人脚的运动。

2．外骨骼关节驱动的设计

在外骨骼的控制中，如果能利用好其自身的动能和势能转化将会显著减小能量消耗，通过对功率消耗的分析得出以下结论。

在髋关节，应该选择非保守驱动，因为在行走中近心端环节的消耗代价要小于远心端环节。

在外骨骼的膝关节，最理想的驱动器是一个带可变阻尼器的弹簧，这个弹簧在跟着地时吸收能量并向膝部提供阻抗力矩，随后这部分能量释放以辅助膝关节在支撑期做伸展，在摆动期间，可变阻尼用以在支撑期间消耗能量。

在步态周期里，踝关节屈伸的平均功率为一个很小的正数，此时，弹簧是踝关节最理想的驱动器；而在快速行走时，踝关节的屈伸功率会迅速增大，这时，如果把电机和弹簧联合起来使用的复合驱动方式就更为有效。

另外，根据人体行走的生物力学数据，外骨骼的各关节活动范围及驱动力矩也有了依据，同时，这些负荷数据也为外骨骼控制的功效评估实验提供了依据。

2.5 小结

本章是基于外骨骼系统的研制而展开的一项基础性研究，旨在为外骨骼的研制提供人体负荷行走的关键数据，并对其设计提供指导意见。同时，通过实验以及对实验数据的处理，得到符合中国人体态特点及步态特征的运动学和动力学数据，为后续外骨骼的研制奠定详实的理论基础。

本章建立了人体负荷行走的三维动力学模型，并围绕这个模型展开了步态实验，获取与分析了人体步态相关的运动参数。总结起来，具体有以下几项工作。

（1）将人体简化成有限刚体铰接组成的多刚体系统，以下肢各环节为研究对象，运用逆动力学法建立起人体负荷行走的三维动力学模型，使用牛顿-欧拉法建立起足部、小腿、大腿的动力学方程，输入参数为人体各环节的惯性参数、人体行走的运动学坐标以及测力台的测量数据，输出参数为各关节的动力学参数。

（2）设计并完成了人体负荷行走的步态实验，实验以 10 名青年男性为研究对象，使用 5 台摄像机拍摄受试者在各种负荷和速度条件下的行走过程，通过测力台采集受试者行走的动力学参数，运用 SIMI 运动解析系统对所摄录像进行打点解析，以获取行走的运动学参数，为本书所建立的动力学模型提供了输入参数。

（3）在所建立的人体负荷行走动力学模型的基础上进行仿真计算，计算出了人体在行走过程中的各种运动学和动力学数据，并对这些数据进行了深入的分析，讨论了不同的行走速度和负荷对步态参数产生的影响，分析了外骨骼关节自由度以及关节驱动的设计

第 3 章　下肢智能携行外骨骼系统模型建立

下肢携行外骨骼系统建模包括数学方程建模及虚拟样机建模等多种形式，为了系统控制及仿真的需要，本书建立了系统的刚体运动模型及虚拟样机模型。

建立下肢携行外骨骼系统的刚体动力学模型，研究行走过程中系统各部分之间的作用关系，从而确定各关节驱动力矩，这是以后力矩驱动和控制的依据。对多刚体系统，动力学建模的方法很多，如 KANE 法[52-55]、Lagrange 法[56,57]等，其中，Lagrange 法是多刚体动力学建模比较成熟的经典方法，本书在文献[21]基础上，给出了采用 Lagrange 方法建立外骨骼系统刚体动态数学模型的详细过程及结果，并进行了仿真。

虚拟样机仿真技术在机械工程中的应用就是机械工程的动态仿真技术。虚拟样机技术的使用，使用户能够用非常有效的模拟样机代替大多数的物理样机，进行模拟试验，对这种模拟样机用户能以非常快的速度产生，并提供巨大的设计创造性和灵活性，大大降低成本。虚拟样机动态仿真软件不仅能够进行机械运动学和动力学仿真，还需要能够完成几何形体建模、模拟各种力的软件编程技术、控制技术以及优化技术等。动力学仿真软件 ADAMS、SimMechanics 等均是比较优秀的虚拟样机建模软件。ADAMS 虚拟样机建模可以省去推导数学方程的麻烦，快速直观地建立复杂的实际系统模型，方便进行参数修改和实验仿真。SimMechanics 作为 Matlab 环境下的一个仿真模块，可以实现虚拟样机与 Matlab 的无缝连接，从而充分发挥 Matlab 强大的系统控制功能。本书建立了基于 ADAMS 和 SimMechanics 的虚拟样机模型。

3.1　下肢智能携行外骨骼系统的基本描述

3.1.1　外骨骼系统的环节属性

在建立外骨骼系统的运动学模型和动力学模型之前，首先要对所研究的外骨骼系统的物理属性进行定义，具体如下。

将外骨骼的每个连杆，即大腿、小腿、脚、躯干等分别称为一个环节。各环节的属性包括质量、转动惯量、长度等，如图 3-1 所示。这些属性参数作为建模最基本的参数必须事先确定。

定义 m 表示质量，I 表示绕质心的转动惯量，G 表示质心，L 表示各杆长度，L_G 表示关节点到重心在参考坐标系 e_{i1} 上的分量，h 表示重心的垂直距离，则外骨骼各部分的参数如下。

脚：$m_f, I_f, L_f, L_{Gf}, h_{Gf}$

小腿：$m_s, I_s, L_s, L_{Gs}, h_{Gs}$

大腿：$m_t, I_t, L_t, L_{Gt}, h_{Gt}$

躯干：$m_{ub}, I_{up}, L_{up}, L_{Gup}$

为了研究方便，本书忽略了外骨骼躯干（包括负荷）重心在纵向平面内的偏移。在验证性的理论分析阶段，这种假设是合理的。

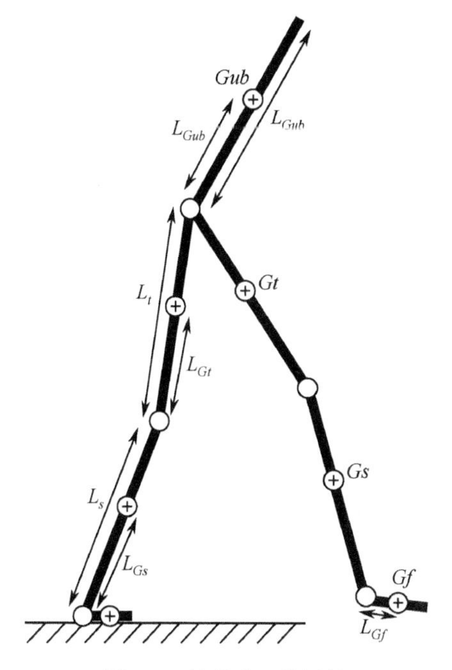

图 3-1　外骨骼环节属性

3.1.2　坐标系定义

不管是运动学模型还是动力学模型，还要定义外骨骼各连杆的位姿。为了定义各连杆的位姿，首先要定义各杆的局部坐标系，并通过坐标系描述外骨骼各实体的几何关系。参考文献[28]定义，定义外骨骼的局部坐标系如图 3-2 所示。

参考坐标系（0 号坐标系）定义在脚跟着地处，$\boldsymbol{e}_{01}$ 与脚面平行，从踝关节指向脚尖，$\boldsymbol{e}_{02}$ 垂直与脚面。除了参考坐标系以外，其他坐标系与系统状态有关，定义如下。

1 号坐标系：固定于站立腿 1 的膝关节 1 处，$-\boldsymbol{e}_{12}$ 指向站立脚的踝关节 1。

2 号坐标系：固定于站立腿 1 的髋关节处，$-\boldsymbol{e}_{22}$ 指向站立腿的膝关节 1。

3 号坐标系：固定于躯干的髋关节处，$\boldsymbol{e}_{32}$ 指向头部。

4 号坐标系：固定于摆动腿 2 的髋关节处，$-\boldsymbol{e}_{42}$ 指向摆动腿的膝关节 2。

5 号坐标系：固定于摆动腿 2 的膝关节 2 处，$-\boldsymbol{e}_{52}$ 指向摆动腿的踝关节 2。

6 号坐标系：固定于摆动脚 2 的踝关节 2 处，$-\boldsymbol{e}_{61}$ 指向摆动脚 2 的脚尖。

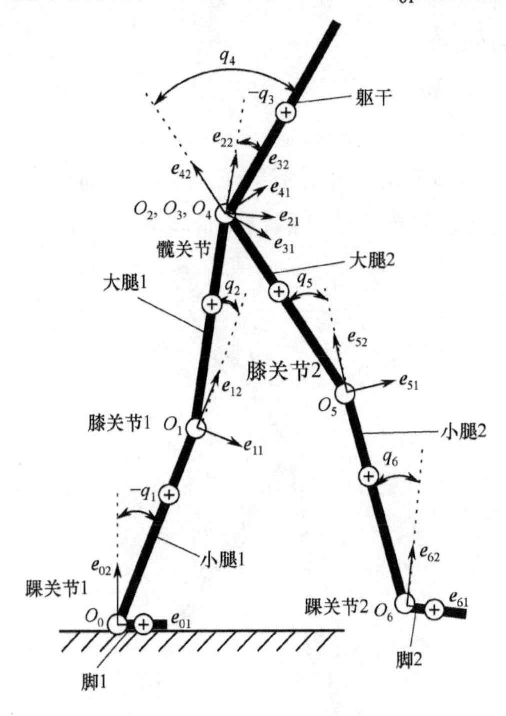

图 3-2　坐标系及符号定义

图中 O_i $(i=0,\cdots,6)$ 表示各坐标系的原点；$\boldsymbol{e}_{ij}$ 表示在坐标系 i 中表达的单位矢量。q_i $(i=1,\cdots,6)$ 表示各关节角度，逆时针为正，q_i 分别定义为

q_1：踝关节 1 的弯曲角；

q_2：膝关节 1 的弯曲角；

q_3：大腿 1 髋关节的伸展角；

q_4：大腿 2 髋关节的弯曲角；

q_5：膝关节 2 的弯曲角；

q_6：踝关节 2 的弯曲角。

3.1.3 模态的划分

根据外骨骼与地面的约束关系，并同时考虑双腿的运动情况，Racine 将外骨骼的行走过程划分为几个主要模态，分别为

（1）跳跃模态：双脚离地，不与地面存在接触的状态；

（2）单支撑模态：一脚着地，另一只脚离地的状态；

（3）双支撑模态：双脚脚掌与地面完全接触的状态；

（4）双支撑单冗余模态：一只脚掌与地面完全接触，另一只仅有脚尖或脚跟与地面接触；

（5）双支撑双冗余模态：每只脚都仅有脚尖或者脚跟与地面接触。

这种分类方法使得系统模态过多，动态方程复杂，例如图 3-2 所示的单支撑模态由于同时考虑了两条腿的运动，共有七个自由度（图中脚尖着地、脚跟离地产生地脚尖绕地面的旋转自由度未示出），其动力学模型非常复杂。

本书针对每条腿单独进行模态划分，将其分为支撑模态和摆动模态。这种方法要简单的多，比如，对于左腿来说，在每一时刻，不管右腿处于何种状态，左腿仅有两种状态，一种是支撑模态，另一种是摆动模态，每种模态都只有三个自由度（仅考虑纵向平面）。支撑模态如图 3-3（a）所示，左腿由小腿、大腿和躯干三个连杆组成。摆动模态如图 3-3（b）所示，左腿由大腿、小腿和脚三个连杆组成。这种模态分类方法简化了外骨骼的模型，对于每一条腿来说，仅在这两种模态之间切换。

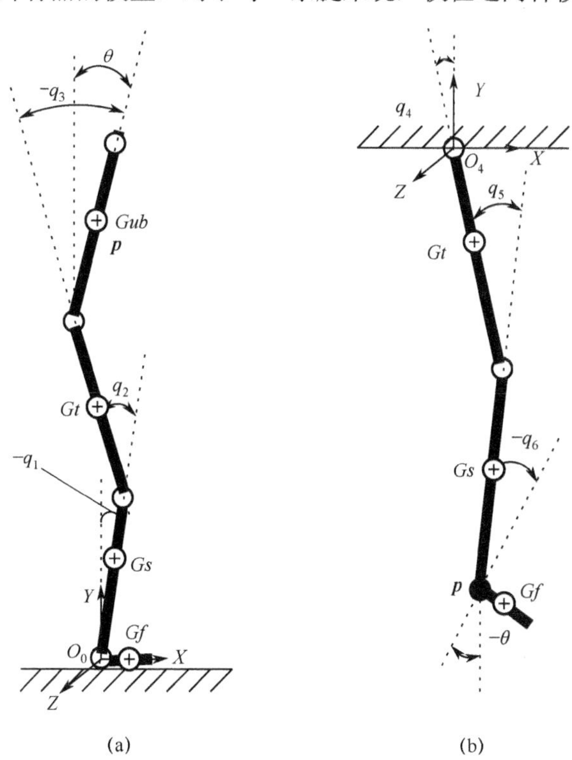

图 3-3　外骨骼模态分类与末端执行器示意图

（a）支撑腿；（b）摆动腿。

3.2 外骨骼系统的运动学模型

3.2.1 刚体的位姿描述

外骨骼系统的任一关节连杆均可看作是一刚体，而刚体在空间的位姿由刚体在参考坐标系 {0} 中的位置 ${}^{0}\boldsymbol{p}=[p_x \quad p_y \quad p_z]^{\mathrm{T}}$ 和方位两部分组成。位置可以用三维矢量 $\boldsymbol{p}$ 来表示，即

$$
{}^{0}\boldsymbol{p}=[p_x \quad p_y \quad p_z]^{\mathrm{T}} \tag{3-1}
$$

而方位可以用固联在刚体上的局部坐标系 $\{i\}$ 到参考坐标系 {0} 的旋转矩阵 $\boldsymbol{R}$ 来表示，即

$$
{}_{i}^{0}\boldsymbol{R}=\begin{bmatrix} r_{11} & r_{12} & r_{13} \\ r_{21} & r_{22} & r_{23} \\ r_{31} & r_{32} & r_{33} \end{bmatrix} \tag{3-2}
$$

而空间中任意一点 $\boldsymbol{p}$ 的位姿在不同的坐标系之间是不同的，$\boldsymbol{p}$ 在不同的坐标系之间的表达可以通过平移坐标变换和旋转坐标变换获得。若坐标系 $\{i\}$ 与坐标系 $\{j\}$ 之间的方位相同，但原点不同，坐标系 $\{j\}$ 的原点在坐标系 $\{i\}$ 中的矢量为 ${}^{i}\boldsymbol{p}_{Oj}$，设点 $\boldsymbol{p}$ 在坐标系 $\{j\}$ 中的位置矢量为 ${}^{j}\boldsymbol{p}$，则它在坐标系 $\{i\}$ 中的位置矢量 ${}^{i}\boldsymbol{p}$ 可由式（3-3）求得

$$
{}^{i}\boldsymbol{p}={}^{j}\boldsymbol{p}+{}^{i}\boldsymbol{p}_{Oj} \tag{3-3}
$$

若坐标系 $\{i\}$ 的原点 O_i 与坐标系 $\{j\}$ 的原点 O_j 重合，但方位不同，如图 3-4 所示。坐标系 $\{j\}$ 可以看作是这样得到的：坐标系 $\{i\}$ 先绕 y_i 轴旋转 ψ 角得到坐标系 $\{O_i x' y_i z'\}$，$\{O_i x' y_i z'\}$ 再绕 z' 轴旋转 θ 角得到坐标系 $\{O_i x_j y' z'\}$，$\{O_i x_j y' z'\}$ 再绕 x_j 旋转 γ 角得到坐标系 $\{O_j x_j y_j z_j\}$，即坐标系 $\{j\}$。用 ${}_{j}^{i}\boldsymbol{R}$ 表示坐标系 $\{j\}$ 相对于坐标系 $\{i\}$ 的旋转矩阵，${}_{O_i x' y_i z'}^{\quad i}\boldsymbol{R}$ 表示坐标系 $\{O_i x' y_i z'\}$ 相对于坐标系 $\{i\}$ 的旋转矩阵，${}_{O_i x_j y' z'}^{O_i x' y_i z'}\boldsymbol{R}$ 表示坐标系 $\{O_i x_j y' z'\}$ 相对于坐标系 $\{O_i x' y_i z'\}$ 的旋转矩阵，${}_{\quad j}^{O_i x_j y' z'}\boldsymbol{R}$ 表示坐标系 $\{j\}$ 相对于坐标系 $\{O_i x_j y' z'\}$ 的旋转矩阵，则

$$
{}_{O_i x' y_i z'}^{\quad i}\boldsymbol{R}=\begin{bmatrix} \cos\psi & 0 & \sin\psi \\ 0 & 1 & 0 \\ -\sin\psi & 0 & \cos\psi \end{bmatrix} \tag{3-4}
$$

$$
{}^{O_i x' y_i z'}_{O_i x_j y' z'}\boldsymbol{R} = \begin{bmatrix} \cos\theta & -\sin\theta & 0 \\ \sin\theta & \cos\theta & 0 \\ 0 & 0 & 1 \end{bmatrix} \tag{3-5}
$$

$$
{}^{O_i x_j y' z'}_{j}\boldsymbol{R} = \begin{bmatrix} 1 & 0 & 0 \\ 0 & \cos\gamma & -\sin\gamma \\ 0 & \sin\gamma & \cos\gamma \end{bmatrix} \tag{3-6}
$$

$$
{}^{i}_{j}\boldsymbol{R} = {}^{i}_{O_i x' y_i z'}\boldsymbol{R} \cdot {}^{O_i x' y_i z'}_{O_i x_j y' z'}\boldsymbol{R} \cdot {}^{O_i x_j y' z'}_{j}\boldsymbol{R} \tag{3-7}
$$

设点 $\boldsymbol{p}$ 在坐标系 $\{j\}$ 中的位置矢量为 ${}^{j}\boldsymbol{p}$，则它在坐标系 $\{i\}$ 中的位置矢量 ${}^{i}\boldsymbol{p}$ 可由式（3-8）求得

$$
{}^{i}\boldsymbol{p} = {}^{i}_{j}\boldsymbol{R} \cdot {}^{j}\boldsymbol{p} \tag{3-8}
$$

利用旋转矩阵 ${}^{i}_{j}\boldsymbol{R}$ 可以实现三维空间从一个给定的姿态到任一姿态的变换，因此，(ψ,θ,γ) 三个变量可以表示任意姿态，通常称为偏航－俯仰－滚动表示法，又称为 $X-Y-Z$ Euler 角。

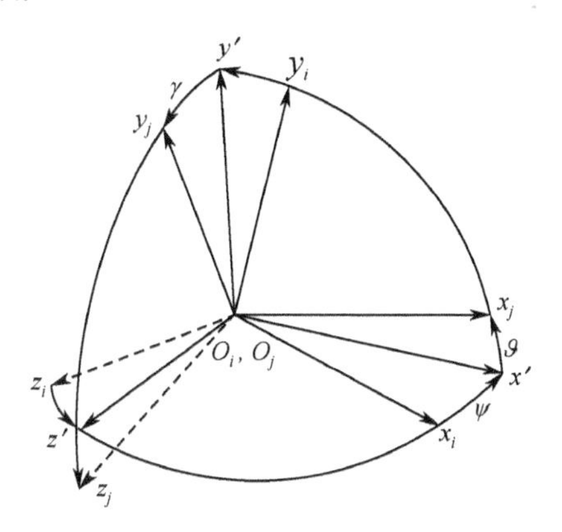

图 3-4　坐标系旋转变换

对于最一般的情况，即坐标系 $\{j\}$ 与坐标系 $\{i\}$ 的原点不重合，方位也不相同，则可以通过平移变换和旋转变换的复合变换来获得，即 $\boldsymbol{p}$ 点在坐标系 $\{j\}$ 中的位置矢量 ${}^{j}\boldsymbol{p}$ 为

$$
{}^{i}\boldsymbol{p} = {}^{i}_{j}\boldsymbol{R} \cdot {}^{j}\boldsymbol{p} + {}^{i}\boldsymbol{p}_{Oj} \tag{3-9}
$$

但式（3-9）对于 ${}^{j}\boldsymbol{p}$ 来说，不是齐次的，一般将式（3-9）改造为等价的齐次变换形式

$$\begin{bmatrix} {}^{i}\boldsymbol{p} \\ 1 \end{bmatrix} = \begin{bmatrix} {}^{i}_{j}\boldsymbol{R} & {}^{i}\boldsymbol{p}_{Oj} \\ 0 & 1 \end{bmatrix} \cdot \begin{bmatrix} {}^{j}\boldsymbol{p} \\ 1 \end{bmatrix} \tag{3-10}$$

在不引起混淆的情况下，用 4×1 的列向量来表示三维坐标系内的点的坐标，称为齐次坐标，仍然记为 ${}^{i}\boldsymbol{p}$ 和 ${}^{j}\boldsymbol{p}$，则式（3-10）可以写为

$$ {}^{i}\boldsymbol{p} = {}^{i}_{j}\boldsymbol{T} \cdot {}^{j}\boldsymbol{p} \tag{3-11}$$

其中

$$ {}^{i}_{j}\boldsymbol{T} = \begin{bmatrix} {}^{i}_{j}\boldsymbol{R} & {}^{i}\boldsymbol{p}_{Oj} \\ 0 & 1 \end{bmatrix} \tag{3-12}$$

式（3-12）称为齐次变换矩阵，如果已知点 $\boldsymbol{p}$ 在坐标系 $\{i\}$ 或 $\{j\}$ 中的位置矢量，则可以容易的通过齐次变换式（3-11）求得在另一坐标系中的位置矢量。

3.2.2 运动学模型

运动学描述空间位姿与关节角度之间的关系，空间位姿是指末端执行器的空间位姿，空间位姿所在空间一般称为操作空间、工作空间或任务空间，本书将统称为操作空间，而关节角度所在空间称为关节空间，因此，运动学也可以说是描述操作空间和关节空间的关系。一般机器人的末端执行器是唯一的，而外骨骼的末端执行器则与系统的状态有关。若外骨骼的某条腿处于支撑态时，则将外骨骼的脚部支持点作为基坐标，而将外骨骼的躯干重心看作是支撑腿连杆的末端执行器，如图 3-3（a）所示。若外骨骼的某条腿处于摆动态时，则将该腿的髋关节视为基坐标，而将外骨骼的踝关节看作是摆动腿的末端执行器。如图 3-3（b）所示。本节将以操作空间和关节空间的位置关系和速度关系分别对外骨骼的运动学进行分析。

1．位置关系

在此不妨以左支撑腿为例进行运动学分析，参考图 3-4 的坐标系定义，系统参考坐标系 $\{0\}$ 的原点定义在点 O_0，则左膝关节点 O_1 在参考坐标系 $\{0\}$ 的位置矢量为

$$ {}^{0}\boldsymbol{p}_{O1} = \begin{bmatrix} -L_s \sin q_1 & L_s \cos q_1 & 0 \end{bmatrix}^{\mathrm{T}} \tag{3-13}$$

左膝关节坐标系 $\{1\}$ 到参考坐标系 $\{0\}$ 的旋转变换矩阵为

$$ {}^{0}_{1}\boldsymbol{R} = \begin{bmatrix} \cos q_1 & -\sin q_1 & 0 \\ \sin q_1 & \cos q_1 & 0 \\ 0 & 0 & 1 \end{bmatrix} \tag{3-14}$$

则坐标系{1}到参考坐标系{0}的齐次变换矩阵为

$$ {}_{1}^{0}\boldsymbol{T}=\begin{bmatrix} {}_{1}^{0}\boldsymbol{R} & {}^{0}\boldsymbol{p}_{O1} \\ 0 & 1 \end{bmatrix}=\begin{bmatrix} \cos q_1 & -\sin q_1 & 0 & -L_s \sin q_1 \\ \sin q_1 & \cos q_1 & 0 & L_s \cos q_1 \\ 0 & 0 & 1 & 0 \\ 0 & 0 & 0 & 1 \end{bmatrix} \tag{3-15} $$

同理可得左髋关节坐标系{2}到左膝关节坐标系{1}的齐次变换矩阵为

$$ {}_{2}^{1}\boldsymbol{T}=\begin{bmatrix} {}_{2}^{1}\boldsymbol{R} & {}^{1}\boldsymbol{p}_{O2} \\ 0 & 1 \end{bmatrix}=\begin{bmatrix} \cos q_2 & -\sin q_2 & 0 & -L_t \sin q_2 \\ \sin q_2 & \cos q_2 & 0 & L_t \cos q_2 \\ 0 & 0 & 1 & 0 \\ 0 & 0 & 0 & 1 \end{bmatrix} \tag{3-16} $$

躯干坐标系{3}的原点O_3与左髋关节坐标系{2}的原点O_2重合，所以

$$ {}_{3}^{2}\boldsymbol{T}=\begin{bmatrix} {}_{3}^{2}\boldsymbol{R} & {}^{2}\boldsymbol{p}_{O3} \\ 0 & 1 \end{bmatrix}=\begin{bmatrix} \cos q_3 & -\sin q_3 & 0 & 0 \\ \sin q_3 & \cos q_3 & 0 & 0 \\ 0 & 0 & 1 & 0 \\ 0 & 0 & 0 & 1 \end{bmatrix} \tag{3-17} $$

而躯干重心在躯干坐标系{3}里面的矢量可以表示为

$$ {}^{2}\boldsymbol{p}_{Gub}=\begin{bmatrix} -L_{Gub}\sin q_3 & L_{Gub}\cos q_3 & 0 \end{bmatrix}^{\mathrm{T}} \tag{3-18} $$

则躯干重心到左髋关节坐标系的齐次变换矩阵为

$$ {}_{3}^{2}\boldsymbol{T}_{Gub}=\begin{bmatrix} {}_{3}^{2}\boldsymbol{R} & {}^{2}\boldsymbol{p}_{Gub} \\ 0 & 1 \end{bmatrix}=\begin{bmatrix} \cos q_3 & -\sin q_3 & 0 & -L_{Gub} \sin q_3 \\ \sin q_3 & \cos q_3 & 0 & L_{Gub} \cos q_3 \\ 0 & 0 & 1 & 0 \\ 0 & 0 & 0 & 1 \end{bmatrix} \tag{3-19} $$

所以，由齐次变换矩阵的链式法则，躯干重心到参考坐标系的齐次变换矩阵为

$$ {}_{3}^{0}\boldsymbol{T}_{Gub}={}_{1}^{0}\boldsymbol{T}\cdot{}_{2}^{1}\boldsymbol{T}\cdot{}_{3}^{2}\boldsymbol{T}_{Gub} \tag{3-20} $$

利用 Matlab 的符号运算工具箱可以快速计算得到${}_{3}^{0}\boldsymbol{T}_{Gub}$为

$$ {}_{3}^{0}\boldsymbol{T}_{Gub}=\begin{bmatrix} {}_{3}^{0}\boldsymbol{R} & {}^{0}\boldsymbol{p}_{Gub} \\ 0 & 1 \end{bmatrix} \tag{3-21} $$

其中

$$
{}_{3}^{0}\boldsymbol{R}=\begin{bmatrix}\cos(q_1+q_2+q_3) & -\sin(q_1+q_2+q_3) & 0\\ \sin(q_1+q_2+q_3) & \cos(q_1+q_2+q_3) & 0\\ 0 & 0 & 1\end{bmatrix} \tag{3-22}
$$

$$
{}^{0}\boldsymbol{p}_{Gub}=\begin{bmatrix}-L_s\sin q_1-L_t\sin(q_2+q_1)-L_{Gub}\sin(q_3+q_2+q_1)\\ L_s\cos q_1+L_t\cos(q_2+q_1)+L_{Gub}\cos(q_3+q_2+q_1)\\ 0\end{bmatrix} \tag{3-23}
$$

利用同样的方法，可以得到摆动腿的踝关节到髋关节坐标系的齐次变换矩阵。

2. 速度关系

若定义$\dot{\boldsymbol{q}}$表示外骨骼的关节速度，$\dot{\boldsymbol{p}}$表示外骨骼躯干重心相对于参考坐标系的 3×1 的平移速度矢量，$\boldsymbol{\omega}$表示外骨骼躯干相对于参考坐标系的 3×1 的旋转角速度矢量，则躯干重心在参考坐标系中的速度可以表示为

$$
\boldsymbol{v}=\begin{bmatrix}\dot{\boldsymbol{p}}\\ \boldsymbol{\omega}\end{bmatrix} \tag{3-24}
$$

并且$\boldsymbol{v}$和$\dot{\boldsymbol{q}}$存在以下关系

$$
\boldsymbol{v}=\boldsymbol{J}(\boldsymbol{q})\cdot\dot{\boldsymbol{q}} \tag{3-25}
$$

式中：$\boldsymbol{J}$为一个 6×3 的矩阵，表示外骨骼躯干重心的几何 Jacobian 矩阵，并且$\boldsymbol{J}$可以被分为两部分，即

$$
\boldsymbol{J}=\begin{bmatrix}\boldsymbol{J}_p\\ \boldsymbol{J}_\omega\end{bmatrix} \tag{3-26}
$$

这两部分分别对应式（3-24）中的平移速度和角速度。

对式（3-23）求导可得

$$
\boldsymbol{J}_p=\begin{bmatrix}\boldsymbol{J}_{p1} & \boldsymbol{J}_{p2} & \boldsymbol{J}_{p3}\end{bmatrix}^{\mathrm{T}} \tag{3-27}
$$

其中

$$
\boldsymbol{J}_{p1}=\begin{bmatrix}-L_s\cos q_1-L_t\cos(q_2+q_1)-L_{Gub}\cos(q_3+q_2+q_1)\\ -L_t\cos(q_2+q_1)-L_{Gub}\cos(q_3+q_2+q_1)\\ -L_{Gub}\cos(q_3+q_2+q_1)\end{bmatrix}^{\mathrm{T}} \tag{3-28}
$$

$$
\boldsymbol{J}_{p2}=\begin{bmatrix} -L_s\sin q_1-L_t\sin(q_2+q_1)-L_{Gub}\sin(q_3+q_2+q_1) \\ -L_t\sin(q_2+q_1)-L_{Gub}\sin(q_3+q_2+q_1) \\ -L_{Gub}\sin(q_3+q_2+q_1) \end{bmatrix}^{\mathrm{T}} \tag{3-29}
$$

$$
\boldsymbol{J}_{p3}=\begin{bmatrix}0 & 0 & 0\end{bmatrix} \tag{3-30}
$$

而角速度$\boldsymbol{\omega}$与旋转矩阵及其微分之间存在如下关系

$$
{}_3^0\dot{\boldsymbol{R}}=\boldsymbol{S}(\boldsymbol{\omega})\cdot{}_3^0\boldsymbol{R} \tag{3-31}
$$

若$\boldsymbol{\omega}$可以表示为

$$
\boldsymbol{\omega}=\begin{bmatrix}\omega_x & \omega_y & \omega_z\end{bmatrix}^{\mathrm{T}} \tag{3-32}
$$

则$\boldsymbol{S}(\boldsymbol{\omega})$定义为

$$
\boldsymbol{S}=\begin{bmatrix} 0 & -\omega_z & \omega_y \\ \omega_z & 0 & -\omega_x \\ -\omega_y & \omega_x & 0 \end{bmatrix} \tag{3-33}
$$

且$\boldsymbol{S}(\boldsymbol{\omega})$为斜对称矩阵，即

$$
\boldsymbol{S}^{\mathrm{T}}(\boldsymbol{\omega})=-\boldsymbol{S}(\boldsymbol{\omega}) \tag{3-34}
$$

由式（3-31），可得

$$
\boldsymbol{S}(\boldsymbol{\omega})={}_3^0\dot{\boldsymbol{R}}\cdot{}_3^0\boldsymbol{R}^{\mathrm{T}} \tag{3-35}
$$

式（3-22）对时间进行微分，可得

$$
{}_3^0\dot{\boldsymbol{R}}=(\dot{q}_1+\dot{q}_2+\dot{q}_3)\cdot\begin{bmatrix} -\sin(q_1+q_2+q_3) & -\cos(q_1+q_2+q_3) & 0 \\ \cos(q_1+q_2+q_3) & -\sin(q_1+q_2+q_3) & 0 \\ 0 & 0 & 0 \end{bmatrix} \tag{3-36}
$$

所以，由式（3-22）、式（3-35）和式（3-36）可得

$$
\boldsymbol{S}(\boldsymbol{\omega})=\begin{bmatrix} 0 & -(\dot{q}_1+\dot{q}_2+\dot{q}_3) & 0 \\ \dot{q}_1+\dot{q}_2+\dot{q}_3 & 0 & 0 \\ 0 & 0 & 0 \end{bmatrix} \tag{3-37}
$$

对比式（3-33）和式（3-37），可得

$$\begin{cases}\omega_x = 0\\ \omega_y = 0\\ \omega_z = \dot{q}_1 + \dot{q}_2 + \dot{q}_3\end{cases} \tag{3-38}$$

即

$$\boldsymbol{\omega} = \begin{bmatrix}0 & 0 & \dot{q}_1 + \dot{q}_2 + \dot{q}_3\end{bmatrix}^{\mathrm{T}} \tag{3-39}$$

所以

$$\boldsymbol{J}_\omega = \begin{bmatrix}\boldsymbol{J}_{\omega 1}\\ \boldsymbol{J}_{\omega 2}\\ \boldsymbol{J}_{\omega 3}\end{bmatrix} = \begin{bmatrix}0 & 0 & 0\\ 0 & 0 & 0\\ 1 & 1 & 1\end{bmatrix} \tag{3-40}$$

观察式（3-23）和式（3-39）发现，由于仅考虑纵向平面，所以躯干重心在参考坐标系中 z 轴方向的位置始终为零，并且躯干绕 x 轴和 y 轴的旋转角速度也为零，因此，可以用降维的方式表示外骨骼躯干在操作空间的广义位置，即定义外骨骼躯干的广义坐标为

$$\boldsymbol{x} = \begin{bmatrix}\boldsymbol{p}\\ \theta\end{bmatrix} \tag{3-41}$$

式中：$\boldsymbol{p} = \begin{bmatrix}p_x & p_y\end{bmatrix}^{\mathrm{T}} \in \mathbb{R}^2$ 为外骨骼躯干重心在操作空间的平面位置矢量，并且由式（3-23）可得

$$p_x = -L_s \sin q_1 - L_t \sin(q_2 + q_1) - L_{Gub} \sin(q_3 + q_2 + q_1) \tag{3-42}$$

$$p_y = L_s \cos q_1 + L_t \cos(q_2 + q_1) + L_{Gub} \cos(q_3 + q_2 + q_1) \tag{3-43}$$

而 $\theta = q_1 + q_2 + q_3$ 表示外骨骼躯干的方位，则 $\dot{\theta} = \omega_z$ 。根据式（3-41），外骨骼躯干的广义速度为

$$\dot{\boldsymbol{x}} = \begin{bmatrix}\dot{\boldsymbol{p}}\\ \dot{\theta}\end{bmatrix} \tag{3-44}$$

根据式（3-25）、式（3-28）、式（3-29）和式（3-38），有

$$\dot{\boldsymbol{x}} = \boldsymbol{J}(\boldsymbol{q})\dot{\boldsymbol{q}} \tag{3-45}$$

式中：$\boldsymbol{J}(\boldsymbol{q})$ 为 3×3 的 Jacobian 矩阵，且

$$
\boldsymbol{J}(\boldsymbol{q})=\begin{bmatrix}\boldsymbol{J}_{p1}\\ \boldsymbol{J}_{p2}\\ \boldsymbol{J}_{\omega 3}\end{bmatrix} \tag{3-46}
$$

同理，对于摆动腿来说，如图 3-5（b）所示，同样可以得到

$$
\boldsymbol{x}=\begin{bmatrix}\boldsymbol{p}\\ \theta\end{bmatrix}=\begin{bmatrix}p_x\\ p_y\\ \theta\end{bmatrix}=\begin{bmatrix}L_t\sin q_1+L_s\sin(q_1+q_2)\\ L_t\cos q_1+L_s\cos(q_1+q_2)\\ q_1+q_2+q_3\end{bmatrix} \tag{3-47}
$$

对式（3-47）进行偏微分，就可得到 Jacobian 矩阵

$$
\boldsymbol{J}(\boldsymbol{q})=\begin{bmatrix}L_t\cos q_1+L_s\cos(q_1+q_2) & L_s\cos(q_1+q_2) & 0\\ -L_t\sin q_1-L_s\sin(q_1+q_2) & -L_s\sin(q_1+q_2) & 0\\ 1 & 1 & 1\end{bmatrix} \tag{3-48}
$$

式（3-41）和式（3-45）就是外骨骼的运动学模型表达式。上述运动学模型描述了关节空间和操作空间之间的关系。

3.3 外骨骼系统的动力学模型

动力学建模是在运动学建模的基础上进行的，主要研究行走过程中系统各部分之间力/力矩的作用关系，从而确定各关节驱动力矩，这是以后驱动和控制的依据。外骨骼系统在不同的运动模态下对应不同的模型，因此，在动力学建模中需要针对不同模态分别进行建模分析。

3.3.1 动力学建模方法

对多刚体系统，动力学建模的方法很多[73-78]。Euler-Lagrange 法是多刚体动力学建模的比较成熟的经典方法。Euler-Lagrange 法是基于能量项对系统变量及时间进行微分的方法。对于简单情况，运用该方法比运用牛顿力学方法更繁琐，然而随着系统复杂程度的增加，运用 Euler-Lagrange 法将变得相对简单。Euler-Lagrange 法以下面的两个基本方程为基础：一个针对直线运动，另一个针对旋转运动。首先，定义 Lagrange 函数为

$$
L=KE-V \tag{3-49}
$$

式中：KE 为系统动能；V 为系统势能，于是

$$
\boldsymbol{T}=\frac{\partial}{\partial t}\frac{\partial L}{\partial \dot{\boldsymbol{q}}}-\frac{\partial L}{\partial \boldsymbol{q}} \tag{3-50}
$$

式中：$\boldsymbol{T}$ 为运动中所有的广义外力矢量（包括力和力矩）；$\boldsymbol{q}$ 为系统的广义坐标矢量。

本书利用 Euler-Lagrange 法对外骨骼进行动力学建模分析。

根据外骨骼在行走中的不同状态，运用拉格朗日方程建立外骨骼的摆动及支撑态动力学模型。

使用图 3-1 所示的参考坐标系，人作用在骨骼服上的力和力矩表示如图 3-5 所示。

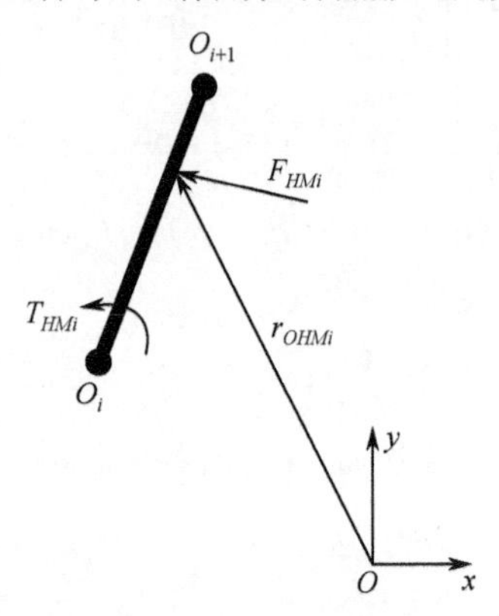

图 3-5　人作用在外骨骼上的力和力矩

3.3.2　动力学数学模型建立

不管是支撑态模型还是摆动态模型，其建立方法是相同的，即首先计算系统的动能和势能，得到式（3-49）所示的 Lagrange 函数，然后通过式（3-50）所示的微分运算得到相应的动力学模型。下面将参考文献[28]建模方法并以支撑态模型建立步骤为例进行说明。

1．单位矢量

若定义 $\boldsymbol{e}_{ij/k}$ 表示在坐标系 k 中表达的单位矢量 $\boldsymbol{e}_{ij}$，如图 3-4 所示。则在惯性坐标系中，单位矢量可以表示为

$$
\begin{cases}
\boldsymbol{e}_{01/0}=\begin{bmatrix}1 & 0 & 0\end{bmatrix}^{\mathrm{T}} \\
\boldsymbol{e}_{02/0}=\begin{bmatrix}0 & 1 & 0\end{bmatrix}^{\mathrm{T}} \\
\boldsymbol{e}_{03/0}=\begin{bmatrix}0 & 0 & 1\end{bmatrix}^{\mathrm{T}}
\end{cases} \tag{3-51}
$$

由式（3-8）可知，在坐标系 i 中表示的矢量 $\boldsymbol{e}_{/i}$ 可以通过变换 $\boldsymbol{e}_{/j}={}_{i}^{j}\boldsymbol{R}\cdot\boldsymbol{e}_{/i}$ 表示为坐标系 j 中的矢量。因此，$\forall i\in[1,2,3]$ 和 $\forall j\in[1,2,3]$，则每个坐标系中的单位矢

量在惯性坐标系中可以表示为

$$\boldsymbol{e}_{ij/0} = {}_i^0\boldsymbol{R} \cdot \boldsymbol{e}_{ij/i} \tag{3-52}$$

2．位置矢量

各关键的位置矢量均转换为在参考坐标系中的位置矢量，并令 $\boldsymbol{r}_{O_1O_2/0}$ 表示点 O_1 到点 O_2 的矢量在 $\{0\}$ 号坐标系（即参考坐标系）中的表示，其他以此类推，则有

从踝关节的小腿重心的矢量为

$$\boldsymbol{r}_{O_0Gs/0} = L_{Gs}\boldsymbol{e}_{12/0} \tag{3-53}$$

从踝关节到膝关节的矢量为

$$\boldsymbol{r}_{O_0O_1/0} = L_s\boldsymbol{e}_{12/0} \tag{3-54}$$

从膝关节到大腿重心的矢量为

$$\boldsymbol{r}_{O_1Gt/0} = L_{Gt}\boldsymbol{e}_{22/0} \tag{3-55}$$

从膝关节到髋关节的矢量为

$$\boldsymbol{r}_{O_1O_2/0} = L_t\boldsymbol{e}_{22/0} \tag{3-56}$$

从髋关节到躯干重心的矢量为

$$\boldsymbol{r}_{O_3Gub/0} = L_{Gub}\boldsymbol{e}_{32/0} \tag{3-57}$$

3．环节角速度

$\boldsymbol{\omega}_{ij}$ 表示环节 i 相对于环节 j 的旋转角速度矢量，环节 0 表示参考坐标系，则任给 $i \in [1,2,3]$，两个相邻的环节的角速度可以表示为

$$\boldsymbol{\omega}_{i(i-1)} = \dot{q}_i\boldsymbol{e}_{03/0} \tag{3-58}$$

任给 $i \in [2,3]$，每个环节相对与参考坐标系的角速度可以表示为

$$\boldsymbol{\omega}_{i0} = \boldsymbol{\omega}_{i(i-1)} + \boldsymbol{\omega}_{(i-1)0} \tag{3-59}$$

4．有关点的速度

令 $\boldsymbol{v}_{O/0}$ 表示点 O 在参考坐标系中的线速度，其他以此类推，则有

小腿重心的线速度为

$$\boldsymbol{v}_{Gs/0} = \boldsymbol{\omega}_{20} \times \boldsymbol{r}_{O_0Gs/0} \tag{3-60}$$

膝关节的线速度为

$$\boldsymbol{v}_{O_1/0} = \boldsymbol{\omega}_{10} \times \boldsymbol{r}_{O_0O_{1/0}} \tag{3-61}$$

大腿重心的线速度为

$$\boldsymbol{v}_{Gt/0} = \boldsymbol{v}_{O_1/0} + \boldsymbol{\omega}_{20} \times \boldsymbol{r}_{O_1Gt/0} \tag{3-62}$$

髋关节的线速度为

$$\boldsymbol{v}_{O_2/0} = \boldsymbol{v}_{O_1/0} + \boldsymbol{\omega}_{20} \times \boldsymbol{r}_{O_1O_2/0} \tag{3-63}$$

躯干重心的线速度为

$$\boldsymbol{v}_{Gub/0} = \boldsymbol{v}_{O_2/0} + \boldsymbol{\omega}_{30} \times \boldsymbol{r}_{O_3Gub/0} \tag{3-64}$$

5．系统动能

小腿的动能为

$$KE_s = \frac{1}{2} m_s \boldsymbol{v}_{Gs/0} \boldsymbol{v}_{Gs/0} + \frac{1}{2} I_s \boldsymbol{\omega}_{10} \boldsymbol{\omega}_{10} \tag{3-65}$$

大腿的动能为

$$KE_t = \frac{1}{2} m_t \boldsymbol{v}_{Gt/0} \boldsymbol{v}_{Gt/0} + \frac{1}{2} I_t \boldsymbol{\omega}_{20} \boldsymbol{\omega}_{20} \tag{3-66}$$

躯干的动能为

$$KE_{ub} = \frac{1}{2} m_{ub} \boldsymbol{v}_{Gub/0} \boldsymbol{v}_{Gub/0} + \frac{1}{2} I_{ub} \boldsymbol{\omega}_{40} \boldsymbol{\omega}_{40} \tag{3-67}$$

若另一条腿也处于支撑态，则躯干的重量和转动惯量均为当前的一半。而系统的总动能为

$$KE = KE_s + KE_t + KE_{ub} \tag{3-68}$$

6．系统势能

小腿的势能为

$$V_s = m_s g \boldsymbol{r}_{O_0Gs/0} \boldsymbol{e}_{02/0} \tag{3-69}$$

大腿的势能为

$$V_t = m_t g (\boldsymbol{r}_{O_0O_1/0} + \boldsymbol{r}_{O_1Gt/0}) \cdot \boldsymbol{e}_{02/0} \tag{3-70}$$

躯干的势能为

$$V_{ub}=m_{ub}g(\boldsymbol{r}_{O_0O_1/0}+\boldsymbol{r}_{O_1O_2/0}+\boldsymbol{r}_{O_3Gub/0})\cdot\boldsymbol{e}_{02/0} \tag{3-71}$$

总势能为

$$V=V_s+V_t+V_{ub} \tag{3-72}$$

7．拉格朗日方程

$$L=KE-V$$

8．运动方程

人会对外骨骼施加外部力和力矩。图 3-5 表示出了人施加于外骨骼第 i 个环节的力矩 $T_{HMi}{}'$ 和力 F_{HMi} 。力在环节上的作用点为 r_{OHMi} 。使用 Lagrange 方程，并参考图 3-5， $\forall i\in[1,2,3]$，关节力矩方程可以写为

$$T_i+\sum_{i=1}^{3}\frac{\partial\boldsymbol{\varpi}_{i0}}{\partial\dot{q}_i}\cdot T_{HMi}{}'+\sum_{i=1}^{3}\frac{\partial r_{OHMi}}{\partial q_i}\cdot F_{HMi}=\frac{\mathrm{d}}{\mathrm{d}t}\frac{\partial L}{\partial\dot{q}_i}-\frac{\partial L}{\partial q_i} \tag{3-73}$$

式中： T_i 包含驱动器提供的力矩和摩擦力矩等。

令

$$T_{HM}=\sum_{i=1}^{3}\frac{\partial\boldsymbol{\varpi}_{i0}}{\partial\dot{q}_i}\cdot T_{HMi}{}'+\sum_{i=1}^{3}\frac{\partial r_{OHMi}}{\partial q_i}\cdot F_{HMi} \tag{3-74}$$

则式（3-73）变为

$$T_i+T_{HM}=\frac{\mathrm{d}}{\mathrm{d}t}\frac{\partial L}{\partial\dot{q}_i}-\frac{\partial L}{\partial q_i} \tag{3-75}$$

根据这三个运动方程，可以将一条腿的运动方程写成一个如式（3-76）的方程。为了进一步对系统施加控制，下面给出详细的数学模型。首先将式（3-76）写为如下通式的形式：

$$\boldsymbol{H}(\boldsymbol{q})\ddot{\boldsymbol{q}}+\boldsymbol{C}(\boldsymbol{q},\dot{\boldsymbol{q}})\dot{\boldsymbol{q}}+\boldsymbol{G}(\boldsymbol{q})=\boldsymbol{T} \tag{3-76}$$

式中： $\boldsymbol{q}=\begin{bmatrix}q_1 & q_2 & q_3\end{bmatrix}^{\mathrm{T}}$ ； $\boldsymbol{H}(\boldsymbol{q})$ 为惯性矩阵； $\boldsymbol{C}(\boldsymbol{q},\dot{\boldsymbol{q}})$ 为 Coriolis 项； $\boldsymbol{G}(\boldsymbol{q})$ 为重力项； $\boldsymbol{T}=\begin{bmatrix}T_1 & T_2 & T_3\end{bmatrix}$ 为作用在外骨骼上的合外力矩； T_1 为踝关节力矩； T_2 为膝关节力矩； T_3 为髋关节力矩。

$\boldsymbol{H}(\boldsymbol{q})$ ， $\boldsymbol{C}(\boldsymbol{q},\dot{\boldsymbol{q}})$ ， $\boldsymbol{G}(\boldsymbol{q})$ 的具体形式如下

$$\boldsymbol{H}(\boldsymbol{q})=\begin{bmatrix} H_{11}(\boldsymbol{q}) & H_{12}(\boldsymbol{q}) & H_{13}(\boldsymbol{q}) \\ H_{21}(\boldsymbol{q}) & H_{22}(\boldsymbol{q}) & H_{23}(\boldsymbol{q}) \\ H_{31}(\boldsymbol{q}) & H_{32}(\boldsymbol{q}) & H_{33}(\boldsymbol{q}) \end{bmatrix} \tag{3-77}$$

$$\boldsymbol{C}(\boldsymbol{q},\dot{\boldsymbol{q}})=\begin{bmatrix} C_{11}(\boldsymbol{q},\dot{\boldsymbol{q}}) & C_{12}(\boldsymbol{q},\dot{\boldsymbol{q}}) & C_{13}(\boldsymbol{q},\dot{\boldsymbol{q}}) \\ C_{21}(\boldsymbol{q},\dot{\boldsymbol{q}}) & C_{22}(\boldsymbol{q},\dot{\boldsymbol{q}}) & C_{23}(\boldsymbol{q},\dot{\boldsymbol{q}}) \\ C_{31}(\boldsymbol{q},\dot{\boldsymbol{q}}) & C_{32}(\boldsymbol{q},\dot{\boldsymbol{q}}) & C_{33}(\boldsymbol{q},\dot{\boldsymbol{q}}) \end{bmatrix} \tag{3-78}$$

$$G(\boldsymbol{q})=\begin{bmatrix} G_1(\boldsymbol{q}) \\ G_2(\boldsymbol{q}) \\ G_3(\boldsymbol{q}) \end{bmatrix} \tag{3-79}$$

$$\begin{aligned} H_{11}(\boldsymbol{q}) &= I_t + I_{ub} + m_s L_{Gs}{}^2 + m_t L_s{}^2 + m_t L_{Gt}{}^2 + m_{ub} L_s{}^2 + m_{ub} L_t{}^2 \\ &\quad + m_{ub} L_{Gub}{}^2 + 2m_t L_{Gt} L_s \cos(q_2) + 2m_{ub} L_t L_s \cos(q_2) \\ &\quad + 2m_{ub} L_{Gub} L_t \cos(q_3) + 2m_{ub} L_{Gub} L_s \cos(q_2+q_3) \end{aligned} \tag{3-80}$$

$$\begin{aligned} H_{12}(\boldsymbol{q}) &= I_t + I_{ub} + m_t L_{Gt}{}^2 + m_{ub} L_t{}^2 + m_{ub} L_{Gub}{}^2 + 2m_{ub} L_{Gub} L_t \cos(q_3) \\ &\quad + m_{ub} L_t \cos(q_2) + m_t L_{Gt} L_s \cos(q_2) + m_{ub} L_{Gub} L_s \cos(q_2+q_3) \end{aligned} \tag{3-81}$$

$$H_{13}(\boldsymbol{q}) = I_u + m_{ub} L_{Gub}{}^2 + m_{ub} L_{Gub} L_t \cos(q_3) + m_{ub} L_{Gub} L_s \cos(q_2+q_3) \tag{3-82}$$

$$\begin{aligned} H_{21}(\boldsymbol{q}) &= I_t + I_{ub} + m_t L_{Gt}{}^2 + m_{ub} L_{Gub}{}^2 + m_{ub} L_t{}^2 + m_t L_{Gt} L_s \cos(q_2) \\ &\quad + m_{ub} L_s L_t \cos(q_2) + 2m_{ub} L_{Gub} L_t \cos(q_3) \\ &\quad + m_{ub} L_s L_{Gub} \cos(q_2+q_3) \end{aligned} \tag{3-83}$$

$$\begin{aligned} H_{22}(\boldsymbol{q}) &= I_t + I_{ub} + m_{ub} L_t{}^2 + m_t L_{Gt}{}^2 + m_{ub} L_{Gub}{}^2 \\ &\quad + 2m_{ub} L_{Gub} L_t \cos(q_3) \end{aligned} \tag{3-84}$$

$$H_{23}(\boldsymbol{q}) = I_{ub} + m_{ub} L_{Gub}{}^2 + m_{ub} L_{Gub} L_t \cos(q_3) \tag{3-85}$$

$$\begin{aligned} H_{31}(\boldsymbol{q}) &= I_{ub} + m_{ub} L_{Gub}{}^2 + m_{ub} L_{Gub} L_t \cos(q_3) \\ &\quad + m_{ub} L_{Gub} L_s \cos(q_2+q_3) \end{aligned} \tag{3-86}$$

$$H_{32}(\boldsymbol{q}) = I_{ub} + m_{ub} L_{Gub}{}^2 + m_{ub} L_{Gub} L_t \cos(q_3) \tag{3-87}$$

$$H_{33}(\boldsymbol{q}) = I_{ub} + m_{ub} L_{Gub}{}^2 \tag{3-88}$$

$$C_{11}(\boldsymbol{q},\dot{\boldsymbol{q}}) = -2m_{ub}L_tL_{Gub}\dot{q}_3\sin(q_3) - 2m_{ub}L_sL_t\dot{q}_2\sin(q_2) \\ -2m_{ub}L_{Gub}\dot{q}_2L_s\sin(q_2+q_3) - 2m_tL_{Gt}\dot{q}_2L_s\sin(q_2) \tag{3-89}$$

$$C_{12}(\boldsymbol{q},\dot{\boldsymbol{q}}) = -m_{ub}L_{Gub}\dot{q}_2L_s\sin(q_2+q_3) - m_{ub}L_t\dot{q}_2L_s\sin(q_2) \\ -m_tL_{Gt}\dot{q}_2L_s\sin(q_2) - 2m_{ub}L_{Gub}\dot{q}_3L_s\sin(q_2+q_3) \tag{3-90}$$

$$C_{13}(\boldsymbol{q},\dot{\boldsymbol{q}}) = -m_{ub}L_{Gub}\dot{q}_3L_s\sin(q_2+q_3) - m_{ub}L_{Gub}\dot{q}_3L_t\sin(q_3) \\ -2m_{ub}L_t\dot{q}_2L_{Gub}\sin(q_3) - 2m_{ub}L_{Gub}L_s\dot{q}_1\sin(q_2+q_3) \tag{3-91}$$

$$C_{21}(\boldsymbol{q},\dot{\boldsymbol{q}}) = m_{ub}L_s\dot{q}_1L_t\sin(q_2) + m_{ub}L_s\dot{q}_1L_{Gub}\sin(q_2+q_3) \\ +m_tL_{Gt}\dot{q}_1L_s\sin(q_2) \tag{3-92}$$

$$C_{22}(\boldsymbol{q},\dot{\boldsymbol{q}}) = -2m_{ub}L_{Gub}\dot{q}_3L_t\sin(q_3) \tag{3-93}$$

$$C_{23}(\boldsymbol{q},\dot{\boldsymbol{q}}) = -m_{ub}L_{Gub}\dot{q}_3L_t\sin(q_3) - 2m_{ub}L_{Gub}\dot{q}_1L_t\sin(q_3) \tag{3-94}$$

$$C_{31}(\boldsymbol{q},\dot{\boldsymbol{q}}) = m_{ub}L_{Gub}\dot{q}_1L_s\sin(q_2+q_3) + m_{ub}L_{Gub}L_t\dot{q}_1\sin(q_3) \tag{3-95}$$

$$C_{32}(\boldsymbol{q},\dot{\boldsymbol{q}}) = m_{ub}L_{Gub}L_t\dot{q}_2\sin(q_3) + 2m_{ub}L_{Gub}L_t\dot{q}_1\sin(q_3) \tag{3-96}$$

$$C_{33}(\boldsymbol{q},\dot{\boldsymbol{q}}) = 0 \tag{3-97}$$

$$G_1(\boldsymbol{q}) = -m_{ub}gL_s\sin(q_1) - m_{ub}gL_t\sin(q_1+q_2) \\ -m_{ub}gL_{Gub}\sin(q_1+q_2+q_3) - m_tgL_s\sin(q_1) \\ -m_tgL_{Gt}\sin(q_1+q_2) - m_sgL_{Gs}\sin(q_1) \tag{3-98}$$

$$G_2(\boldsymbol{q}) = -m_{ub}gL_{Gub}\sin(q_1+q_2+q_3) - m_tgL_{Gt}\sin(q_1+q_2) \\ -m_{ub}gL_t\sin(q_1+q_2) \tag{3-99}$$

$$G_3(\boldsymbol{q}) = -m_{ub}gL_{Gub}\sin(q_1+q_2+q_3) \tag{3-100}$$

采用同样的方法，可以得到摆动腿的如式（3-76）所示的动力学模型形式，其中：

$$H(q) = \begin{bmatrix} H_{55} & H_{56} & H_{57} \\ H_{65} & H_{66} & H_{67} \\ H_{75} & H_{76} & H_{77} \end{bmatrix}$$

$$C(q,\dot{q})=\begin{bmatrix} C_{55} & C_{56} & C_{57} \\ C_{65} & C_{66} & C_{67} \\ C_{75} & C_{76} & C_{77} \end{bmatrix}$$

$$G(q)=\begin{bmatrix} G_5(q) \\ G_6(q) \\ G_7(q) \end{bmatrix}$$

$$q=\begin{bmatrix} q_5 \\ q_6 \\ q_7 \end{bmatrix}$$

q_5 为髋关节的关节角度，q_6 为膝关节的关节角度，q_7 为踝关节的关节角度。

$$H_{55}=J_5+2X_6L_t\cos q_6-2X_7L_s\sin q_7-2X_7L_t\sin(q_6+q_7)$$

$$H_{56}=J_6+X_6L_t\cos q_6-2X_7L_s\sin q_7-X_7L_t\sin(q_6+q_7)$$

$$H_{57}=J_7-X_7L_s\sin q_7-X_7L_t\sin(q_6+q_7)$$

$$H_{65}=J_6+X_6L_t\cos q_6-2X_7L_s\sin q_7-X_7L_t\sin(q_6+q_7)$$

$$H_{66}=J_6-2X_7L_s\sin q_7$$

$$H_{67}=J_7-X_7L_s\sin q_7$$

$$H_{75}=J_7-X_7L_s\sin q_7-X_7L_t\sin(q_6+q_7)$$

$$H_{76}=J_7-X_7L_s\sin q_7$$

$$H_{77}=J_7$$

$$C_{55}=-2[X_6\sin q_6-X_7\cos(q_6+q_7)]L_t\dot{q}_6$$

$$C_{56}=-[X_6\sin q_6+X_7\cos(q_6+q_7)]L_t\dot{q}_6$$

$$C_{57}=-X_7[L_t\cos(q_6+q_7)+L_s\cos q_7](2\dot{q}_6-\dot{q}_7-2\dot{q}_5)$$

$$C_{65}=[X_6\sin q_6+X_7\cos(q_6+q_7)]L_t\dot{q}_5$$

$$C_{66}=2X_7L_s\cos q_7\dot{q}_7$$

$$C_{67}=-X_7(2\dot{q}_5-\dot{q}_7)L_s\cos q_7$$

$$C_{75}=-X_7[L_t\cos(q_6+q_7)+L_s\cos q_7]\dot{q}_5$$

$$C_{76}=2X_7\cos q_7L_s\dot{q}_5+X_7L_s\cos q_7\dot{q}_6$$

$$C_{77}=0$$

$$G_5=[X_6\sin(q_5+q_6)+X_5\sin q_5+X_7\cos(q_5+q_6+q_7)]g$$

$$G_6=[X_6\sin(q_5+q_6)+X_7\cos(q_5+q_6+q_7)]g$$

$$G_7=X_7\cos(q_5+q_6+q_7)g$$

其中，J_5,J_6,J_7,X_5,X_6,X_7 为中间变量，分别为

$$X_7=m_f\cdot L_{Gf}$$

$$J_7=m_f\cdot {L_{Gf}}^2+I_f$$

$$X_6=m_s\cdot(L_s-L_{Gs})+m_f\cdot L_s$$

$$J_6=J_7+I_s+m_s\cdot(L_s-L_{Gs})^2+m_f\cdot {L_f}^2$$

$$X_5=m_t\cdot(L_t-L_{Gt})+m_s\cdot L_t+m_f\cdot L_t$$

$$J_5=J_6+I_t+m_t\cdot(L_t-L_{Gt})^2+m_s\cdot {L_t}^2+m_f\cdot {L_t}^2$$

3.3.3 动力学模型仿真及分析

运用 Matlab 对行走过程的单支撑阶段的数学模型进行了动力学仿真。图 3-6 为采用动力学模型得到的外骨骼在步行周期中站立腿及摆动腿的髋关节、膝关节及踝关节的力矩，图 3-7 为通过 CGA 数据得到的力矩。从图中可以看出，摆动腿的误差要比站立腿的误差要小，主要因为站立阶段动态方程依赖更多的动态参数，因此，比摆动阶段的累积误差要大，但总的来说，采用 Lagrange 法建立系统的动力学方程是可行的。

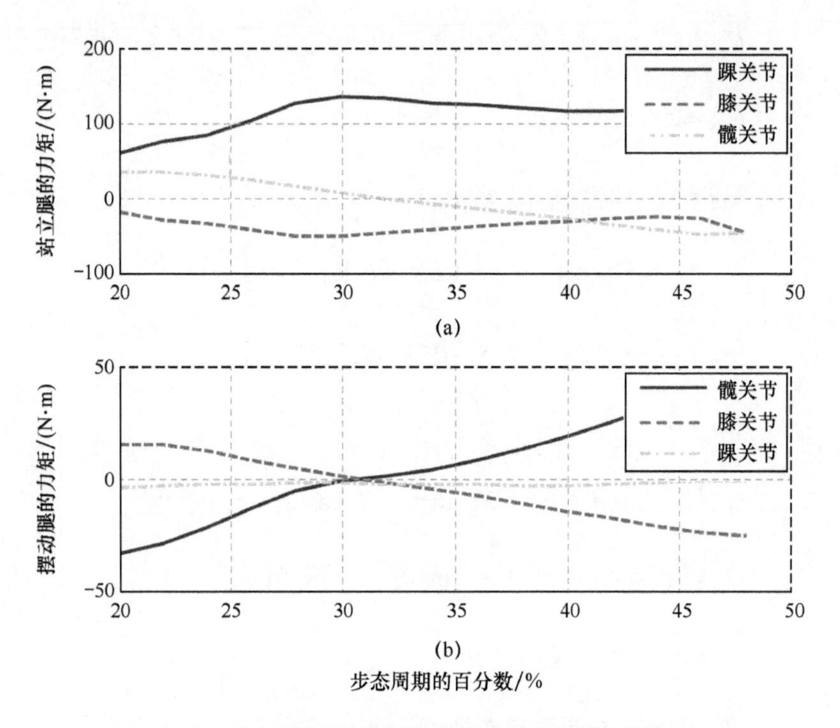

图 3-6　单支撑阶段站立腿与摆动腿关节力矩计算曲线

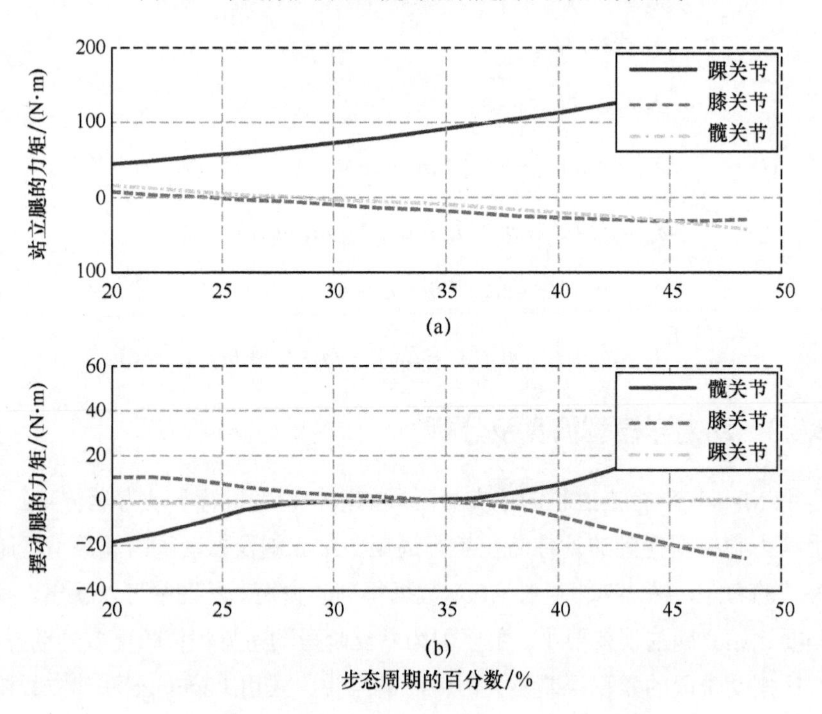

图 3-7　单支撑阶段站立腿与摆动腿关节力矩实验曲线

3.3.4 模型特性

对于如式（3-73）所示的动力学方程，可以证明其满足如下性质：

1．正定性

对于任意$\boldsymbol{q}$，矩阵$\boldsymbol{H}(\boldsymbol{q})$是正定的。

2．有界性

矩阵函数$\boldsymbol{H}(\boldsymbol{q})$和$\boldsymbol{C}(\boldsymbol{q},\dot{\boldsymbol{q}})$对于所有的$\boldsymbol{q},\dot{\boldsymbol{q}}$是一致有界的，即存在正数$\lambda_m$、$\lambda_n$和正定函数$\boldsymbol{\eta}(\dot{\boldsymbol{q}})$，使得

$$0 \leqslant \lambda_m \boldsymbol{I} \leqslant \boldsymbol{H}(\boldsymbol{q}) \leqslant \lambda_n \boldsymbol{I}$$

$$\boldsymbol{C}^{\mathrm{T}}(\boldsymbol{q},\dot{\boldsymbol{q}})\boldsymbol{C}(\boldsymbol{q},\dot{\boldsymbol{q}}) \leqslant \boldsymbol{\eta}(\dot{\boldsymbol{q}})\boldsymbol{I}$$

3．斜对称性

矩阵函数$\dot{\boldsymbol{H}}(\boldsymbol{q})-2\cdot\boldsymbol{C}(\boldsymbol{q},\dot{\boldsymbol{q}})$对于任意$\boldsymbol{q},\dot{\boldsymbol{q}}$是斜对称的。即对任意向量$\xi$，有

$$\xi^{\mathrm{T}}[\dot{\boldsymbol{H}}(\boldsymbol{q})-2\cdot\boldsymbol{C}(\boldsymbol{q},\dot{\boldsymbol{q}})]\xi=0 \tag{3-101}$$

4．线性特征

外骨骼的数学模型对于物理参数是线性的。即如果将矩阵函数$\boldsymbol{H},\boldsymbol{C},\boldsymbol{G}$中的定常系数表示为一个向量$\boldsymbol{\theta}$，则可以定义适当的矩阵$\boldsymbol{\Phi}(\boldsymbol{q},\dot{\boldsymbol{q}},\boldsymbol{v},\boldsymbol{a})$，使得

$$\boldsymbol{H}(\boldsymbol{q})\cdot\boldsymbol{a}+\boldsymbol{C}(\boldsymbol{q},\dot{\boldsymbol{q}})\cdot\boldsymbol{v}+\boldsymbol{G}(\boldsymbol{q})=\boldsymbol{\Phi}(\boldsymbol{q},\dot{\boldsymbol{q}},\boldsymbol{v},\boldsymbol{a})\boldsymbol{\theta} \tag{3-102}$$

成立，其中，$\boldsymbol{v}$为速度向量，$\boldsymbol{a}$为加速度向量。

3.4 ADAMS 中虚拟样机模型的建立及仿真

利用 Lagrange 法计算动力学方程需要大量的运算，而且随着自由度的增加，计算量急剧增加，得到的拉格朗日方程解析表达式非常复杂，不利于我们有效分析动力学方程的特征。因此，考虑在 ADAMS 中建立虚拟样机模型。ADAMS 虚拟样机建模的最大优点是可以省去推导数学方程的麻烦，可以快速直观地建立复杂的实际系统模型，方便进行参数修改和实验仿真[40]。

采用 SolidWorks 三维机械设计软件构建并装配人体模型和外骨骼模型，然后将其导入 ADAMS 中建立人体虚拟样机模型和外骨骼虚拟样机模型，再进行运动学和动力学仿真分析，可以减轻 ADAMS 的建模负担。

在 SolidWorks 中设计下肢外骨骼总体结构如图 3-8 所示。

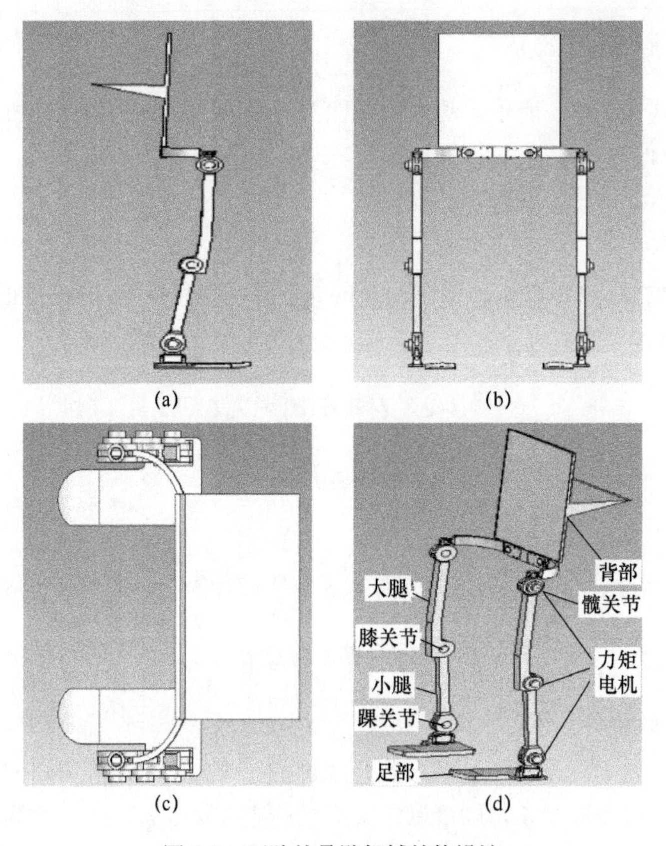

图 3-8　下肢外骨骼机械结构设计

外骨骼总身高约 1.4m，宽度约 0.49m，主要的几何尺寸如图 3-9 所示。

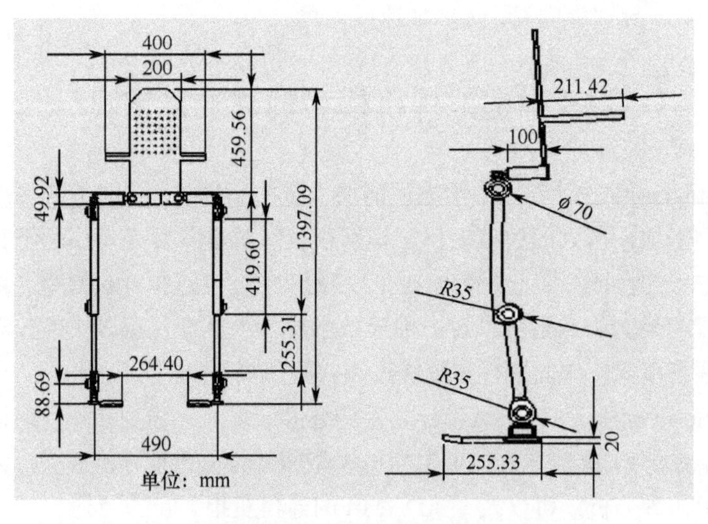

图 3-9　主要的几何尺寸

3.4.1 基于ADAMS模型的下肢携行外骨骼系统稳定性分析及仿真

零力矩点(Zero-Moment Point，ZMP)的概念首先由Vukobratovic和Stepanenko提出来的，ZMP定义为地面作用力的力矩水平分量为零的作用点。目前，普遍采用ZMP作为双足步行机器人稳定行走的判据。外骨骼也属于双足步行机器的范畴，本书利用ZMP分析外骨骼行走的稳定性。

当外骨骼静止时，若重心在地面上的投影点落在支撑脚的范围内，那么外骨骼处于静止稳定状态；当行走时，由于具有惯性力，仅通过重心投影点的判断不足以保证稳定。保持平衡的必要条件是所受重力与惯性力的合力的延长线通过支撑面，该合力的延长线与地面的交点即为ZMP。稳定区域定义在支撑脚掌所组成的凸形区域在地面上的投影，该投影又称为支撑多边形。在单脚支撑时，支撑多边形为支撑脚与地面接触部分。在双脚支撑时，支撑多边形与双脚在地面的位置有关。图3-9中足底与地面接触部分用四边形表示，组成的阴影区域为双脚支撑时的支撑多边形。

这里直接给出双足步行机器人动态稳定步行与ZMP的关系：如果ZMP位于支撑多边形之内，则能够保持动态平衡而稳定行走；如果ZMP位于支撑多边形之外，则将有跌倒的趋势而不能稳定。另外一个需要指出的稳定裕度的概念，容易理解ZMP位于支撑多边形的中心时，稳定性最高；反之，离支撑多边形的中心越远，稳定性越差。ZMP与支撑多边形的边界的距离称为稳定裕度，它是衡量稳定性好坏的主要标准。在步态规划中，应保证ZMP的轨迹始终位于支撑多边形内。

3.4.2 外骨骼ZMP稳定性

当人穿着外骨骼行走时，必须满足的一个条件是保持外骨骼的足底与地面的接触。为实现动态稳定步行，人和外骨骼组成的外骨骼系统的ZMP应位于支撑多边形内。与传统的双足拟人机器人不同，我们所研究的对象增加了人体的参与，必须考虑人在稳定行走中起的作用。若假设外骨骼能够快速跟踪人的运动，当受到外界干扰，人穿着外骨骼处于不稳定状态时，人可以通过快速地移动自主调整重心，从而改变整体重心位置重新获得稳定。因此，在利用ZMP分析动态稳定性时，必须考虑由于人的参与对外骨骼系统的影响。考虑到人和外骨骼之间的交互，ZMP在支撑多边形的位置须有足够的稳定裕度。

对外骨骼而言，人对外骨骼的作用相当于外界的干扰。考虑外界干扰的稳定分析模型，将虚拟零力矩点（FZMP）有效地用于解决拟人机器人在受到外界干扰时稳定性的保持和控制。若假设外骨骼能够快速地跟踪人的运动，即人和外骨骼动作完全一致，那么可以将二者视为一个整体，它依靠外骨骼与地面相对运动产生的摩擦力和地面的反作用力实现支撑和行走。下面给出 ZMP 具体的推导过程。

如图 3-10 所示，O 为坐标原点，G_c 为重心。假设地面水平，外骨骼的脚部与地面的接触部分用四边形表示。假设外骨骼的脚部受到地面的作用力可以等价为作用于 A 点的一个力矢量 $\boldsymbol{F}$ 和力矩矢量 $\boldsymbol{T}_A$，A 点相对原点的矢量为 $\boldsymbol{r}$。

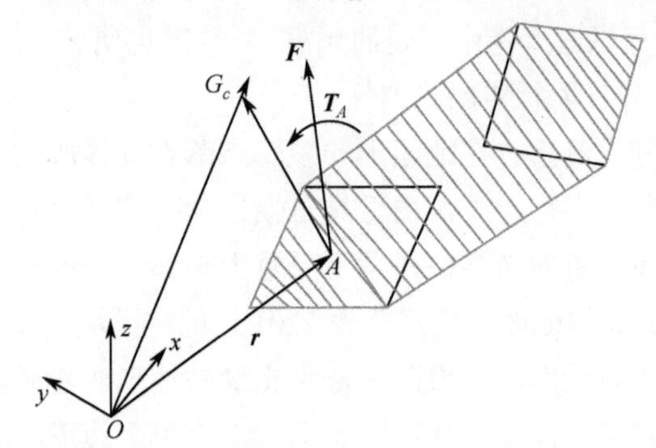

图 3-10　平坦地面上的 ZMP 与支撑多边形

则地面作用力 $\boldsymbol{F}$ 相对原点的力矩为

$$\boldsymbol{T} = \boldsymbol{r} \times \boldsymbol{F} + \boldsymbol{T}_A \tag{3-103}$$

设 M 为整个外骨骼系统的质量；

$\boldsymbol{g} = \begin{bmatrix} 0 & 0 & -g \end{bmatrix}^{\mathrm{T}}$ 为重力加速度；

$\boldsymbol{S} = \begin{bmatrix} S_x & S_y & S_z \end{bmatrix}^{\mathrm{T}}$ 为外骨骼总动量；

$\boldsymbol{L} = \begin{bmatrix} L_x & L_y & L_z \end{bmatrix}^{\mathrm{T}}$ 为总角动量；

$\boldsymbol{c} = \begin{bmatrix} x & y & z \end{bmatrix}^{\mathrm{T}}$ 为系统重心的位置。

动量与地面作用力的关系为

$$\dot{\boldsymbol{S}} = M\boldsymbol{g} + \boldsymbol{F} \tag{3-104}$$

角动量与地面作用力矩的关系为

$$\dot{\boldsymbol{L}} = \boldsymbol{c} \times M\boldsymbol{g} + \boldsymbol{T} \tag{3-105}$$

将式（3-103）和式（3-104）代入（3-105），得

$$\boldsymbol{T}_A = \dot{\boldsymbol{L}} - \boldsymbol{c} \times M\boldsymbol{g} + (\dot{S} - M\boldsymbol{g}) \times \boldsymbol{r} \tag{3-106}$$

利用 $\boldsymbol{T}_A$ 的两个水平分量 T_{Ax} 和 T_{Ay} 等于零的条件，得到 ZMP 的位置

$$a_x = \frac{Mgx - \dot{L}_y}{Mg + \dot{S}_z} \tag{3-107}$$

$$a_y = \frac{Mgy + \dot{L}_x}{Mg + \dot{S}_z} \tag{3-108}$$

如果将外骨骼系统简化为一个质点，此时相当于一个倒立摆模型。如图 3-11 所示，外骨骼简化为质点G_c，质量M，速度$\boldsymbol{V}$。

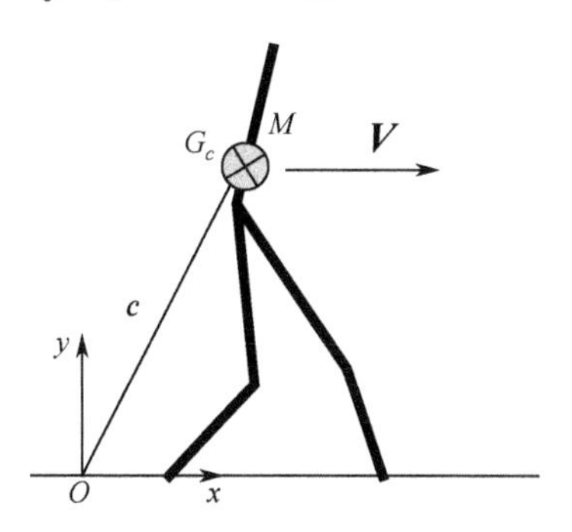

图 3-11　倒立模型

此时的动量和角动量分别为

$$\boldsymbol{S} = M\dot{\boldsymbol{c}} \tag{3-109}$$

$$\boldsymbol{L} = \boldsymbol{c} \times M\dot{\boldsymbol{c}} \tag{3-110}$$

具体形式为

$$\begin{bmatrix} \dot{\boldsymbol{S}}_x \\ \dot{\boldsymbol{S}}_y \\ \dot{\boldsymbol{S}}_z \end{bmatrix} = \begin{bmatrix} M\ddot{x} \\ M\ddot{y} \\ M\ddot{z} \end{bmatrix} \tag{3-111}$$

$$\begin{bmatrix} \dot{L}_x \\ \dot{L}_y \\ \dot{L}_z \end{bmatrix} = \begin{bmatrix} M(y\ddot{z} - z\ddot{y}) \\ M(z\ddot{x} - x\ddot{z}) \\ M(x\ddot{y} - y\ddot{x}) \end{bmatrix} \tag{3-112}$$

将式（3-107）和式（3-108）代入式（3-103）和式（3-104）得到近似的 ZMP 为

$$a_x = x - \frac{z\ddot{x}}{\ddot{z} + g} \tag{3-113}$$

$$a_y = y - \frac{z\ddot{y}}{\ddot{z} + g} \tag{3-114}$$

从上面的计算中可以看出，式（3-113）和式（3-114）为 ZMP 的近似计算公式，假设条件是外骨骼近似为一个质点，所有的质量都集中在它的质心位置。接下来将利用式（3-113）进行外骨骼虚拟样机的稳定分析。

3.4.3 虚拟样机模型的仿真及分析

1．导入模型

将 SolidWorks 中绘制的外骨骼模型通过 SolidWorks 和 ADAMS 的数据接口导入 ADAMS 进行仿真。

2．模型设置

导入模型构件以后，需要编辑构件的属性和构件元素的属性，包括构件的名称、外观、方位、质量等的初始设置。外骨骼长度和质量等参数设置见表 3-1 所列。

表 3-1 外骨骼质量和长度

	躯干	大腿	小腿	足部
长度/m	0.46	0.42	0.34	0.255
质量/kg	8.62	7.67	4.59	1.63

这里值得指出的是，外骨骼所处地面环境的设置。如果不设置地面环境，外骨骼在重力的作用下会向下掉。设置地面作用力和摩擦力，其大小和方向在仿真中可以实时显示，而且可以通过后处理模块进行定量分析，检验与地面的作用关系。然后对外骨骼进行约束和驱动，设置完成后，得到如图 3-12 所示为未渲染的外骨骼初始模型。

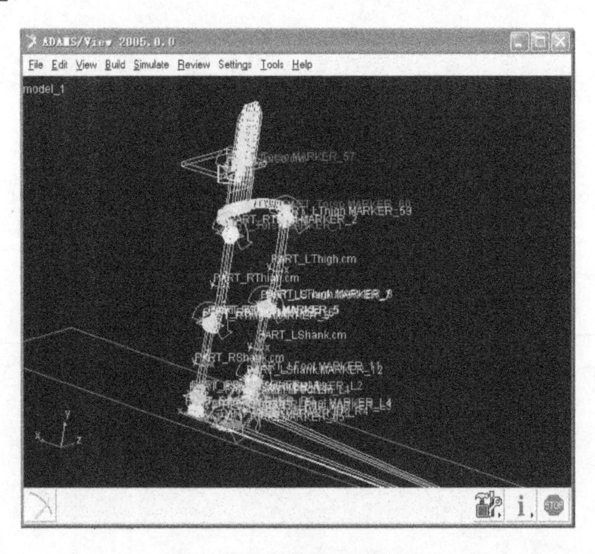

图 3-12 外骨骼模型构造

3．运动规划

外骨骼的模型建立完成后，接下来将进行运动控制。为了利用式（3-113）近似计算外骨骼行走的 ZMP 的位置，将外骨骼近似为一个质点，通过规划重心的运动，利用式（3-113）和式（3-114）可以计算出 ZMP 点的位置，从而判断外骨骼是否稳定。由于外骨骼的运动被限制在矢状平面的前进方向上，因此，只需利用式（3-113）计算 ZMP 的位置是否超出脚掌与地面接触范围的 X 坐标，来判断是否稳定。

根据与地面的约束关系，外骨骼在行走过程中的状态不同。这里控制外骨骼从初始双腿站立的双支撑状态开始，左脚抬起后进入单支撑状态，直至左脚再次着地，再次进入双支撑状态。整个仿真过程中，右脚始终与地面接触。

上述过程是通过外骨骼各关节角的运动控制实现的。各关节角度的变化导致地面对外骨骼的足部产生作用力，从而实现外骨骼的运动，如图 3-13 所示。

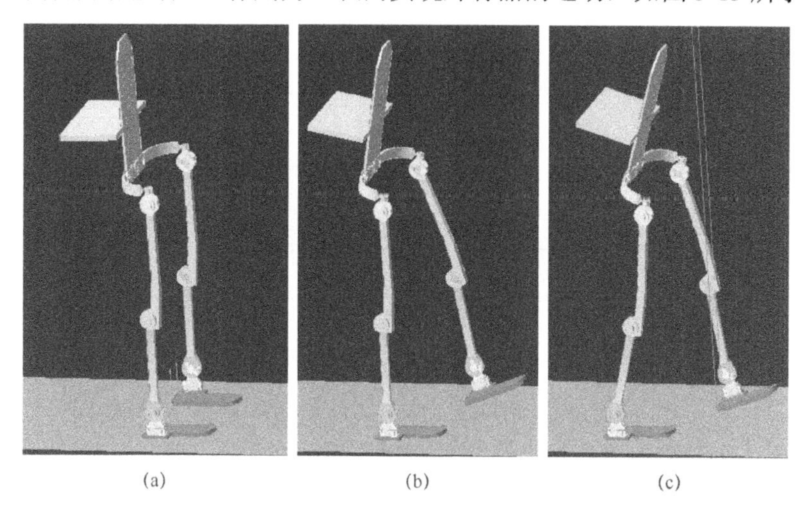

(a)　　(b)　　(c)

图 3-13　ADAMS 外骨骼行走（X：前进方向）
（a）初始双足支撑；（b）单支撑；（c）双支撑。

4．仿真分析及 ZMP 点的计算

仿真结束后进入后处理模块，ADAMS 解算器会根据设定的参数自动计算模型的各构件的运动学和动力学信息，包括位置、速度、力和力矩等。

图 3-14 和图 3-15 给出了左脚跟与地面作用力曲线和左脚尖在空间中的位置曲线。图 3-14，初始双足支撑阶段，由于重力的存在，左脚根与地面存在反作用力，抬起后变为零，在左脚跟再次着地的瞬间，受力突然增大，表明仿真能够较真实地反映出行走时脚跟与地面作用力的特点。图 3-15 为左脚尖的位置，直观地表明了行走开始后通过抬脚翻越障碍的情形。图 3-16 则说明了左踝关节在整个运动过程中的力矩，由此得到的各关节的力矩信息可以为以后电机的驱动控制提供依据。

由式（3-113）中可以看出，如果将外骨骼近似看作一质点，ZMP 的位置可以通过重心的坐标计算。因此，首先需要计算外骨骼在矢状平面内重心位置和线加速度信息，其结果如图 3-17 和图 3-18 所示。

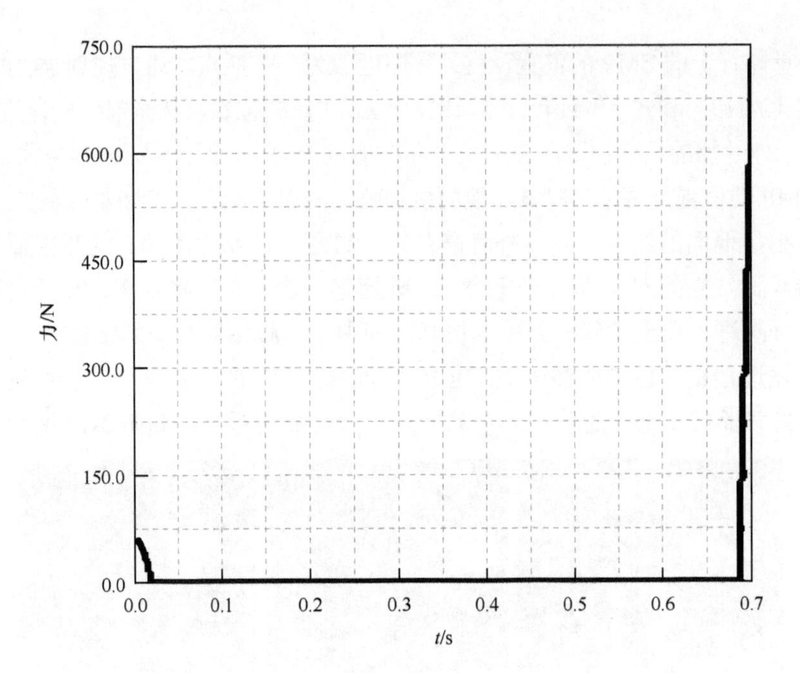

图 3-14　左脚与地面作用力

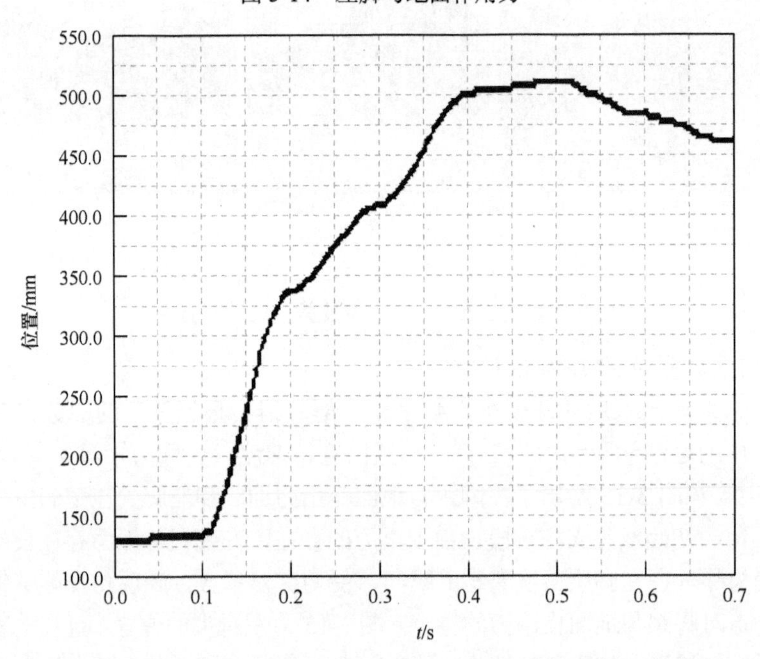

图 3-15　左脚尖位置

从图 3-17 和图 3-18 看出，外骨骼重心位置和加速度在水平 X 向分量的变化大于垂直 Y 向的分量，这说明外骨骼前进过程中重心位置的变化主要是水平方向，垂直方向相对平稳。

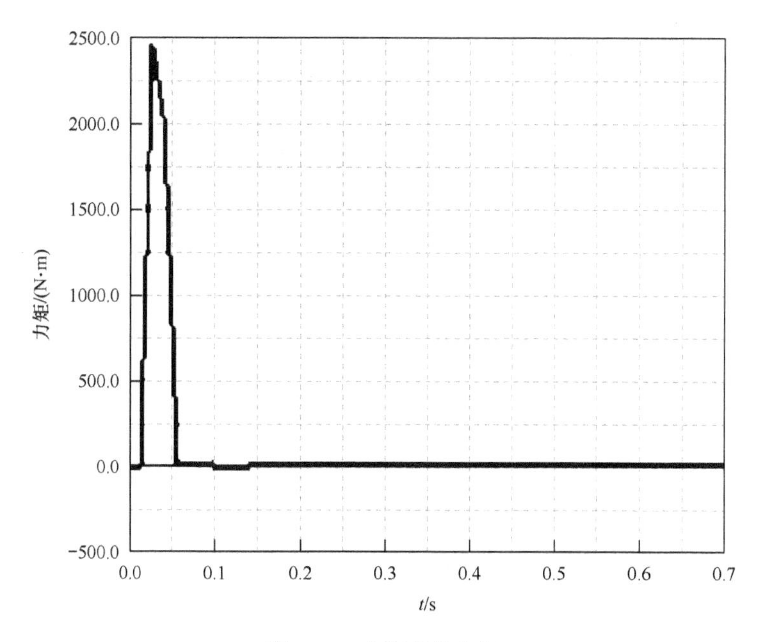

图 3-16　左踝关节力矩

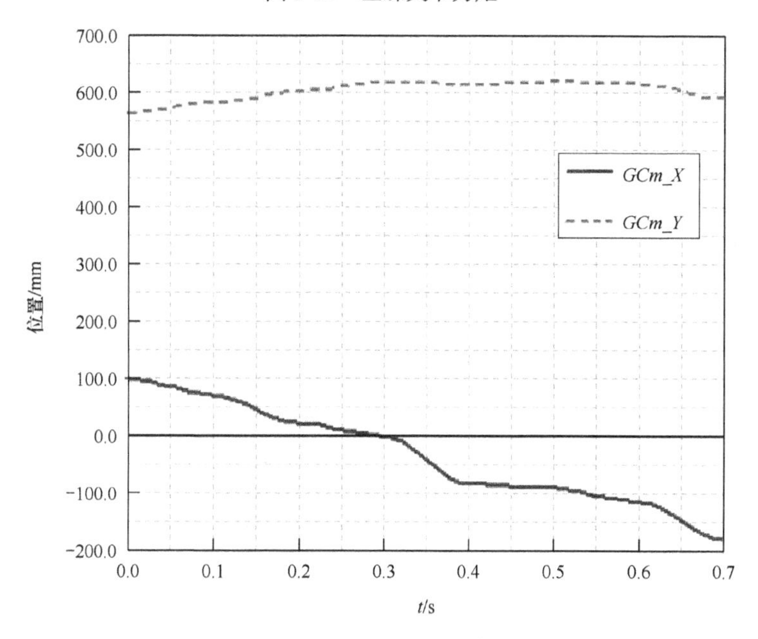

图 3-17　重心位置：*GCm_X* 和 *GCm_Y*

式（3-113）的 X 向与 ADAMS 模型的 X 向方向相同，式（3-113）的 Z 向与 ADAMS 模型的 Y 向方向相同。在 ADAMS 中构造等价于式（3-113）的函数式

$$a_x = GCm\_X - \frac{GCm\_Y \times GCm\_AX}{GCm\_AY + g} \tag{3-115}$$

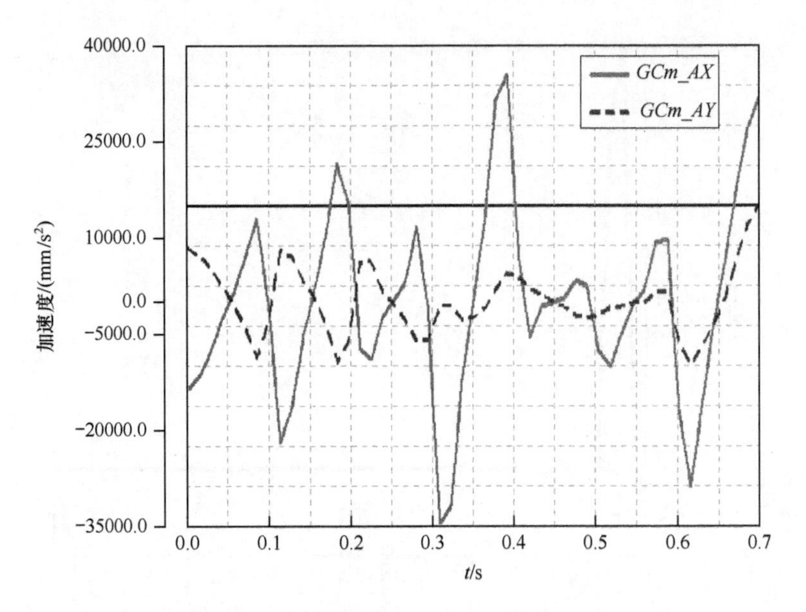

图 3-18 重心加速度：*GCm_AX* 和 *GCm_AY*

通过式（3-115）计算得到的 ZMP 的位置如图 3-19 所示。在模型中，支撑脚的脚跟和脚尖的 X 向坐标范围为 −120～130mm，图 3-19 的 *X* 方向的 ZMP 位置不超出右脚掌与地面的接触的支撑多边形的 *X* 向范围，因此判断外骨骼步行动态稳定。但是从图 3-19 也反映出 ZMP 的坐标不平滑，而且坐标位置前后变化，因此需要进一步规划运动以期得到理想的 ZMP 位置。

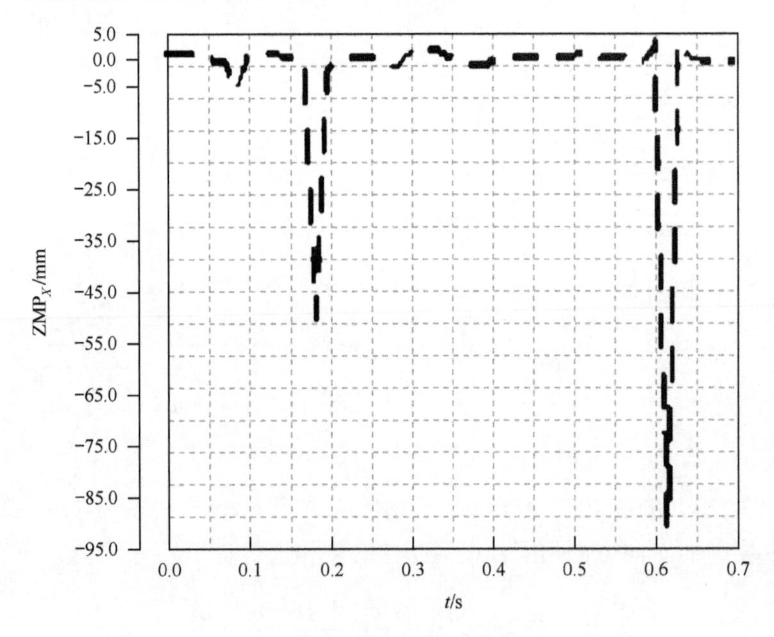

图 3-19 *X* 方向的 ZMP 位置

3.5 人机外骨骼系统的虚拟样机建模与仿真研究

脱离了人的外骨骼实际上毫无意义，外骨骼就是一个人机系统。为了使下肢外骨骼的设计更具合理性，需建立人机外骨骼系统的虚拟样机模型。

3.5.1 九连杆虚拟人体简化模型仿真分析

为了仿真分析的需要简化了人体结构，减轻了在 ADMAS 中建模的压力，建立了一个九连杆的人体简化刚体模型，人体各连杆的惯性参数采用文献[28]人体数据的计算方法，为身高 175cm，体重 75kg 的成年人，如图 3-20 所示。

图 3-20 九连杆人体样机模型

各关节的角度函数根据生物力学实验中的无负荷行走数据，而躯干角度则根据前文 ZMP 稳定性分析，通过分析计算添加角度函数使其能够稳定行走。

通过式（3-113）计算得到的 ZMP 的位置如图 3-21 所示。在模型中，支撑脚的脚跟和脚尖的 X 向坐标范围为 $-110 \sim 110\text{mm}$，图 3-21 的 X 方向的 ZMP 位置不超出右脚掌与地面的接触的支撑多边形的 X 向范围，因此判断人体步行动态稳定。

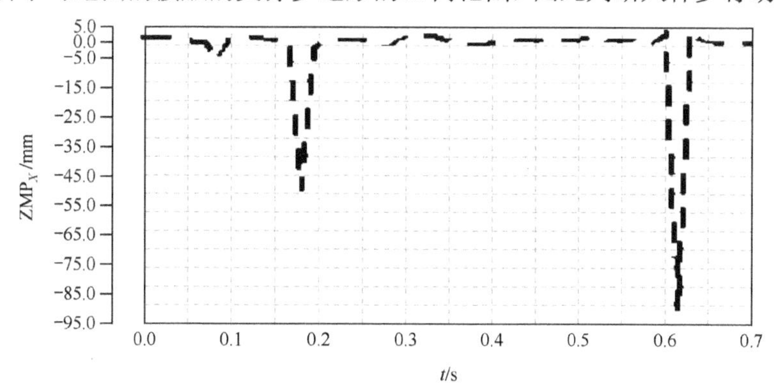

图 3-21 X 方向的 ZMP 位置

最后对上述条件下的外骨骼模型进行了仿真。图 3-22 给出了各关节角度。通过与生物力学实验得到的真实人体数据曲线相比较，可以看出在 ADAMS 中建立的虚拟人体模型仿真曲线与真实人体数据曲线比较相似。

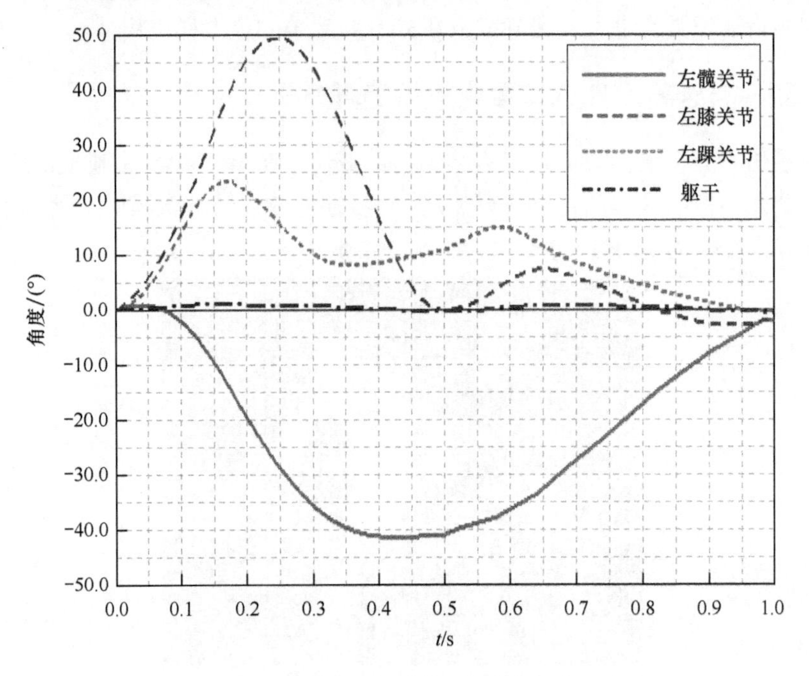

图 3-22　左髋关节、膝关节、踝关节和躯干角度

3.5.2　虚拟人体模型的建立及仿真分析

下面依据中国成年人人体数据库为人体建模提供数据支持。在 Solidworks 中构建人体模型，然后将其导入 ADAMS 中建立人体虚拟样机模型，再进行运动学和动力学仿真分析[41]。所建立的人体模型如图 3-23 所示。

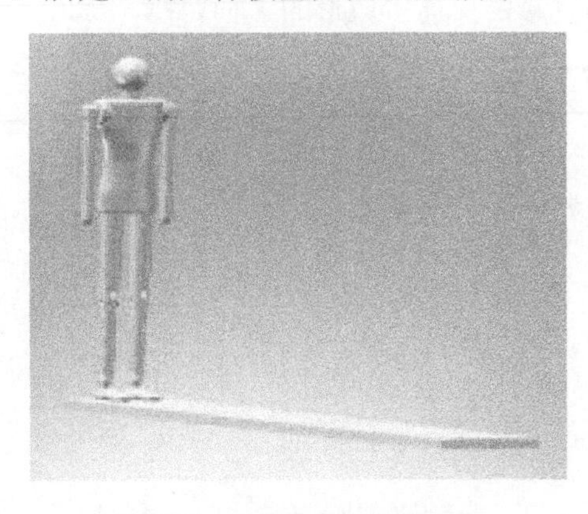

图 3-23　总体人体装配设计图

将 SolidWorks 中绘制的人体模型通过 SolidWorks 和 ADAMS 的数据接口导入 ADAMS 进行仿真研究，对其进行运动控制。人体虚拟样机模型的下肢运动则参照真实人体步态运动规划而成，虚拟人体的运动被限制在矢状平面内。利用式（3-113）计算 ZMP 的位置是否超出脚掌与地面接触范围的 X 坐标，来判断是否稳定。

控制人体从初始双腿站立的双支撑状态开始，左脚抬起后进入单支撑状态，接着左脚着地，右脚抬起，左脚支撑地面，接着双脚着地进入双支撑状态，最后右脚着地，左脚再次抬起，如此反复运动实现人体行走，如图 3-24 所示。

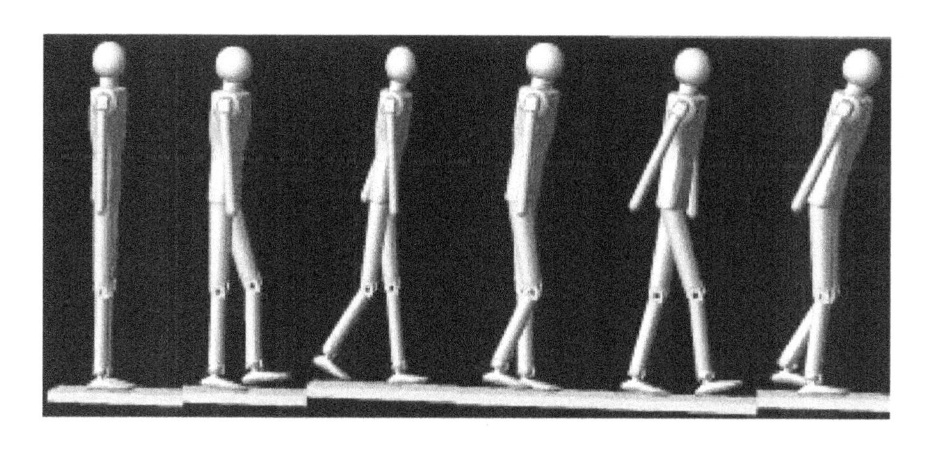

图 3-24 ADAMS 人体行走示意图（X：前进方向）

图 3-25～图 3-38 是 ADAMS 解算器给出的左髋关节、膝关节、踝关节的角度、角速度、角加速度以及力矩曲线。

1．髋关节

从图 3-24～图 3-27 可以看出，虚拟人体髋关节的角度（图 3-25 中实线所示）在个别时刻不太规则，而经过优化处理后（图 3-25 中虚线所示），曲线比较平滑，大腿大致以正弦曲线的样式运动，在脚跟着地时大腿向前伸展，以使在人的前面实现脚与地面的接触。这之后站立阶段的大部分时间内是臀部的伸展，然后是摆动阶段的弯曲，角度幅值为 –40°～10°。力矩幅值为−45～0 N·m，在站立的后期和摆动的早期臀部力矩是正的，此时臀部驱使大腿向前摆动，在摆动的后期，力矩变为负的，这时臀部在减少大腿的摆动速度，以便脚跟着地。

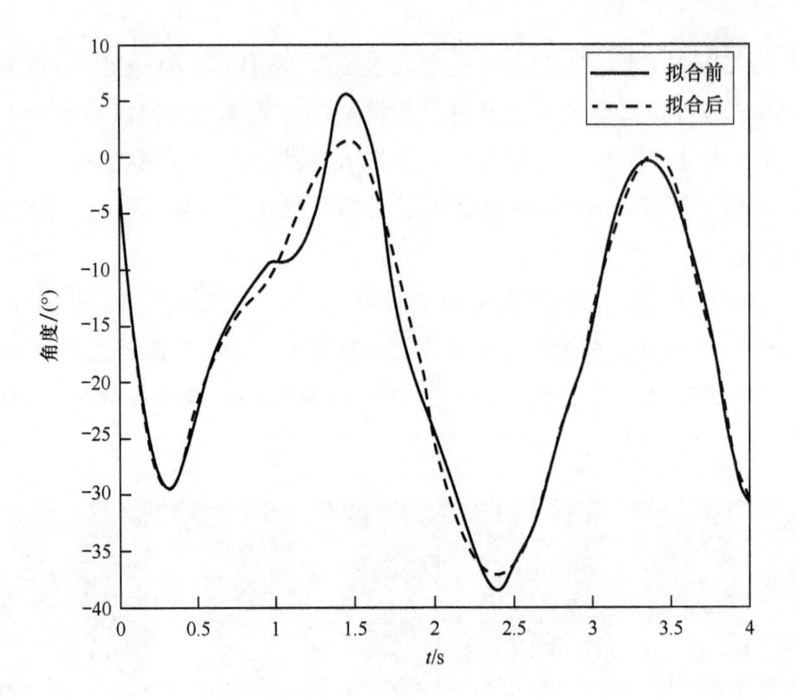

图 3-25　左髋关节的角度

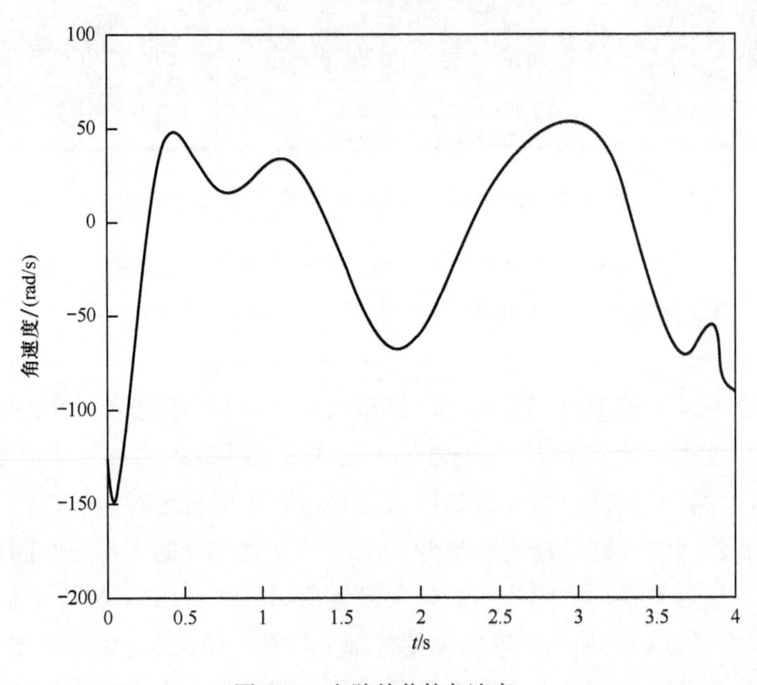

图 3-26　左髋关节的角速度

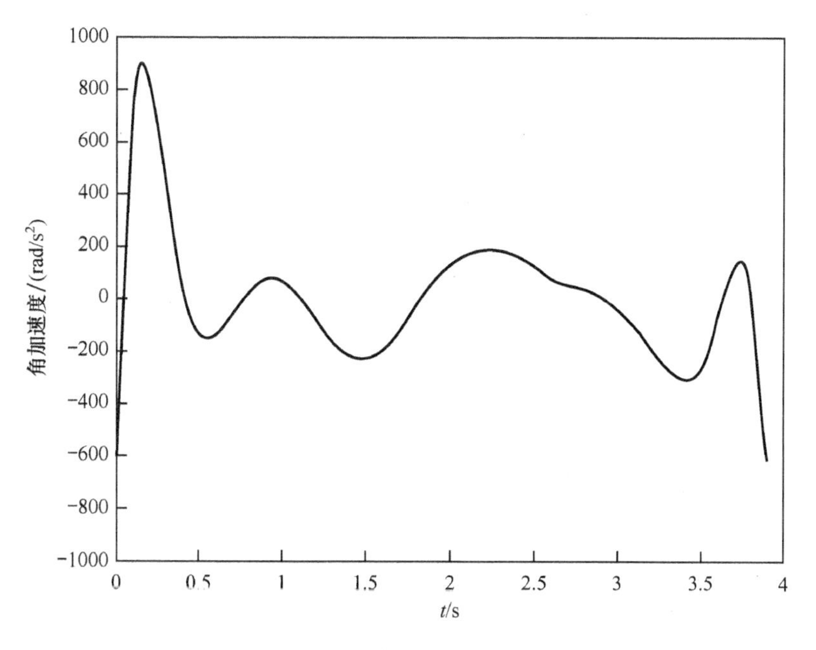

图 3-27　左髋关节的角加速度

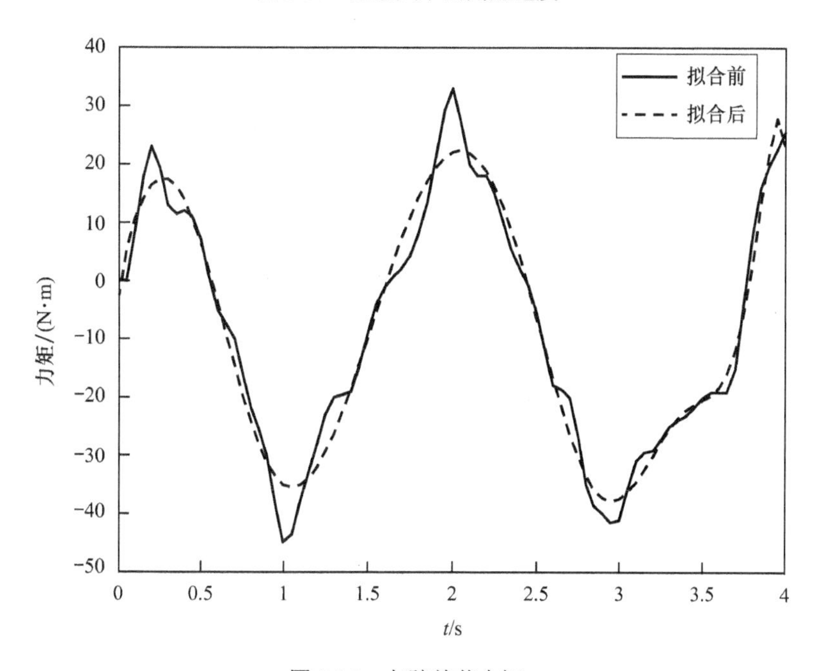

图 3-28　左髋关节力矩

2．膝关节

从图 3-29 至图 3-32 可以看出，膝关节角度经过优化处理后，同样具有不规则的对称性，幅值为 −60°～0°，膝盖在站立姿势的早期就立刻弯曲，为的是吸收脚跟着地的冲击影响，然后在摆动阶段经过一个大的弯曲，这个弯曲减少了腿长度的影响，使腿在向前摆动时能够越过地面。而力矩曲线在经过优化处理后大体成M 型，力矩幅值在-35～10 N·m 之间。运动所需的膝盖力矩既有正的也有负的，最大的力矩是在站立姿势早期伸展腿时出现的。

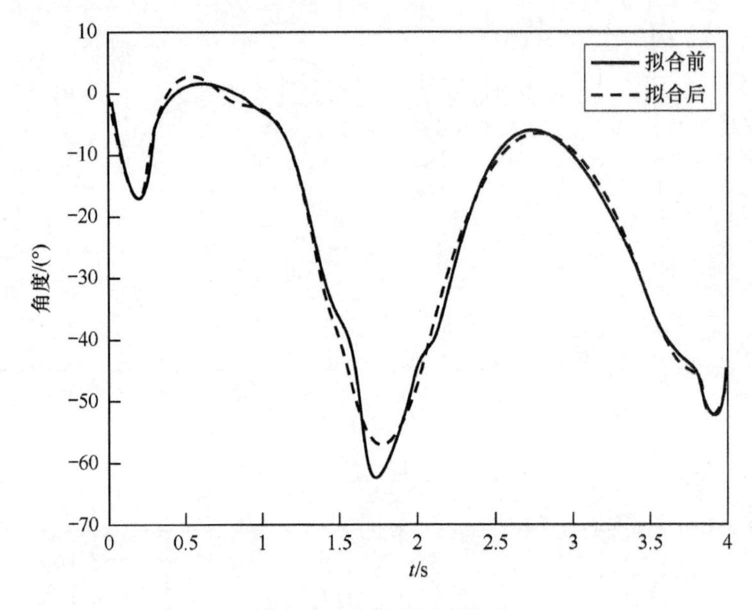

图 3-29　左髋关节的角度

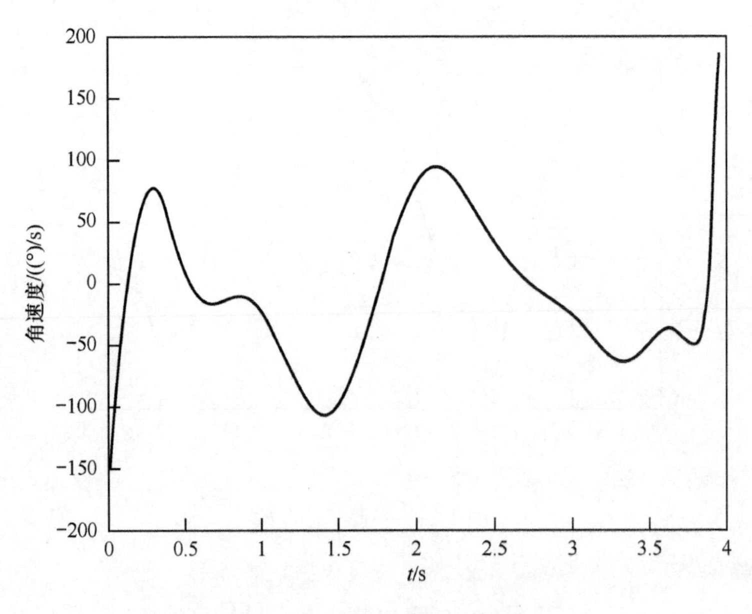

图 3-30　左髋关节的角速度

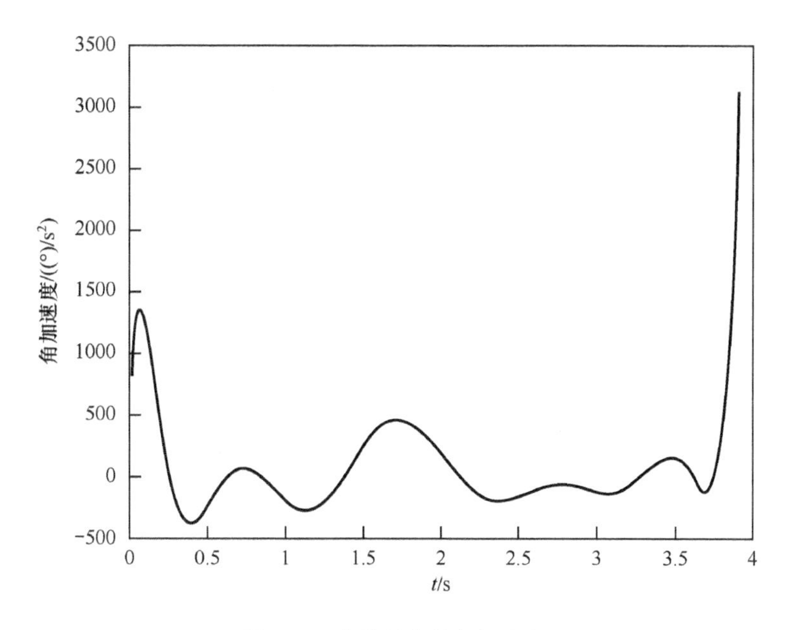

图 3-31　左膝关节的角加速度

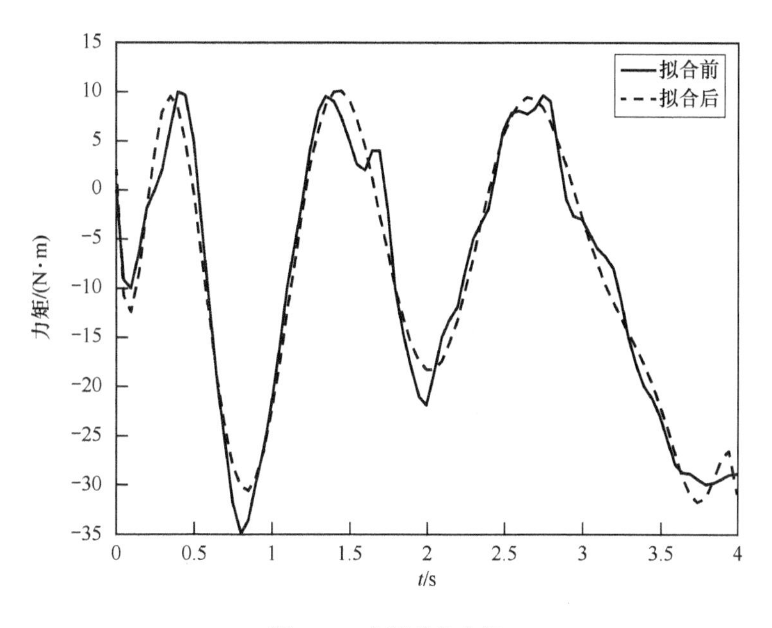

图 3-32　左膝关节力矩

3．踝关节

从图 3-33 至 3-36 可以看出，即使经过优化处理后，踝关节角度也具有不规则性，主要原因是在进入单腿摆动期后，踝关节角度比较自由，随着小腿而摆动，

角度幅值在 $-25^\circ-20^\circ$ 之间。力矩幅值在 -80–$10\ N\cdot m$ 之间，脚踝力矩几乎完全是负的，在进入单腿摆动期后，踝关节力矩值明显变小。

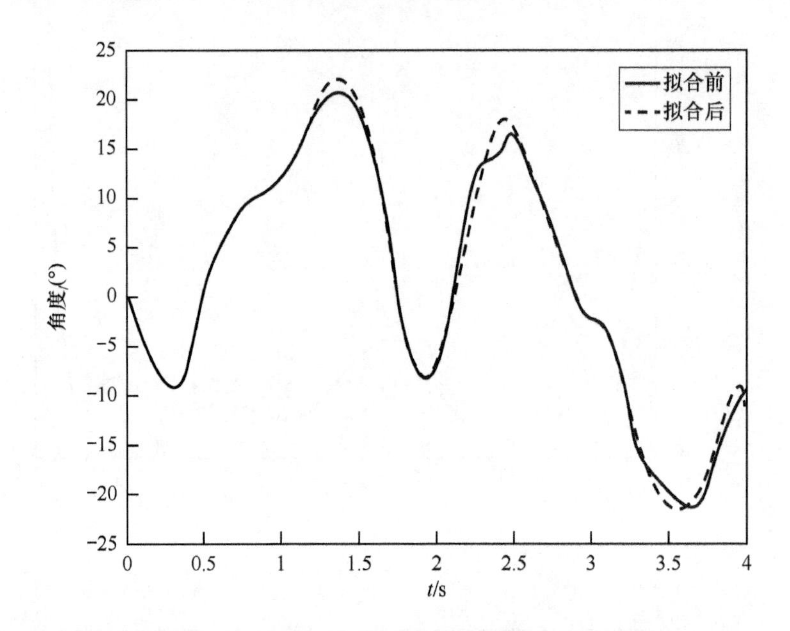

图 3-33 左踝关节的角度

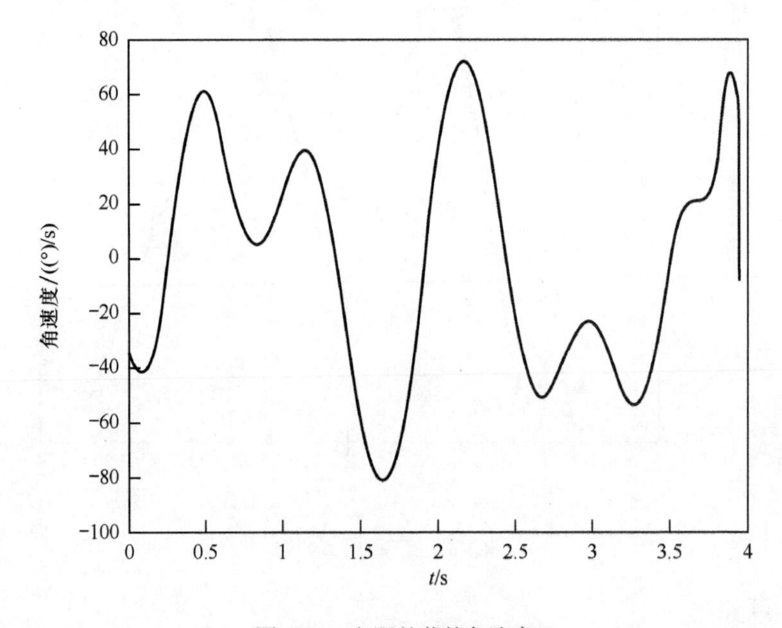

图 3-34 左踝关节的角速度

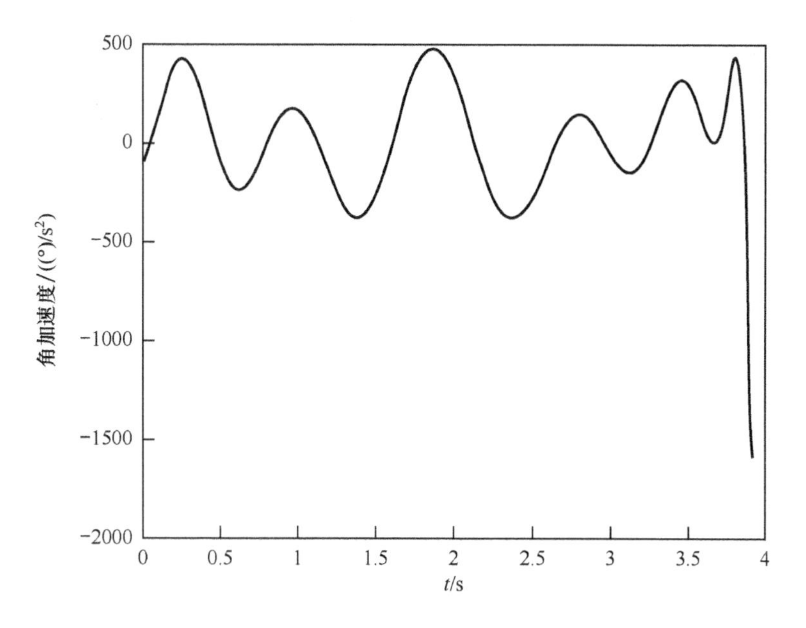

图 3-35　左踝关节的角加速度

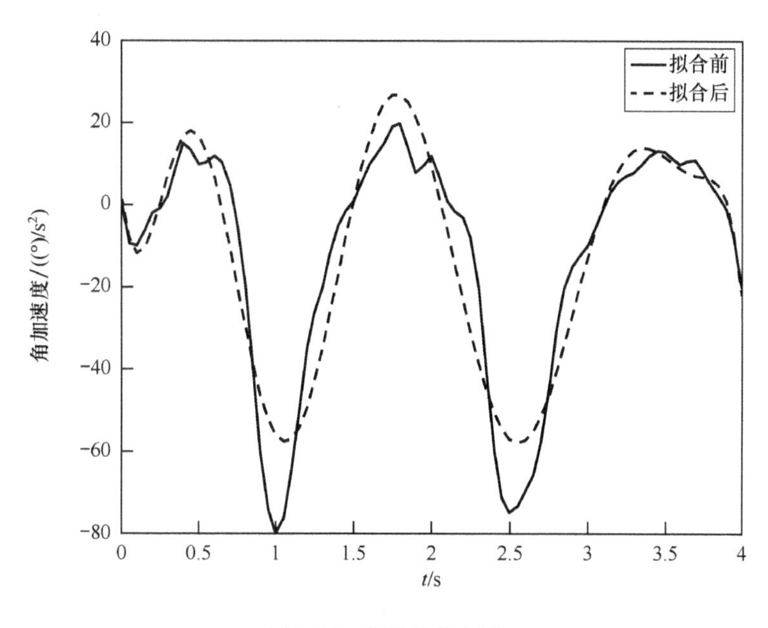

图 3-36　左踝关节力矩

4. 重心

重心在 X 和 Y 方向上的位移如图 3-37 和 3-38 所示，可以看出，重心在 X 方向上是匀速运动的，在 Y 方向上具有不规则的对称性。

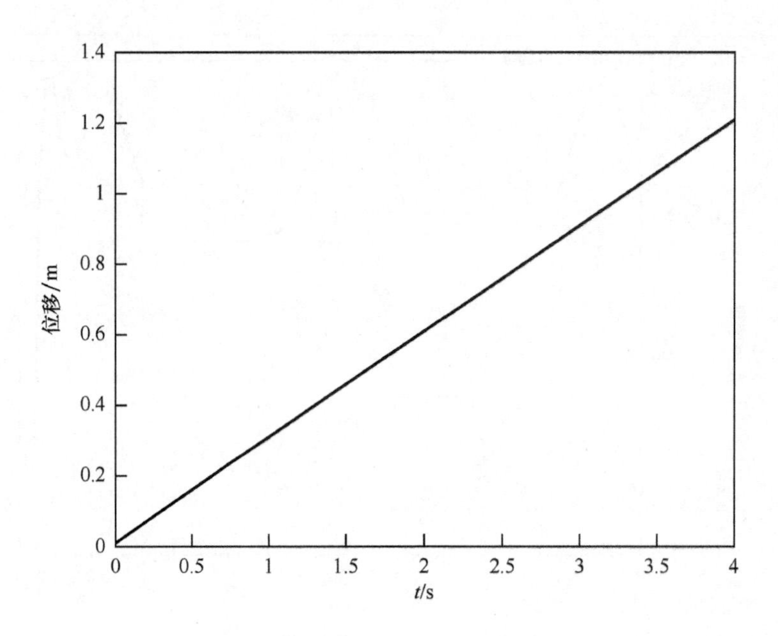

图 3-37　重心在 X 方向上的位移

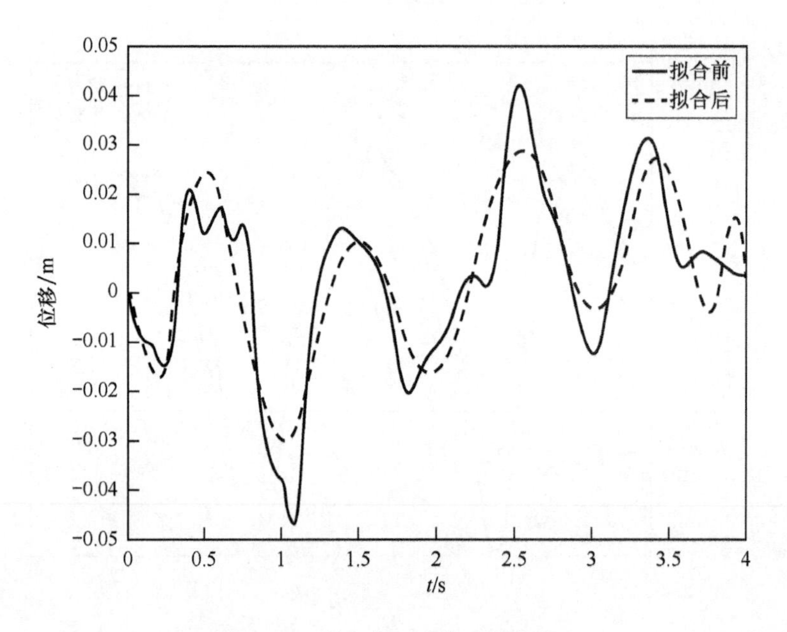

图 3-38　重心在 Y 方向上的位移

5．ZMP 位置

得到的 ZMP 位置如图 3-39 所示，在人体模型中，支撑脚的脚跟和脚尖的 X 向坐标范围为 −12～12cm，X 方向的 ZMP 位置不超出右脚掌与地面接触的支撑多边形的 X 向范围，因此判断外骨骼步行动态稳定。

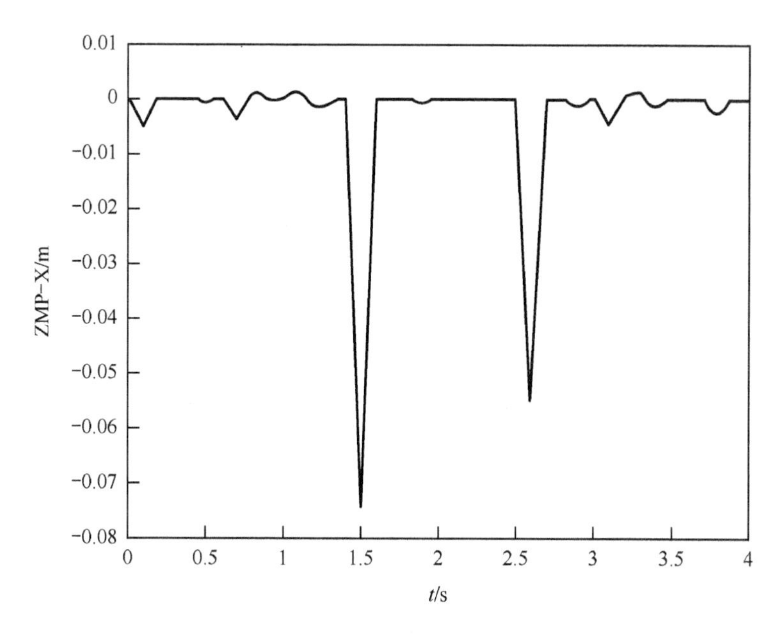

图 3-39　在 X 方向上的 ZMP 位置

从以上分析表明，建立的人体虚拟样机模型与真实人体步态行走所得出的步态曲线总体特征是相似的，差异很小。

3.5.3　人机外骨骼系统模型建立及仿真

1．下肢携行外骨骼总体结构

根据第二代物理样机以及设计草图的要求，本书利用 Solidworks 机械设计软件设计的外骨骼模型如图 3-40 所示。

2．人与外骨骼模型连接点的确定

将人与外骨骼连接点确定为背部以及足部，而人体与外骨骼在连接点处采用刚性连接，如果采用柔性连接很容易导致人机外骨骼系统不稳定。

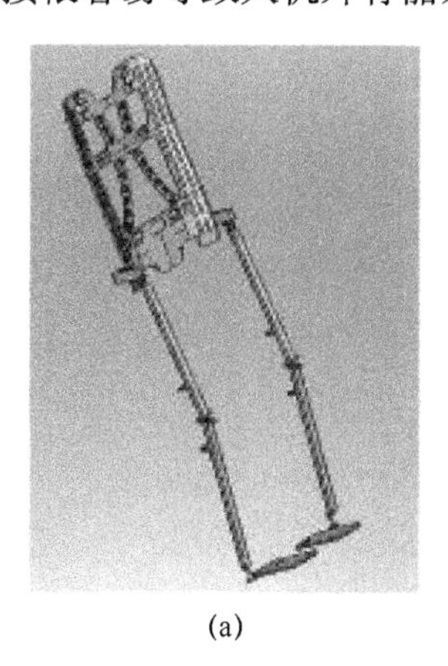

(a)

(b)

(c)

图 3-40 外骨骼模型

由于本书要研究的人体行走步态都是从双腿站立的双支撑状态开始，因此为了避免在人机外骨骼联合步态仿真时出现奇异状态，将人的腿部与外骨骼下肢的初始状态设定弯曲有一定的角度。这样就建立了人机外骨骼模型，如图 3-41 所示。

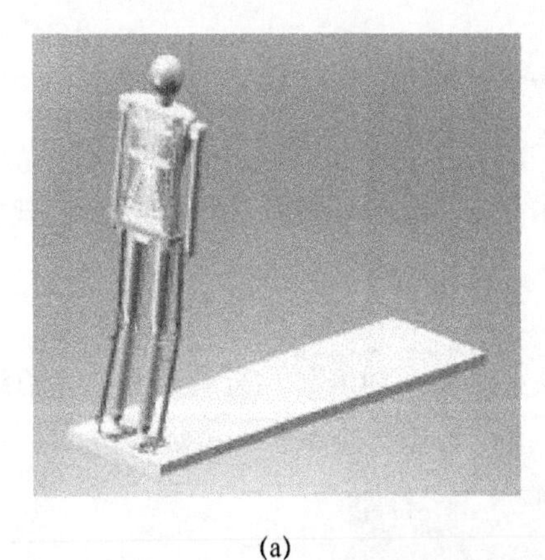

(a)

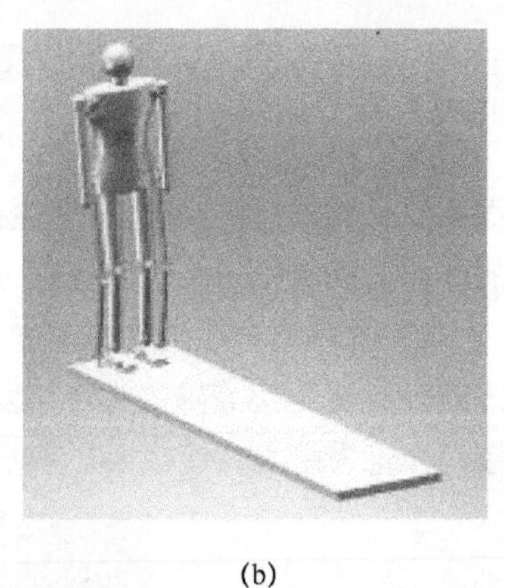

(b)

图 3-41 人机外骨骼模型

3. 人机外骨骼模型的联合仿真分析

在 ADAMS 中人机外骨骼模型的建立如图 3-42 所示。

设置外骨骼的质量密度与实际物理样机模型的质量密度基本相同，使之能够较真实地模拟真实人机外骨骼的行走。本章主要研究在外骨骼未加驱动的前提下，单纯依靠人所施加的力和力矩进行行走仿真，行走的步态规划与第 2 章所叙述的单独人体行走步态相同，如图 3-43 所示。

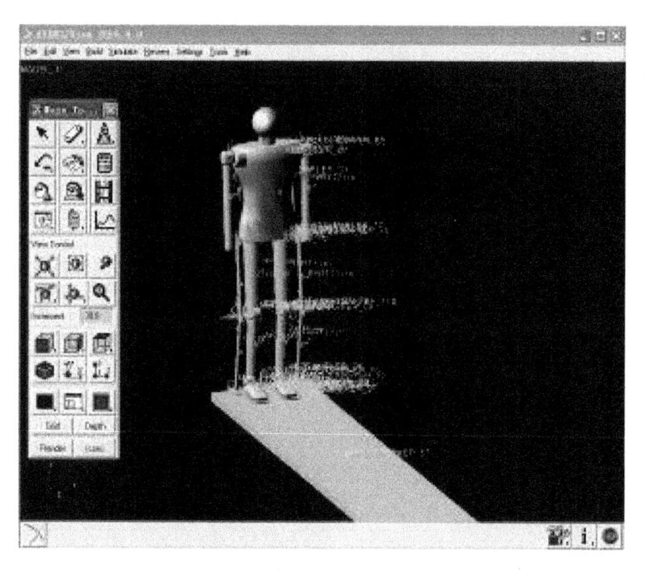

图 3-42　在 ADAMS 中建立的人机外骨骼模型

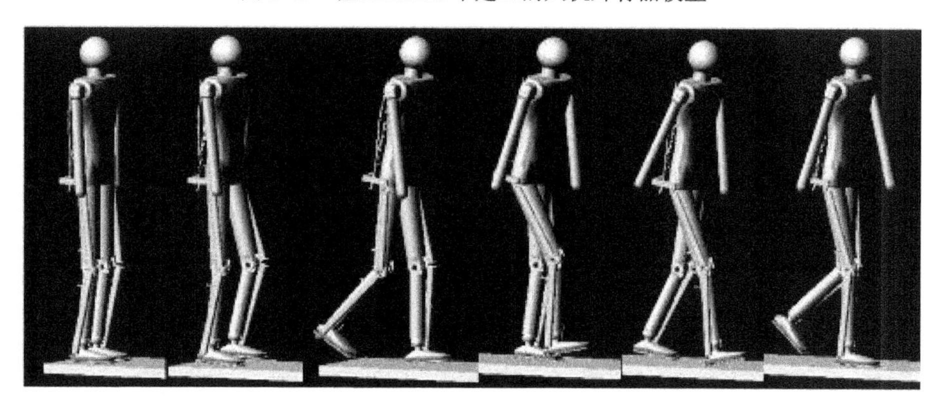

图 3-43　人机外骨骼模型的联合行走

仿真结束后进入后处理模块，人体及外骨骼的左髋关节、膝关节、踝关节的角度如图 3-44 和图 3-45 所示。

从图中可以看出外骨骼髋关节、膝关节、踝关节的角度曲线和人体的曲线形状基本相同，角度幅值有一些差异而且曲线并不平滑。分析其原因主要是，人体与外骨骼采用的是刚性连接，并没有加入柔性体；而且单纯是人体穿着外骨骼行走，相位和幅值会有些许不同；以及一些随机噪声影响到外骨骼跟踪的效果。但总体来看，人体与外骨骼的角度曲线相当接近，外骨骼已经较理想地跟踪了人体的运动轨迹。人穿戴外骨骼行走的角度曲线与人体单独无负荷行走角度曲线比较接近，说明外骨骼对人体的运动阻滞很小，人体与外骨骼得到了较好的匹配。证明了本书所选取的人体与外骨骼连接点的位置和方式的有效性与合理性，这样就为加入力矩驱动的外骨骼行走控制奠定了良好的基础。

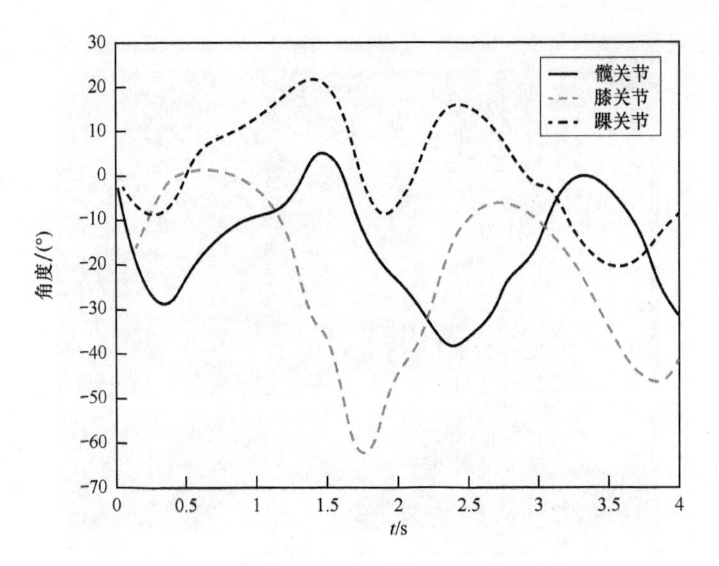

图 3-44　人体左髋关节、膝关节、踝关节角度

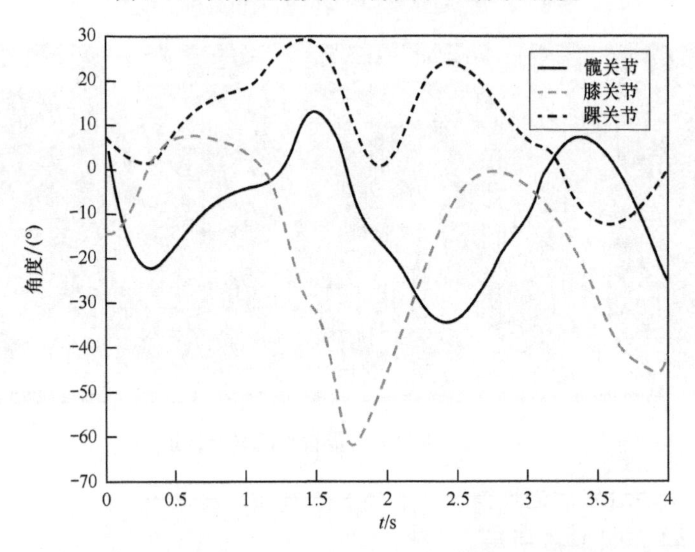

图 3-45　外骨骼左髋关节、膝关节、踝关节角度

3.6　SimMechanics 中虚拟样机模型的建立及仿真

SimMechanics 为 Matlab 环境下的一个用于机械系统工程设计和仿真的模块，采用 SimMechanics 进行虚拟样机建模，可充分运用其所处的 Matlab 环境具有的强大控制功能，以期保证研究初期的系统分析及控制。图 3-46 为在 SimMechanics 中建立的七连杆外骨骼的虚拟样机模型，模型的输入是各个关节力矩信号，输出包含各个关节角度信号、关节角速度信号和关节角加速度信号。图 3-47 为其可视化模型。

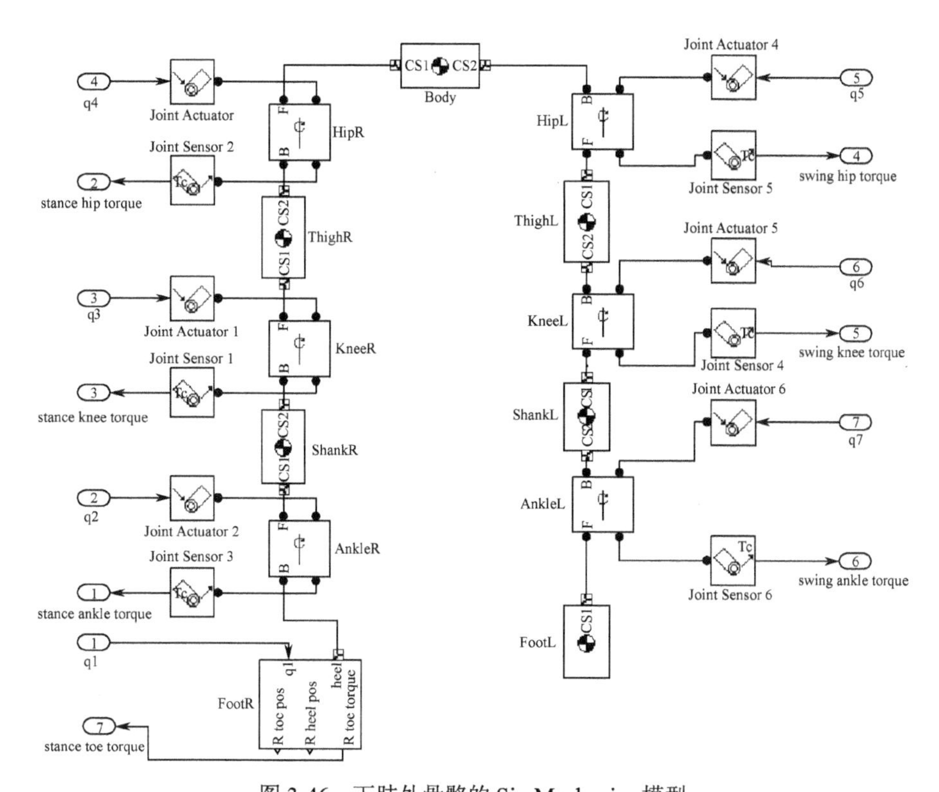

图 3-46　下肢外骨骼的 SimMechanics 模型

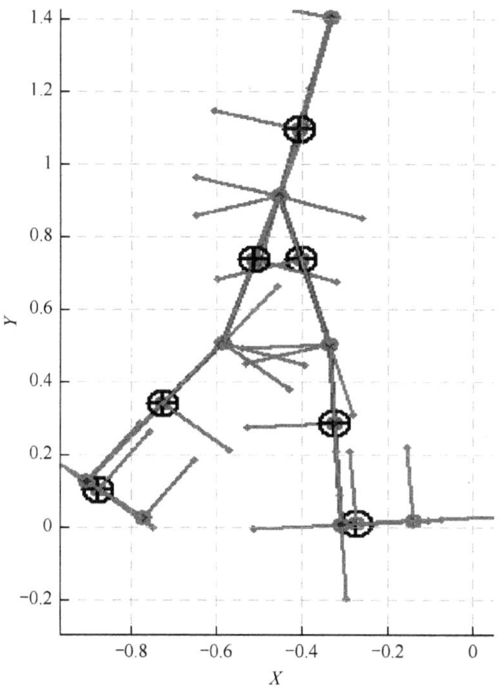

图 3-47　下肢外骨骼的 SimMechanics 可视化模型

3.7 小结

本章建立了下肢智能携行外骨骼系统的数学模型及虚拟样机模型：

（1）针对下肢智能携行外骨骼系统的特点，建立了运动学模型，采用 Lagrange 方法建立了动力学模型；

（2）运用 SolidWorks 软件设计出了下肢外骨骼的机械结构，在 ADAMS 建立了虚拟样机模型，基于零力矩点的稳定判别理论，对外骨骼的虚拟样机模型进行了仿真，验证了外骨骼虚拟样机模型的动态稳定行走性能；

（3）研究人体结构与运动特征，确定了人体与外骨骼的合理连接点，建立了人机外骨骼虚拟样机模型，并实现了人机外骨骼模型的联合行走，通过实验表明人机外骨骼模型得到了较好的匹配，为研究人机外骨骼系统的驱动控制提供了平台；

（4）在 Matlab 环境下的 SimMechanics 软件中建立了七连杆外骨骼的虚拟样机模型，可保证研究初期的系统分析及控制需求。

第4章　下肢智能携行外骨骼系统全过程运动控制

区别于传统机器人，人—外骨骼组成的智能携行系统属于典型的人机一体化系统，其控制系统的任务是使外骨骼和操作者之间协调同步运动，相互作用力尽量少，这些要求使得外骨骼携行系统的控制方案需要单独考虑。

人穿着外骨骼背负重物行走，外骨骼需要通过传感器等测量元件感知人体的运动，从而正确执行人的意图。由于人体是一个复杂的生物体，传感器测得的人体信号往往存在较大的误差。人机界面越复杂，对传感器的数量、精度和控制系统的智能特性要求越高。因此，在保证外骨骼准确快速地跟踪人的步态的前提下，人机界面的模拟应该尽量简单，以减少不确定性。

加州大学伯克利分校的 Kazerooni 教授提出了一种无需在人机之间安装复杂传感器的虚拟力矩控制方法，该方法通过测量骨骼服自身的状态信息，并利用系统的动态模型来估计骨骼服的驱动力，从而避开了复杂的人机交互界面，使得人机耦合不再成为控制系统考虑的重点。虚拟关节力矩控制律不需要系统中人机之间力的作用点和力矩作用点，这为骨骼服硬件设计提供了相当多的自由。

但上述方法的缺陷在于其严重依赖于系统的精确动态特性模型，如质量属性、重力属性等。而骨骼服的负载具有多变且易受到扰动等特点，需要不断调整控制参数，且参数的准确性难以保证，而负载的支撑主要靠支撑腿，因此，可将摆动腿及支撑腿分开进行考虑。对摆动腿来说，虽然其活动范围大，但是由于其附着在支撑腿上，它的动态模型并不受到负载变化的影响，因此可以采用虚拟力矩控制方法进行控制；而支撑腿活动范围小，并且因为需要支撑整个骨骼服及负载的重量需要大的力矩，因此可以采用位置控制方法进行控制，即只根据各关节的角度差进行跟踪控制，这种方法不需要系统的数学模型，受到负载变化的影响也较小。本章针对摆动腿和支撑腿分别设计不同的控制器，并进行仿真实验，以说明设计的控制器的有效性。

4.1　摆动阶段的虚拟关节力矩控制

虚拟关节力矩控制选择广义力矩矢量进行控制，控制律在机器的关节空间而不是应用于人体一点的一组力或力矩。这种方法不需要在人机之间安装任何的测量装置（例如力传感器），控制器仅仅通过安装在骨骼服上的测量装置来估计如何移动骨骼服以使操作者感受到的力最小。这种控制方法从未在其他机器人系统中使用过。对于骨骼服这种操作者和骨骼服之间的接触位置不固定并且很难预测的系统来说，这种控制方法能有效地控制骨骼服运动。

为了说明虚拟关节力矩控制方法的原理，以图 4-1 所示的 1 自由度系统为例进行说明。图 4-1 中，人在系统中（任何部位）共施加了 n 个力矩 $T'_{\mathrm{HM}j}$ 和 m 个力 $F_{\mathrm{HM}i}$，$T'_{\mathrm{HM}j}$ 表示人（Human）对机械外骨骼（Machine）施加的第 j 个力矩，$T'_{\mathrm{HM}j}$ 表示人对机械外骨骼施加的第 i 个力。而骨骼服的驱动关节为关节提供了一个力矩 T_{in}。骨骼服的角位置由 q 表示，J 表示机器的惯量。在不考虑摩擦和重力的情况下，骨骼服作用于人体的净力矩为

$$T_{\mathrm{MH}} = -\sum_{j=1}^{n} T'_{\mathrm{HM}j} - \sum_{i=1}^{n} \frac{\partial r_{\mathrm{HM}i}}{\partial q} F_{\mathrm{HM}i} \tag{4-1}$$

从骨骼服的运动方程可得到骨骼服对人的力矩估测：

$$T_{\mathrm{MH}} = T_{in} - J\ddot{q} \tag{4-2}$$

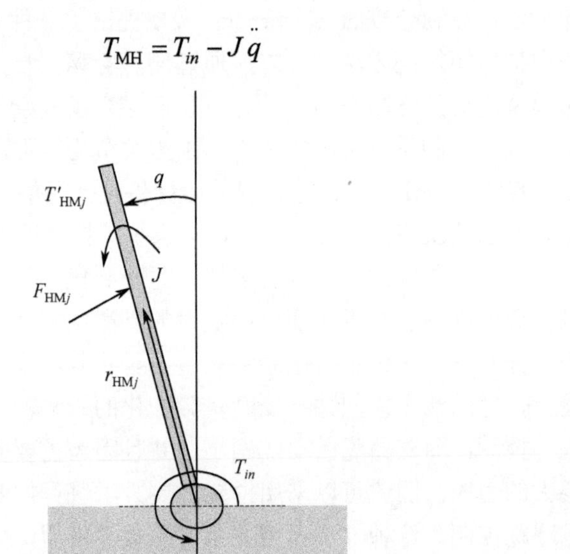

图 4-1　1 自由度旋转系统

文献[28]提出了带反馈的基于骨骼服动态模型的正模型和逆模型的虚拟力矩控制方法。研究表明，这种控制方法相对其他方法有很大的优越性。

图 4-2 给出了虚拟力矩控制方框图。图中，G_a 为被控对象，即骨骼服，G'_a 为骨骼服的逆模型，$K(s)$ 为控制器。

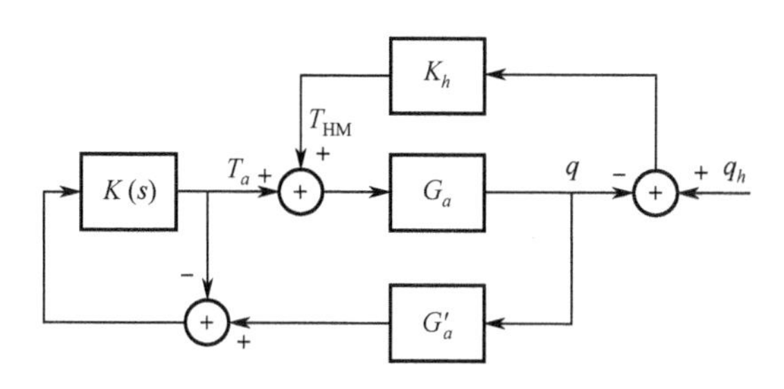

图 4-2 简化的虚拟力矩控制方框图

从图 4-2 可以看出，骨骼服运动时的各关节角输出 q ，通过动力学方程 G'_a（拉普拉斯方程）计算，可得到各关节应施加的力矩，将其与电动机的实际输出力矩 T_a 进行比较，得到虚拟的人机作用力，其作为控制器的输入，加入控制 $K(s)$ ，从而控制骨骼服运动，同时，人机之间若存在行走时的角度误差，即 $q \neq q_h$ ，那人机之间就存在相互作用力 T_{HM} ，其也会作为输入加在骨骼服上。纯粹的骨骼服对人的力矩可以认为是骨骼服和人之间角位置差所产生的结果，可以表示为

$$T_{\mathrm{HM}} = K_h(q - q_h) \tag{4-3}$$

式中： K_h 为不同的人机接触点的等效阻抗而不是实际阻抗。

人机作用力矩也可采用弹簧—阻尼模型，即

$$\boldsymbol{T}_{\mathrm{HM}} = \boldsymbol{K}_{p1}\boldsymbol{e} + \boldsymbol{K}_{d1}\dot{\boldsymbol{e}} \tag{4-4}$$

式中： $\boldsymbol{e} = \boldsymbol{q}_d - \boldsymbol{q}$ 。

从式（4-3）和式（4-4）可以看出，人机之间的力矩与骨骼服的位置息息相关，控制目标 $T_{\mathrm{HM}} \to 0$ 与跟踪目标 $q \to q_h$ 是一致的，因此，只要保证 q / q_h 的稳定就可以保证 T_{HM} / q_h 的稳定。

4.1.1 单自由度连杆的虚拟力矩控制实现

下面将以单自由度连杆为例，阐述虚拟力矩控制过程。如图 4-1 所示的单杆，可以表示具有一个旋转自由度的骨骼服。在不考虑重力和关节摩擦力的情况下，力矩 T 与关节角加速度 $\ddot{q}$ 的函数关系为

$$T = J\ddot{q} \tag{4-5}$$

等价的传递函数为

$$F = \frac{1}{JS^2}, 1/F = J'S^2 ， 1/F = J'S^2 \tag{4-6}$$

取$J=0.0534$，并且选择PD控制器为

$$k=k_p+k_d s \tag{4-7}$$

驱动器的动态性能一般可认为是一阶的惯性环节

$$G=\frac{b}{s+b} \tag{4-8}$$

式中：$b=100$。

仿真方框图如4-3所示。假设控制系统的输入也就是人的关节角度q_h为单位阶跃信号，图4-4、图4-5给出了仿真结果，图4-4为$k_p=0.1$、$K_h=2$、k_d=0.3时驱动器施加的力矩T_{act}以及人机力T_{HM}的值，下标act为驱动器，图4-5为输出角度q_m的值。

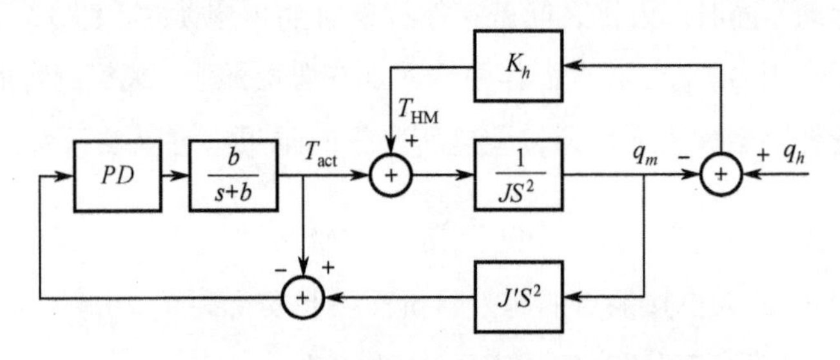

图4-3　自由度的骨骼服虚拟力矩控制

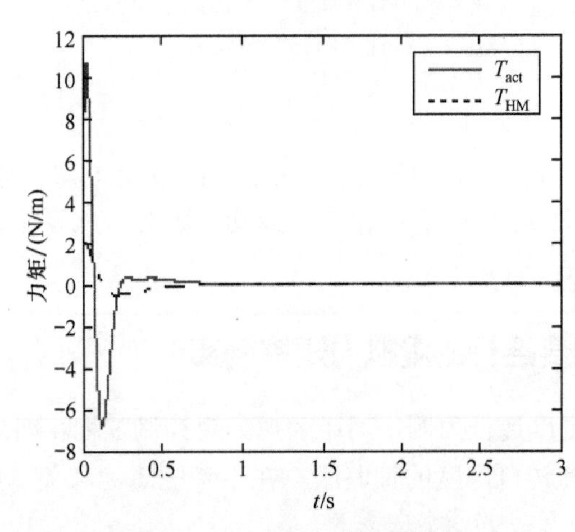

图4-4　T_{act}与T_{HM}的仿真结果

从上面的仿真中可以看出，在虚拟力矩控制方法中，人的关节角度运动q_m是整个系统的输入，通过适当调节PD的增益，得到的骨骼服的关节角度能够快速地跟踪人的运动，即人和骨骼服可以做到动作一致。从力矩上看，人机之间的力矩较小，主要力矩来自驱动器，这表明了人施加了较小的力矩，骨骼服就可以跟踪人的运动，人穿着骨骼服不会有明显的负重感。

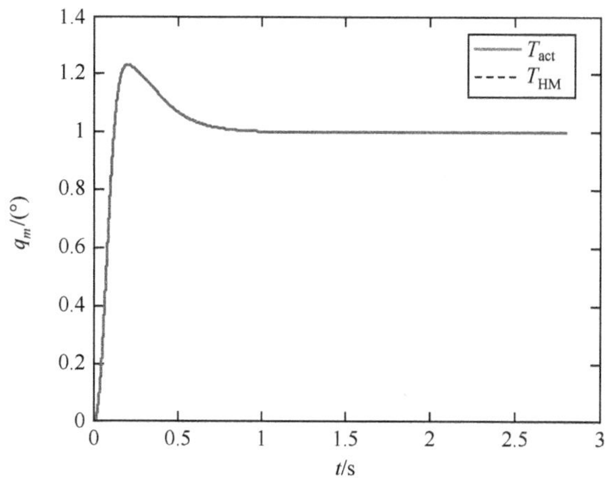

图 4-5 q_m 的输出值

若考虑重力的影响，可将式（4-5）改为

$$T = J\ddot{q} + K_m \sin q \tag{4-9}$$

则令驱动器施加的力矩 $T'_{act} = T_{act} + K_m \sin q$，此时控制系统与不考虑重力时的控制方法一致，因此，在设计控制器时，可暂时忽略重力的影响。

4.1.2 基于快速终端滑模的鲁棒控制器设计

图 4-3 中给出的控制方法严重依赖于系统的动态模型 G'_a，必须建立系统的精确数学模型，在实际过程中，这往往是比较困难的，如式（4-13）中 $\boldsymbol{J}$，$\boldsymbol{B}$，$\boldsymbol{G}$ 等参数均不易精确得到；文献[27]中的控制方法采用了简单的 PD 控制，这对于存在摩擦等非线性因素及模型不确定性等影响的骨骼服系统并不适用，须采用具有鲁棒性的非线性控制方法进行控制[80-85]。

滑模控制（Sliding Mode Control，SMC）方法主要形成于 20 世纪 70 年代，并在此之后得到迅速发展。由于滑模控制本身的优越性，成为解决非线性问题的有效手段，因此得到了广泛的应用[86-88]。近年来，快速终端滑模控制（Fast Terminal SMC，FTSMC）使系统状态在有限时间内收敛，突破了普通滑模控制在线性滑模面条件下状态渐近收敛的局限，系统的动态性能优于普通滑模控制，而且相对于线性滑模控制，快速终端滑模无切换项，可有效地消除抖动。

为了提高系统的性能，根据系统特性，采用 FTSMC 代替图 4-3 中的 PD 控制器，假设非线性控制器为 $F(e,\dot{e})$，则此时系统的控制结构如图 4-6 所示。

通过运用骨骼服系统动态方程的逆模型估算的骨骼服输入力矩以及测量的电动机输出力矩，可得到虚拟的人机作用力 T_{HM}，而 T_{HM} 的参考信号 T_{HM_ref} 为 0，设

控制系统的误差信号为e，则

$$e \approx T_{\mathrm{HM}} - T_{\mathrm{HM\_ref}} = T_{\mathrm{HM}} \tag{4-10}$$

系统有下式成立：

$$\boldsymbol{F}(\boldsymbol{e},\dot{\boldsymbol{e}}) + \boldsymbol{e} = \boldsymbol{J}(\boldsymbol{q})\ddot{\boldsymbol{q}} + \boldsymbol{B}(\boldsymbol{q},\dot{\boldsymbol{q}})\dot{\boldsymbol{q}} + \boldsymbol{G}(\boldsymbol{q}) + \tau_d \tag{4-11}$$

式中：τ_d为未建模误差和外界干扰，令$u = \boldsymbol{F}(\boldsymbol{e},\dot{\boldsymbol{e}})$，下面根据快速终端滑模鲁棒控制器设计思想进行控制器的设计。

令

$$u + \boldsymbol{e} = \dot{\boldsymbol{e}} + u_1 \tag{4-12}$$

则

$$\dot{\boldsymbol{e}} = \boldsymbol{J}(\boldsymbol{q})\ddot{\boldsymbol{q}} + \boldsymbol{B}(\boldsymbol{q},\dot{\boldsymbol{q}})\dot{\boldsymbol{q}} + \boldsymbol{G}(\boldsymbol{q}) + \tau_d - u_1 \tag{4-13}$$

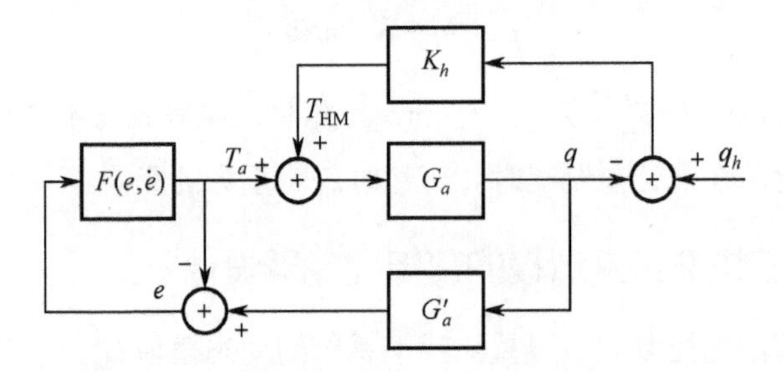

图 4-6　加入非线性控制器的骨骼服控制系统框图

根据 FTSMC 方法的设计思想，求取标称系统的控制量u。根据滑模控制降阶性质，选择滑模面为

$$\boldsymbol{s} = \boldsymbol{C}e \tag{4-14}$$

式中：$\boldsymbol{C} = \mathrm{diag}\{c_1, c_2, \cdots, c_n\}$，为书写方便，现作如下定义：

$$\boldsymbol{s}^{\gamma} = \left[\boldsymbol{s}_1^{\gamma}, \boldsymbol{s}_2^{\gamma}, \cdots, \boldsymbol{s}_n^{\gamma}\right]^{\mathrm{T}}, |\boldsymbol{s}| = \left[|\boldsymbol{s}_1|, |\boldsymbol{s}_2|, \cdots, |\boldsymbol{s}_n|\right]^{\mathrm{T}} \tag{4-15}$$

$$\hat{\varphi}\mathrm{sign}(\boldsymbol{s}) = \left[\hat{\varphi}_1\mathrm{sign}(\boldsymbol{s}_1) \quad \hat{\varphi}_2\mathrm{sign}(\boldsymbol{s}_2) \quad \cdots \quad \hat{\varphi}_n\mathrm{sign}(\boldsymbol{s}_n)\right]^{\mathrm{T}} \tag{4-16}$$

式中：$\hat{\varphi}_i, \boldsymbol{s}_i, i = 1, 2, \cdots, n$分别为向量$\hat{\varphi}, \boldsymbol{s}$的第$i$个分量。

设计全局快速终端趋近律为

$$\dot{\boldsymbol{s}} = -\boldsymbol{K}_1\boldsymbol{s} - \boldsymbol{K}_2\boldsymbol{s}^{\gamma_1} \tag{4-17}$$

式中：$0<\gamma_1=q/p<1$，p,q 为正奇数；$\boldsymbol{K}_1=\mathrm{diag}\{\boldsymbol{k}_{11},\boldsymbol{k}_{12},\cdots,\boldsymbol{k}_{1n}\}>0$；$\boldsymbol{s}^{\gamma_1}=\left[\boldsymbol{s}_1^{\gamma_1},\boldsymbol{s}_2^{\gamma_1},\cdots,\boldsymbol{s}_n^{\gamma_1}\right]^{\mathrm{T}}$；$\boldsymbol{K}_2=\mathrm{diag}\{\boldsymbol{k}_{21},\boldsymbol{k}_{22},\cdots,\boldsymbol{k}_{2n}\}>0$。

根据式（4-13）、式（4-14）、式（4-17）可得

$$\boldsymbol{C}[\boldsymbol{J}(\boldsymbol{q})\ddot{\boldsymbol{q}}+\boldsymbol{B}(\boldsymbol{q},\dot{\boldsymbol{q}})\dot{\boldsymbol{q}}+\boldsymbol{G}(\boldsymbol{q})-\boldsymbol{u}_1]=-\boldsymbol{K}_1\boldsymbol{s}-\boldsymbol{K}_2\boldsymbol{s}^{\gamma_1} \tag{4-18}$$

定理 1 系统（4-12）在无建模误差与外界干扰的情况下，即系统为标称系统的情况下，其快速终端滑模的控制律为

$$\boldsymbol{u}_1=\boldsymbol{J}(\boldsymbol{q})\ddot{\boldsymbol{q}}+\boldsymbol{B}(\boldsymbol{q},\dot{\boldsymbol{q}})\dot{\boldsymbol{q}}+\boldsymbol{G}(\boldsymbol{q})+\boldsymbol{C}^{-1}(\boldsymbol{K}_1\boldsymbol{s}+\boldsymbol{K}_2\boldsymbol{s}^{\gamma_1}) \tag{4-19}$$

由此得到原系统（4-11）为标称系统的情况下，其快速终端滑模的控制律为

$$\boldsymbol{u}=\dot{\boldsymbol{e}}-\boldsymbol{e}+\boldsymbol{J}(\boldsymbol{q})\ddot{\boldsymbol{q}}+\boldsymbol{B}(\boldsymbol{q},\dot{\boldsymbol{q}})\dot{\boldsymbol{q}}+\boldsymbol{G}(\boldsymbol{q})+\boldsymbol{C}^{-1}(\boldsymbol{K}_1\boldsymbol{s}+\boldsymbol{K}_2\boldsymbol{s}^{\gamma_1}) \tag{4-20}$$

然而实际系统中建模误差与外部干扰是无法避免的，即 τ_d 是不可能为零的，因此需要设计具有强鲁棒性的快速滑模控制器。

下面来考虑当 τ_d 有界时，即 $\boldsymbol{\tau}_d$ 满足

$$\|\boldsymbol{\tau}_d\|\leqslant \boldsymbol{l} \tag{4-21}$$

时，针对 τ_d 满足式（4-21）的情况来设计具有鲁棒性的快速滑模控制器。

定理 2 式（4-11）在满足式（4-21）的条件下，并在控制律式（4-22）的作用下，系统的跟踪误差在有限时间内收敛到平衡状态。

$$\boldsymbol{u}=\dot{\boldsymbol{e}}-\boldsymbol{e}+\boldsymbol{J}(\boldsymbol{q})\ddot{\boldsymbol{q}}+\boldsymbol{B}(\boldsymbol{q},\dot{\boldsymbol{q}})\dot{\boldsymbol{q}}+\boldsymbol{G}(\boldsymbol{q})+\boldsymbol{C}^{-1}(\boldsymbol{K}_1\boldsymbol{s}+\bar{\boldsymbol{K}}_2\boldsymbol{s}^{\gamma_1}) \tag{4-22}$$

式中：$\bar{\boldsymbol{K}}_2=\boldsymbol{K}_2+\dfrac{\|\boldsymbol{C}\|}{\|\boldsymbol{s}^{\gamma_1}\|}l\boldsymbol{I}_n$，$\boldsymbol{I}_n$ 为单位阵，其他参数含义同式（4-17）。

证明：根据式（4-13）、式（4-17）得

$$\dot{\boldsymbol{s}}=\boldsymbol{C}\dot{\boldsymbol{e}}=\boldsymbol{C}(\boldsymbol{J}(\boldsymbol{q})\ddot{\boldsymbol{q}}+\boldsymbol{B}(\boldsymbol{q},\dot{\boldsymbol{q}})\dot{\boldsymbol{q}}+\boldsymbol{G}(\boldsymbol{q})+\boldsymbol{\tau}_d-\boldsymbol{u}_1) \tag{4-23}$$

根据式（4-12），将控制律式（4-22）代入式（4-23）得

$$\dot{\boldsymbol{s}}=\boldsymbol{C}\dot{\boldsymbol{e}}=-\boldsymbol{K}_1\boldsymbol{s}-\bar{\boldsymbol{K}}_2\boldsymbol{s}^{\gamma_1}+\boldsymbol{C}\boldsymbol{\tau}_d \tag{4-24}$$

定义如下的李雅普诺夫函数

$$\boldsymbol{V}=\frac{1}{2}\boldsymbol{s}^{\mathrm{T}}\boldsymbol{s} \tag{4-25}$$

显然式（4-25）是正定的。将式（4-25）的两边对时间 t 求导，得

$$\dot{\boldsymbol{V}}=\boldsymbol{s}^{\mathrm{T}}\dot{\boldsymbol{s}} \tag{4-26}$$

考虑到式（4-24），则式（4-26）可以改写为

$$\dot{\boldsymbol{V}}=\boldsymbol{s}^{\mathrm{T}}\left(-\boldsymbol{K}_1\boldsymbol{s}-\bar{\boldsymbol{K}}_2\boldsymbol{s}^{\gamma_1}+\boldsymbol{C}\boldsymbol{\tau}_d\right)=-\boldsymbol{s}^{\mathrm{T}}\boldsymbol{K}_1\boldsymbol{s}-\boldsymbol{s}^{\mathrm{T}}\left(\boldsymbol{K}_2+\frac{\|\boldsymbol{C}\|}{\|\boldsymbol{s}^{\gamma_1}\|}\boldsymbol{l}\boldsymbol{I}_n\right)\boldsymbol{s}^{\gamma_1}+\boldsymbol{s}^{\mathrm{T}}\boldsymbol{C}\boldsymbol{\tau}_d \tag{4-27}$$

若再考虑到

$$\boldsymbol{s}^{\mathrm{T}}\frac{\|\boldsymbol{C}\|}{\|\boldsymbol{s}^{\gamma_1}\|}l\boldsymbol{I}_n\boldsymbol{s}^{\gamma_1}=\frac{\|\boldsymbol{C}\|}{\|\boldsymbol{s}^{\gamma_1}\|}l\sum_{i=1}^{n}\boldsymbol{s}_i^{1+\gamma_1}=\frac{\|\boldsymbol{C}\|}{\|\boldsymbol{s}^{\gamma_1}\|}l\sum_{i=1}^{n}\boldsymbol{s}_i^{(p+q)/p} \tag{4-28}$$

因为 p,q 为正奇数，所以 $\boldsymbol{s}_i^{(p+q)/p}=|\boldsymbol{s}_i|^{(p+q)/p}\geqslant 0$，再考虑到范数之间的关系有

$$\frac{1}{\|\boldsymbol{s}^{\gamma_1}\|}\sum_{i=1}^{n}\boldsymbol{s}_i^{(p+q)/p}\geqslant\frac{1}{\|\boldsymbol{s}^{\gamma_1}\|}\|\boldsymbol{s}^{\gamma_1}\|\|\boldsymbol{s}\|=\|\boldsymbol{s}\| \tag{4-29}$$

因此，式（4-27）满足

$$\begin{aligned}\dot{\boldsymbol{V}}&\leqslant-\boldsymbol{s}^{\mathrm{T}}\boldsymbol{K}_1\boldsymbol{s}-\boldsymbol{s}^{\mathrm{T}}\boldsymbol{K}_2\boldsymbol{s}^{\gamma_1}-\|\boldsymbol{s}\|\|\boldsymbol{C}\|\boldsymbol{l}+\|\boldsymbol{s}\|\|\boldsymbol{C}\|\|\boldsymbol{\tau}_d\|\\&\leqslant-\boldsymbol{s}^{\mathrm{T}}\boldsymbol{K}_1\boldsymbol{s}-\boldsymbol{s}^{\mathrm{T}}\boldsymbol{K}_2\boldsymbol{s}^{\gamma_1}-\|\boldsymbol{s}\|\|\boldsymbol{C}\|\left(\boldsymbol{l}-\boldsymbol{\tau}_d\right)\end{aligned} \tag{4-30}$$

再根据式（4-21），式（4-30）可以写为

$$\dot{\boldsymbol{V}}\leqslant-\boldsymbol{s}^{\mathrm{T}}\boldsymbol{K}_1\boldsymbol{s}-\boldsymbol{s}^{\mathrm{T}}\boldsymbol{K}_2\boldsymbol{s}^{\gamma_1} \tag{4-31}$$

显然，式（4-31）满足

$$\dot{\boldsymbol{V}}\leqslant 0,\ \boldsymbol{s}\neq 0 \tag{4-32}$$

即 $\dot{\boldsymbol{V}}$ 是负定的，而 $\boldsymbol{V}$ 是正定的，根据李雅普诺夫稳定性理论知，系统是稳定的。

由式（4-24）得

$$\dot{\boldsymbol{s}}=\boldsymbol{C}\dot{\boldsymbol{e}}=-\boldsymbol{K}_1\boldsymbol{s}-\bar{\boldsymbol{K}}_2\boldsymbol{s}^{\gamma_1}+\boldsymbol{C}\boldsymbol{\tau}_d=-\boldsymbol{K}_1\boldsymbol{s}-\left(\boldsymbol{K}_2+\frac{\|\boldsymbol{C}\|}{\|\boldsymbol{s}^{\gamma_1}\|}\boldsymbol{l}\boldsymbol{I}_n\right)\boldsymbol{s}^{\gamma_1}+\frac{\boldsymbol{C}\boldsymbol{\tau}_d}{\boldsymbol{s}^{\gamma_1}}\boldsymbol{s}^{\gamma_1} \tag{4-33}$$

由于

$$\left(\frac{\|\boldsymbol{C}\|}{\|\boldsymbol{s}^{\gamma_1}\|}\boldsymbol{l}\boldsymbol{I}_n-\frac{\boldsymbol{C}\boldsymbol{\tau}_d}{\boldsymbol{s}^{\gamma_1}}\right)>\left(\frac{\|\boldsymbol{C}\|}{\|\boldsymbol{s}^{\gamma_1}\|}\boldsymbol{l}\boldsymbol{I}_n-\frac{\|\boldsymbol{C}\|}{\|\boldsymbol{s}^{\gamma_1}\|}\|\boldsymbol{\tau}_d\|\boldsymbol{I}_n\right) \tag{4-34}$$

则由式（4-21），可得

$$\left(\frac{\|\boldsymbol{C}\|}{\|\boldsymbol{s}^{\gamma_1}\|}\boldsymbol{u}_n-\frac{\boldsymbol{C}\tau_d}{\boldsymbol{s}^{\gamma_1}}\right)>0 \tag{4-35}$$

令

$$\boldsymbol{K}_2' = \boldsymbol{K}_2+\left(\frac{\|\boldsymbol{C}\|}{\|\boldsymbol{s}^{\gamma_1}\|}\boldsymbol{u}_n-\frac{\boldsymbol{C}\tau_d}{\boldsymbol{s}^{\gamma_1}}\right) \tag{4-36}$$

则 $\boldsymbol{K}_2'>\boldsymbol{K}_2$，且

$$\dot{\boldsymbol{s}}=-\boldsymbol{K}_1\boldsymbol{s}-\boldsymbol{K}_2' \tag{4-37}$$

故收敛时间为

$$\boldsymbol{t}_i=\frac{\boldsymbol{p}}{\boldsymbol{K}_{1i}(\boldsymbol{p}-\boldsymbol{q})}\ln\frac{\boldsymbol{K}_{1i}\boldsymbol{s}_i(0)^{(p-q)/p}+\boldsymbol{K}_{2i}'}{\boldsymbol{K}_{2i}'} \tag{4-38}$$

由于 $\boldsymbol{K}_{2i}'>\boldsymbol{K}_{2i}$，因此

$$\boldsymbol{t}_i\leqslant\frac{\boldsymbol{p}}{\boldsymbol{K}_{1i}(\boldsymbol{p}-\boldsymbol{q})}\ln\frac{\boldsymbol{K}_{1i}\boldsymbol{s}_i(0)^{(p-q)/p}+\boldsymbol{K}_{2i}}{\boldsymbol{K}_{2i}} \tag{4-39}$$

因此，在控制律式（4-22）的作用下，系统的跟踪误差将在有限时间内收敛到零。

4.1.3 基于神经网络的骨骼服动态模型辨识

多层前馈神经网络能够以任意精度逼近任意非线性映射，为复杂系统的建模带来了一种新的、非传统的表达工具[89]。采用神经网络来建立系统的动态模型只需知道反映系统特征的输入和输出数据，经过训练得到具有一定泛化能力的网络来代替系统的数学模型，简化了模型的建立过程。对骨骼服系统动态模型 G_a' 的建模，完全可以根据骨骼服的虚拟样机模型的输入和输出数据来完成，从而避免对这一非线性、强耦合系统的复杂建模过程。

采用三层 BP 神经网络对逆模型进行逼近，隐层节点数为 21[90-92]。图 4-7 及图 4-8 给出了在所有网络输出值与训练数据误差平方和为 0.005 情况下，训练数据的目标力矩数据与神经网络输出的力矩数据以及测试数据的目标数据与神经网络输出的力矩数据曲线。可以看出，神经网络能精确地逼近系统的动态模型，并且其非线性映射较强。

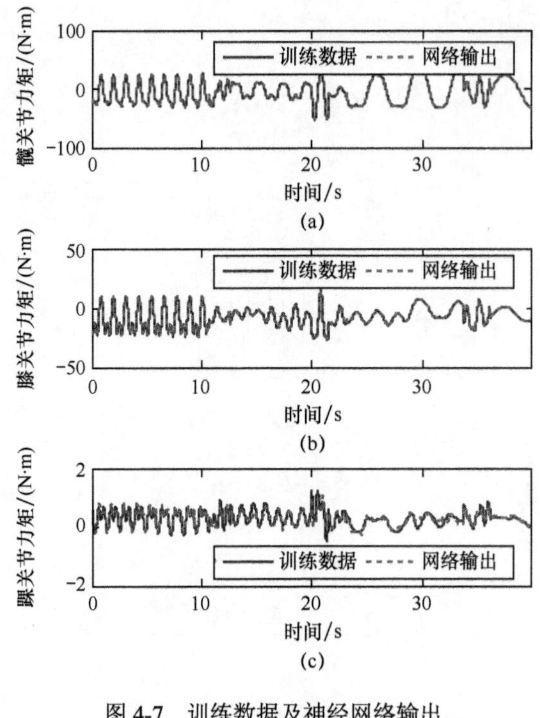

图 4-7　训练数据及神经网络输出

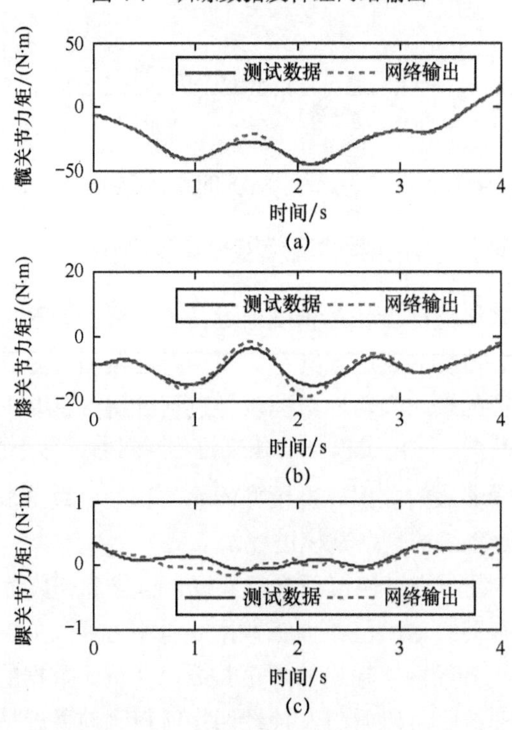

图 4-8　测试数据及神经网络输出

4.1.4 外骨骼服的虚拟力矩控制的实现

人机交互模型主要描述骨骼服跟踪人体运动时，人施加于骨骼服的力矩与跟踪误差之间的关系。它是人与骨骼服相互作用的数学描述，仅用于仿真，在实际系统中由人施加这个力矩。为了体现人的智能性，在此采用骨骼服运动的逆模型来描述人机之间的交互作用。模型的参数采用 Winter D. A.的人体参数[79]，仿真时利用医学步态分析（CGA）数据作为期望的人体运动信号[72]，并且仅取摆动腿的数据。由于 CGA 数据的步长较大，数据量不足，可以通过插值的方法得到其他的数据。模型输入为期望的运动轨迹与骨骼服输入运动轨迹之差，模型的输出为人作用在骨骼服上的力矩。

式（4-11）为标称系统的情况下，按照式（4-20）加入 Terminal 滑模控制器，为了克服微分对误差的放大作用，加入了滤波器环节。为了分析系统的抗干扰能力，对参数加入摄动，按照 4.1.2 节设计的鲁棒控制器加入 Terminal 滑模控制，其中，取 $\boldsymbol{K}_1=[10,10,10]^{\mathrm{T}}$，$\boldsymbol{K}_2=[4,4,4]^{\mathrm{T}}$，$C=[25,25,25]^{\mathrm{T}}$，$l$=100，$q=3$，$p=5$，图 4-9～图 4-14 分别给出了正常情况下及骨骼服质量参数均减少、增加 20%时，骨骼服跟踪人体的角度输出曲线及人和骨骼服所施加的力矩。从图中可以看出，骨骼服能够良好地跟踪人体的运动轨迹，人机作用力比较小，在运动过程中人只需要提供一定的启动力矩，运动起来以后，绝大多数力矩由驱动器来提供，系统的鲁棒性比较好。

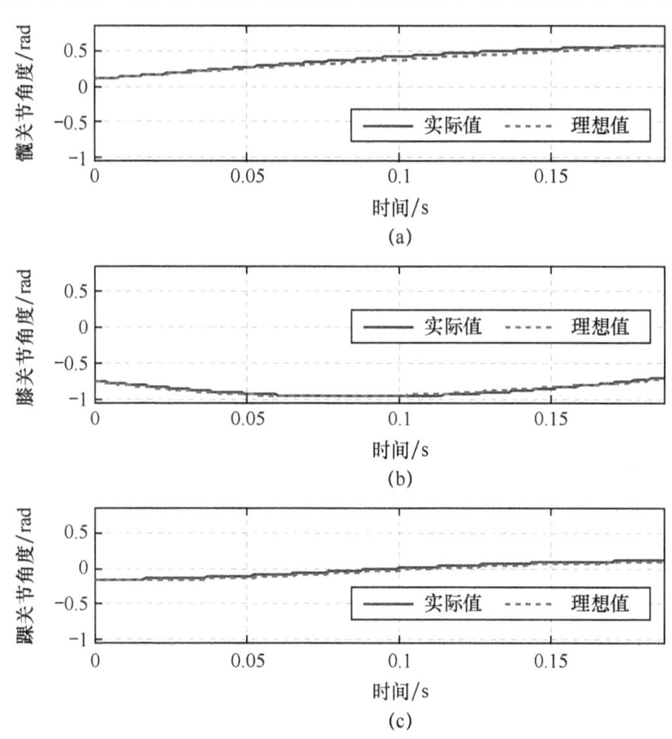

图 4-9 正常情况下的关节角度跟踪曲线

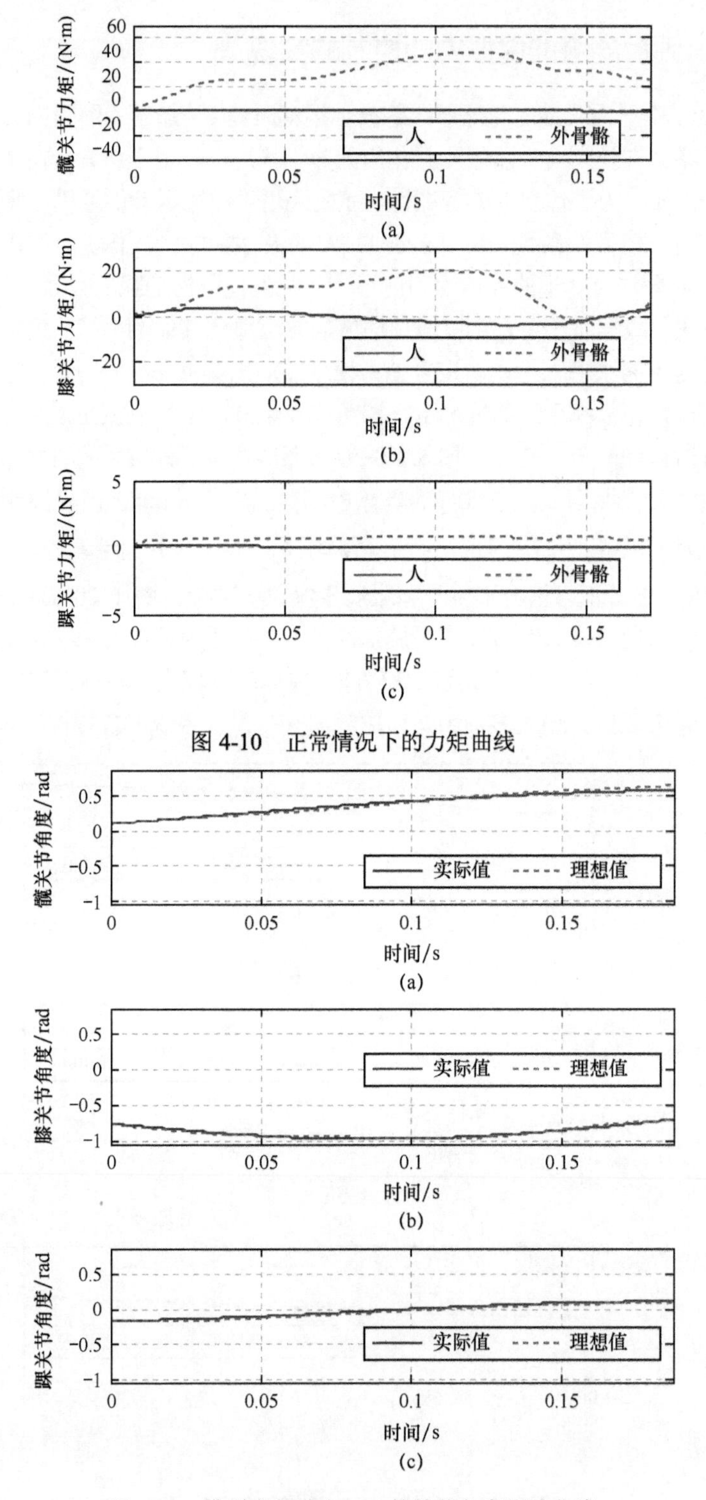

图 4-10　正常情况下的力矩曲线

图 4-11　模型参数减少 20%的关节角度跟踪曲线

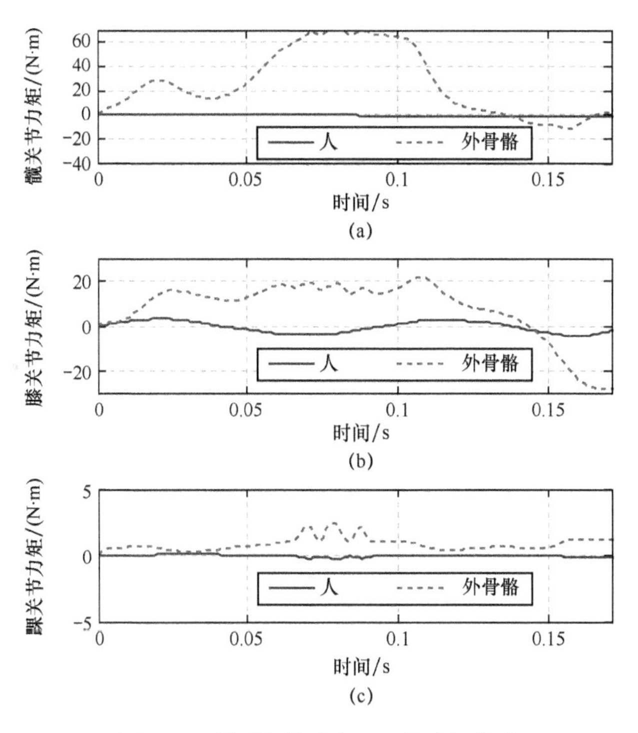

图 4-12　模型参数减少 20%的力矩曲线

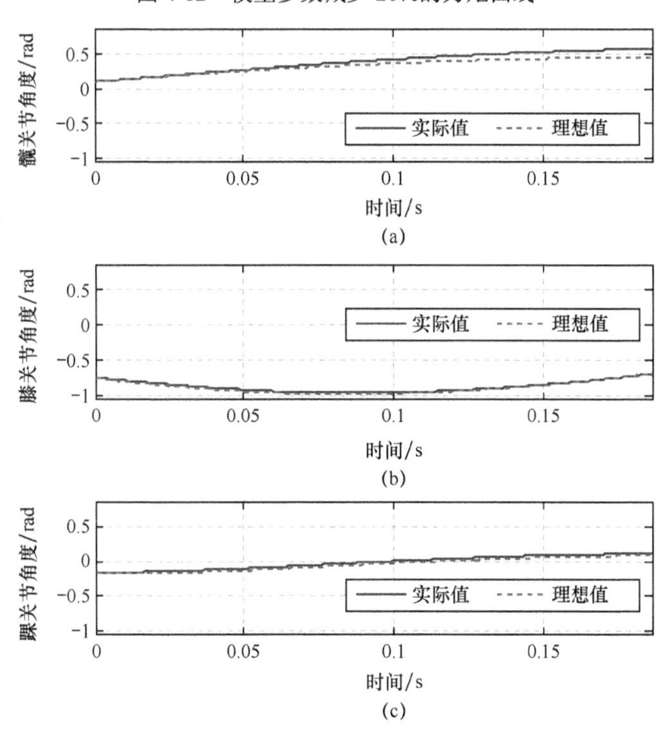

图 4-13　模型参数增加 20%的关节角度跟踪曲线

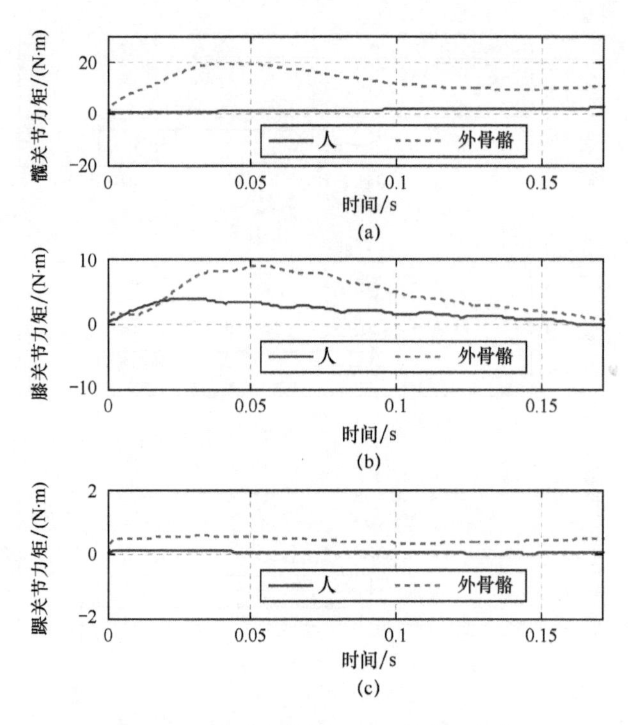

图 4-14　模型参数增加 20%的力矩曲线

4.2　支撑阶段控制的位置控制

支撑阶段是行走过程中一个非常重要的阶段，它促使整个骨骼服和人的重心前移，是运动形成的基础。当骨骼服处于单支撑状态时，支撑腿要承受上肢的全部重量，当骨骼服处于双支撑状态时，支撑腿承受一部分的上肢力量，文献[28]对负荷在两条下肢的分配进行了研究。支撑腿还与地面发生相互作用，因此，支撑阶段的数学模型与摆动腿的数学模型相比具有很大的复杂性和非线性，并且模型的不确定较大，控制起来比较困难。

为了抑制系统模型不确定性带来的控制困难，需要寻找新的控制方法。人们在处理多维非线性系统时，位置控制是一种常用的控制方法。位置控制对系统模型的精确度要求较低，可以通过反复的实验来获得较为满意的控制参数。这种方法不需要求解系统的逆模型，大大减小了计算量，非常利于实时控制。

4.2.1　支撑阶段位置控制

为了说明位置控制原理，先采用 1 自由度进行说明，如图 4-15 所示。从图中可以看到骨骼服与人的下肢的耦合情况，骨骼服可以看成一个围绕踝关节旋转的刚体。驱动器提供的力矩为T_{act}，人机作用力矩为d。在某个时刻人的关节角度为q_h，骨骼

服的关节角度为 q_{exo}。控制器的目标是使骨骼服的角度输出 q_{exo} 与人的关节角度 q_h 保持一致，较小的角度误差意味着较小的人机作用力，也就是操作者感受到的人机作用力，在控制器的作用下人只要施加很小的力就可以操纵骨骼服跟踪人的运动。

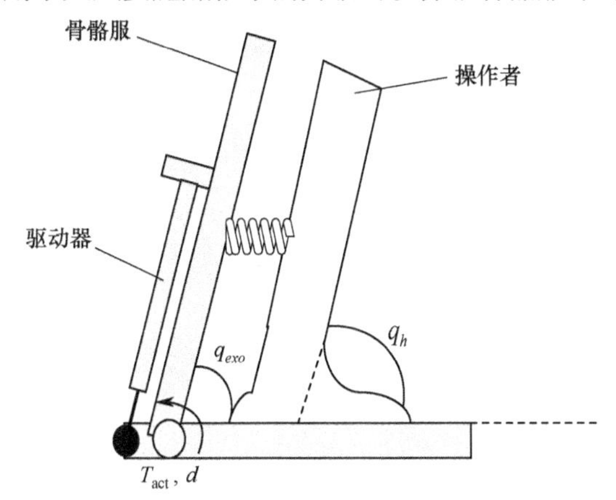

图 4-15　支撑阶段人机耦合示意图

图 4-16 是支撑腿的示意图，其中，L_t, L_s, L_{Gub} 分别表示大腿的长度、小腿的长度以及髋关节到上肢重心之间的距离。q_1, q_2, q_3 表示关节角度。

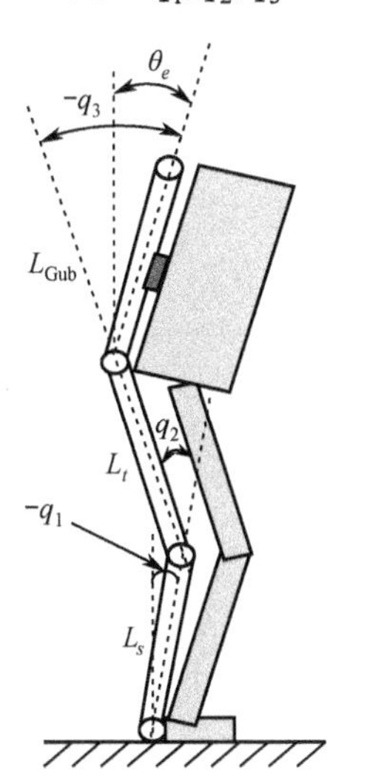

图 4-16　骨骼服支撑腿示意图

骨骼服支撑阶段的动力学模型为

$$\boldsymbol{J}(\boldsymbol{q})\ddot{\boldsymbol{q}} + \boldsymbol{B}(\boldsymbol{q},\dot{\boldsymbol{q}})\dot{\boldsymbol{q}} + \boldsymbol{G}(\boldsymbol{q}) = \boldsymbol{T}_{act} + \boldsymbol{T}_{HM} \tag{4-40}$$

式中：$\boldsymbol{q} = [q_1, q_2, q_3]^{\mathrm{T}}$ 为三个关节角度；$\boldsymbol{J}(\boldsymbol{q})$ 为惯性矩阵；$\boldsymbol{B}(\boldsymbol{q},\dot{\boldsymbol{q}})$ 为 Coriolis 项；$\boldsymbol{G}(\boldsymbol{q})$ 为重力项；$\boldsymbol{T}_{act}$ 为驱动器施加的力矩；$\boldsymbol{T}_{HM}$ 为人机力矩，即操作者施加的力矩。

人机作用力矩和人的关节角度与下肢骨骼服的关节角度有关，并且也和使用者的身体状态有关。采用最常用的弹簧—阻尼模型，即

$$\boldsymbol{T}_{\mathrm{HM}}=\boldsymbol{K}_f\boldsymbol{e}+\boldsymbol{K}_v\dot{\boldsymbol{e}} \tag{4-41}$$

式中：$\boldsymbol{e}=\boldsymbol{q}_d-\boldsymbol{q}$。

设计重力补偿控制器为

$$\boldsymbol{T}_{\mathrm{act}}=\boldsymbol{K}_p(\boldsymbol{q}_d-\boldsymbol{q})+\boldsymbol{K}_d(\dot{\boldsymbol{q}}_d-\dot{\boldsymbol{q}})+\boldsymbol{G}(\boldsymbol{q}) \tag{4-42}$$

这时的控制系统框图如图 4-17 所示。

采用定点控制时 $\ddot{\boldsymbol{q}}_d=\dot{\boldsymbol{q}}_d=0$，将式（4-41）、式（4-42）带入式（4-40）得

$$\begin{aligned}\boldsymbol{J}(\boldsymbol{q})(\ddot{\boldsymbol{q}}_d-\ddot{\boldsymbol{q}})+\boldsymbol{B}(\boldsymbol{q},\dot{\boldsymbol{q}})(\dot{\boldsymbol{q}}_d-\dot{\boldsymbol{q}})&=(\boldsymbol{K}_f+\boldsymbol{K}_p)(\boldsymbol{q}_d-\boldsymbol{q})+(\boldsymbol{K}_v+\boldsymbol{K}_d)(\dot{\boldsymbol{q}}_d-\dot{\boldsymbol{q}})\\&=\boldsymbol{K}'_p(\boldsymbol{q}_d-\boldsymbol{q})+\boldsymbol{K}'_d(\dot{\boldsymbol{q}}_d-\dot{\boldsymbol{q}})\end{aligned} \tag{4-43}$$

取李雅普诺夫函数为

$$V=\frac{1}{2}\dot{\boldsymbol{e}}^{\mathrm{T}}H\dot{\boldsymbol{e}}+\frac{1}{2}\boldsymbol{e}^{\mathrm{T}}K'_p\boldsymbol{e} \tag{4-44}$$

由于 $H(q)$ 和 K'_p 的正定性可知，V 是全局正定的，则

$$\dot{V}=\dot{\boldsymbol{e}}^{\mathrm{T}}H\ddot{\boldsymbol{e}}+0.5\dot{\boldsymbol{e}}^{\mathrm{T}}\dot{H}\dot{\boldsymbol{e}}+\dot{\boldsymbol{e}}^{\mathrm{T}}K'_p\dot{\boldsymbol{e}} \tag{4-45}$$

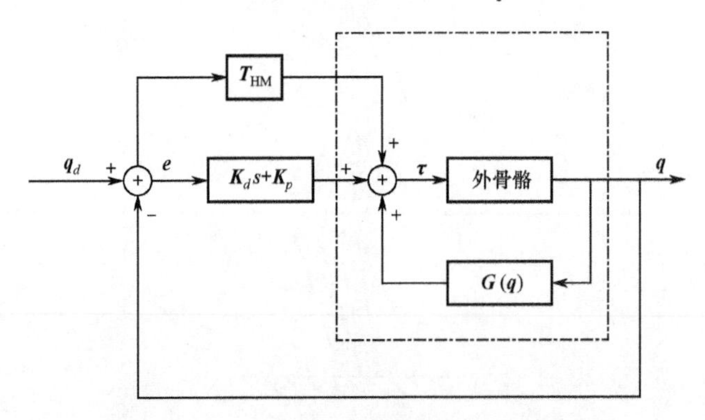

图 4-17　支撑阶段骨骼服位置控制方框图

利用 $\dot{H}-2C$ 的反对称性知 $\dot{\boldsymbol{e}}^{\mathrm{T}}\dot{\boldsymbol{H}}\dot{\boldsymbol{e}}=2\dot{\boldsymbol{e}}^{\mathrm{T}}\boldsymbol{C}\dot{\boldsymbol{e}}$，用此沿系统（4-43）的轨迹，$\dot{\boldsymbol{V}}$ 可写为

$$\dot{\boldsymbol{V}}=\dot{\boldsymbol{e}}^{\mathrm{T}}(\boldsymbol{H}\ddot{\boldsymbol{e}}+\boldsymbol{C}\dot{\boldsymbol{e}}+\boldsymbol{K}'_p)\boldsymbol{e}=-\dot{\boldsymbol{e}}^{\mathrm{T}}\boldsymbol{K}'_d\dot{\boldsymbol{e}}\leqslant 0 \tag{4-46}$$

由李雅普诺夫判据可知系统是稳定的。当 $\boldsymbol{q}\to\boldsymbol{q}_d$，有 $\boldsymbol{T}_{\mathrm{HM}}\to 0$，也就是人只要施加很小的力矩就能够操纵骨骼服的运动。

4.2.2 基于固定重力补偿的位置控制

式（4-42）中的重力补偿控制器为实时补偿，固然在考虑重力影响时仍能实现稳定的定点控制，但由于需要在线计算重力补偿项$\boldsymbol{G}(\boldsymbol{q})$，因此加重了实时计算的负担。

考虑对系统（4-40）加入 PD 控制，则

$$\begin{aligned}&\boldsymbol{J}(\boldsymbol{q})(\ddot{\boldsymbol{q}}_d-\ddot{\boldsymbol{q}})+\boldsymbol{B}(\boldsymbol{q},\dot{\boldsymbol{q}})(\dot{\boldsymbol{q}}_d-\dot{\boldsymbol{q}})+\boldsymbol{G}(\boldsymbol{q})\\&=(\boldsymbol{K}_{p1}+\boldsymbol{K}_p)(\boldsymbol{q}_d-\boldsymbol{q})+(\boldsymbol{K}_{d1}+\boldsymbol{K}_d)(\dot{\boldsymbol{q}}_d-\dot{\boldsymbol{q}})\\&=\boldsymbol{K}_p'(\boldsymbol{q}_d-\boldsymbol{q})+\boldsymbol{K}_d'(\dot{\boldsymbol{q}}_d-\dot{\boldsymbol{q}})\end{aligned}\tag{4-47}$$

此时，若闭环系统（4-47）是稳定的，则在稳态（即e为常数，$\dot{e}=\ddot{e}\equiv 0$）时方程（4-47）化为

$$\boldsymbol{G}(\boldsymbol{q})=\boldsymbol{K}_p'e\tag{4-48}$$

故存在稳态误差

$$e=(\boldsymbol{K}_p')^{-1}\boldsymbol{G}(\boldsymbol{q})=\begin{bmatrix}(k_{p1}')^{-1}&&\\&\ddots&\\&&(k_{pn}')^{-1}\end{bmatrix}\boldsymbol{G}(\boldsymbol{q})\tag{4-49}$$

式（4-48）表明，在稳态时，执行器要产生一个力$\boldsymbol{K}_p'e$来平衡重力的影响。由稳态误差表达式（4-49）知，增大位置反馈增益$k_{pi}'(i=1,\cdots,n)$可减小稳态误差。因此下面考虑引入事先计算出的某个固定位置的重力项作为补偿，同时使位置增益足够大来保证对定点控制的稳定性。Takegaki 和 Arimoto 采用系统的哈密尔顿函数[126]作为其李亚普诺夫函数的方法证明了在保证位置增益足够大的条件下，机械手系统对定点控制能满足稳定性要求。在加入人机作用力后，式（4-47）的形式与机械手系统的形式相同，因此完全可采用固定位置的重力项作为补偿，得到控制器

$$T_{\text{act}}=\boldsymbol{K}_p(\boldsymbol{q}_d-\boldsymbol{q})+\boldsymbol{K}_d(\dot{\boldsymbol{q}}_d-\dot{\boldsymbol{q}})+\boldsymbol{G}(\boldsymbol{q}_d)\tag{4-50}$$

式中：$\boldsymbol{q}_d$为常值，可取为期望的关节角度。

此时的控制系统框图如图 4-18 所示。

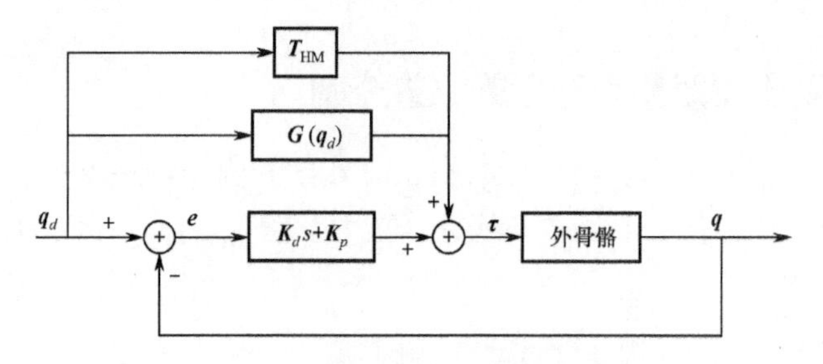

图 4-18　骨骼服固定重力补偿的位置控制方框图

4.2.3　基于固定重力补偿的模糊自适应位置控制

受骨骼服及人机之间相互作用的非线性和迟滞性的影响，骨骼服的控制具有时变性、迟滞性和非线性。由于系统模型参数具有不确定性，而在控制系统的运行过程中又会出现一些不可避免的干扰，所以系统控制起来比较困难。上述 PD 控制算法简单、易于实现，但当被控对象发生变化或系统出现其他不确定因素时，很难找到合适的 PD 控制参数。特别是在骨骼服的控制中，在不同的应用条件下，由于其负载的多变性和各种扰动的存在，需要不断调整控制参数。否则，控制的稳定性和快速性难以得到保证，甚至造成发散。因此，传统的 PD 控制器难以满足骨骼服系统的控制要求。

自适应模糊 PD 控制器以误差 $\boldsymbol{e}$ 和误差变化 $\dot{\boldsymbol{e}}$ 作为输入，可以满足不同时刻 $\boldsymbol{e}$ 和 $\dot{\boldsymbol{e}}$ 对 PID 参数自整定的要求[127]。利用模糊控制规则在线对 PID 参数进行修改，可构成自适应模糊位置控制器。建立对 k_p 和 k_d 进行整定的模糊控制表见表 4-1、表 4-2 所列。

表 4-1　k_p 的模糊规则表

e \ $\dot{e}$	NB	NM	NS	ZO	PS	PM	PB
NB	PB	PB	PM	PM	PS	ZO	ZO
NM	PB	PB	PM	PS	PS	ZO	NS
NS	PM	PM	PM	PS	ZO	NS	NS
ZO	PM	PM	PS	ZO	NS	NM	NM
PS	PS	PS	ZO	NS	NS	NM	NM
PM	PS	ZO	NS	NM	NM	NM	NB
PB	ZO	ZO	NM	NM	NM	NB	NB

表 4-2　k_d 的模糊规则表

e \ $\dot{e}$	NB	NM	NS	ZO	PS	PM	PB
NB	PS	NS	NB	NB	NB	NM	PS
NM	PS	NS	NB	NM	NM	NS	ZO
NS	ZO	NS	NM	NM	NS	NS	ZO
ZO	ZO	NS	NS	NS	NS	NS	ZO

（续）

$\dot{e}$ / e	NB	NM	NS	ZO	PS	PM	PB
PS	ZO	ZO	ZO	ZO	ZO	ZO	ZO
PM	PB	NS	PS	PS	PS	PS	PB
PB	PB	PM	PM	PM	PS	PS	PB

在各规则中，使用 Zadeh（扎德）的模糊逻辑“AND”操作，并采用“centroid”反模糊化方法得到模糊控制器参数 k_p 和 k_d。模糊自适应 PD 控制系统构成如图 4-19 所示，误差 e、误差变化率 ec、PD 控制参数 k_p 和 k_d 的隶属函数分别如图 4-20～图 4-23 所示。

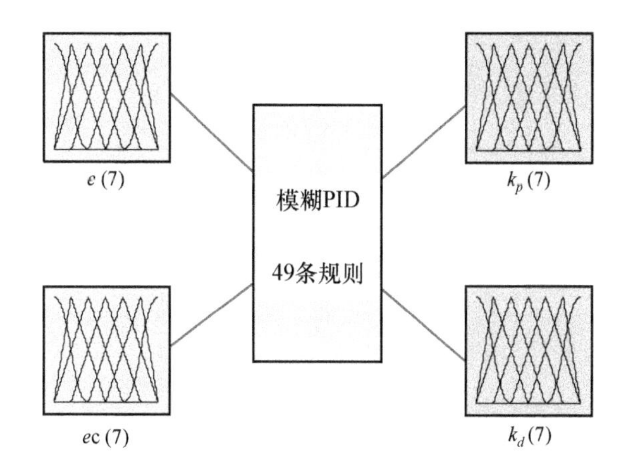

图 4-19　模糊 PD 控制系统构成

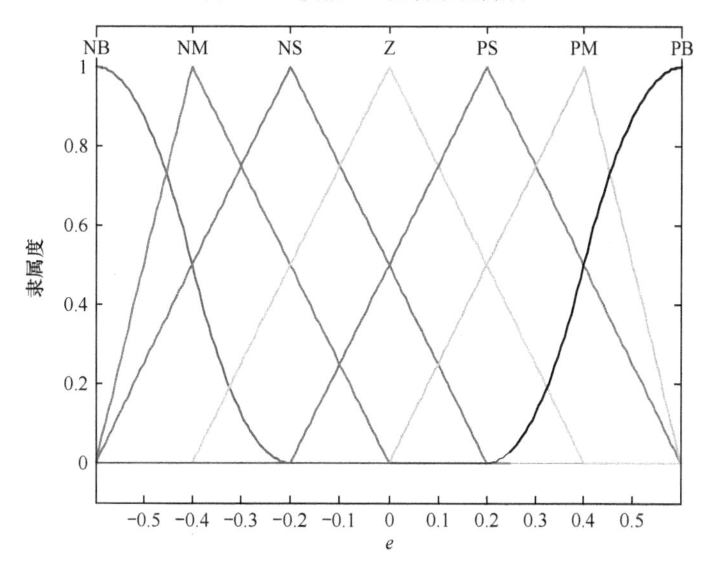

图 4-20　误差的隶属度函数

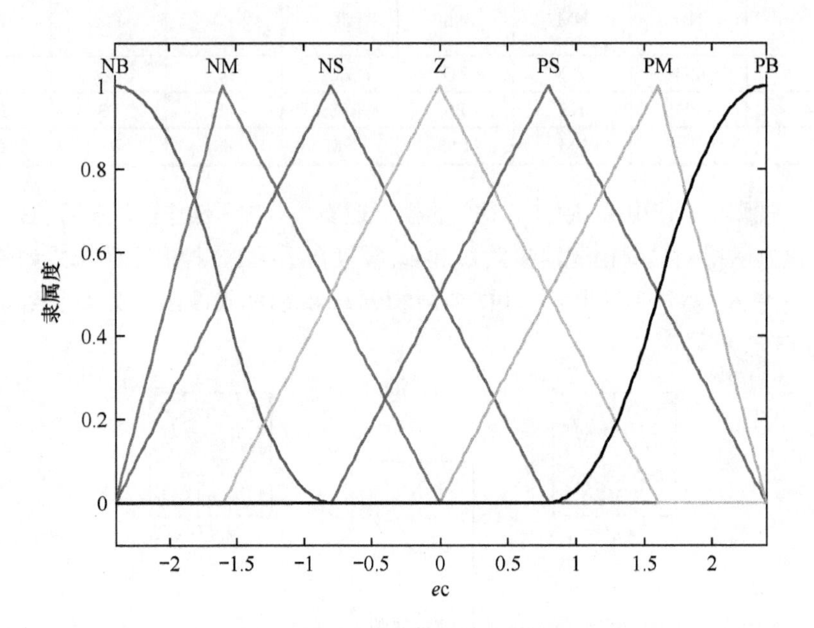

图 4-21　误差变化率的隶属度函数

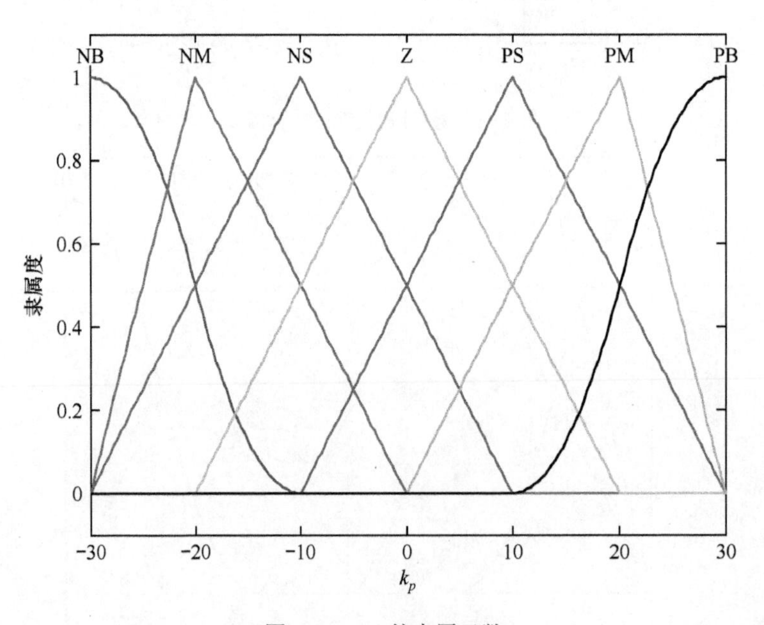

图 4-22　k_p 的隶属函数

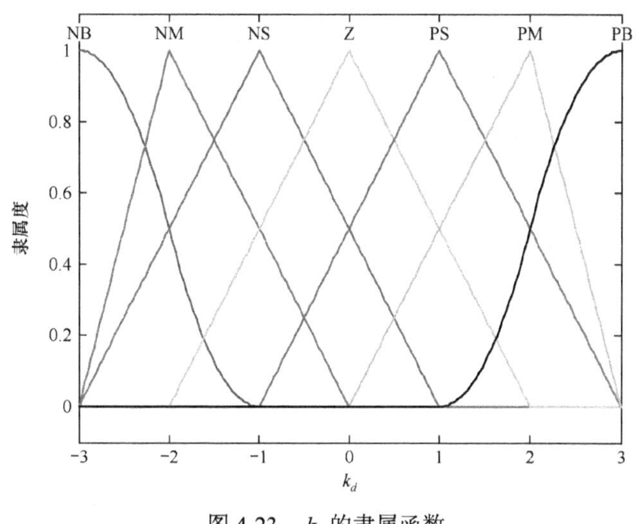

图 4-23　k_d 的隶属函数

4.2.4　外骨骼服位置控制实现

分别采用具有固定重力补偿的 PD 控制律和具有固定重力补偿的模糊自适应 PD 控制律对骨骼服进行支撑腿的位置控制。为了比较两种控制方法的控制效果，在控制参数不变的情况下，在骨骼服末端加载适当的负载，运用两种控制方法得到不同的控制结果。

不加重力补偿时，仿真结果如图 4-24、图 4-25 所示。从图中可以看出，膝关节、踝关节的角度跟踪存在较大误差，在运动过程中，下肢骨骼服施加的髋关节力矩要超过人所施加的力矩，人机之间的作用力较小，膝关节及踝关节施加的力矩与此基本相同，在此不再赘述。

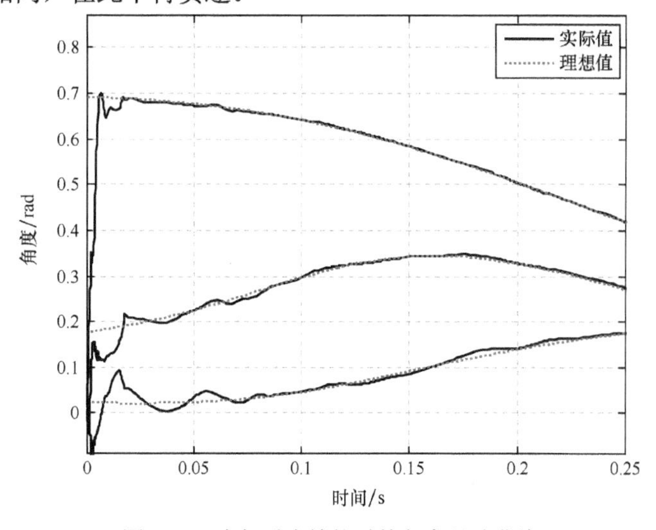

图 4-24　未加重力补偿时的角度跟踪曲线

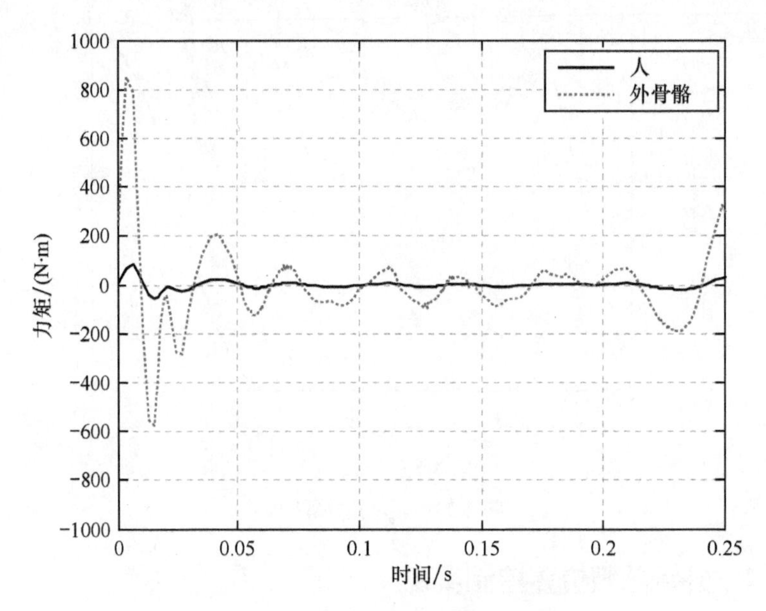

图 4-25　未加重力补偿时的髋关节力矩曲线

加入精确的重力补偿后，仿真结果如图 4-26、图 4-27 所示。此时，各关节角度跟踪都非常准确，且响应速度很快，人机之间的作用力很小，说明在运动过程中人只需要提供一定的启动力矩，运动起来以后，绝大多数力矩由驱动器来提供，人提供的力矩仅限于改变运动状态。

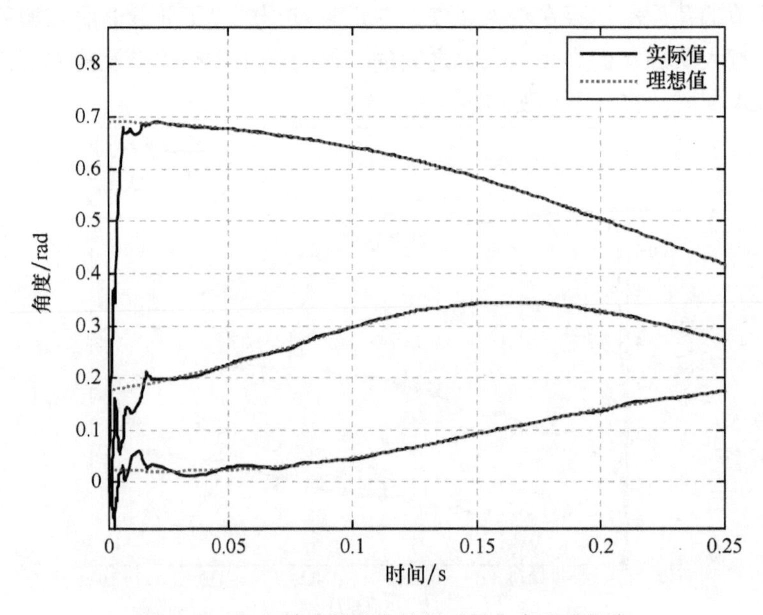

图 4-26　加入精确的重力补偿后的角度跟踪曲线

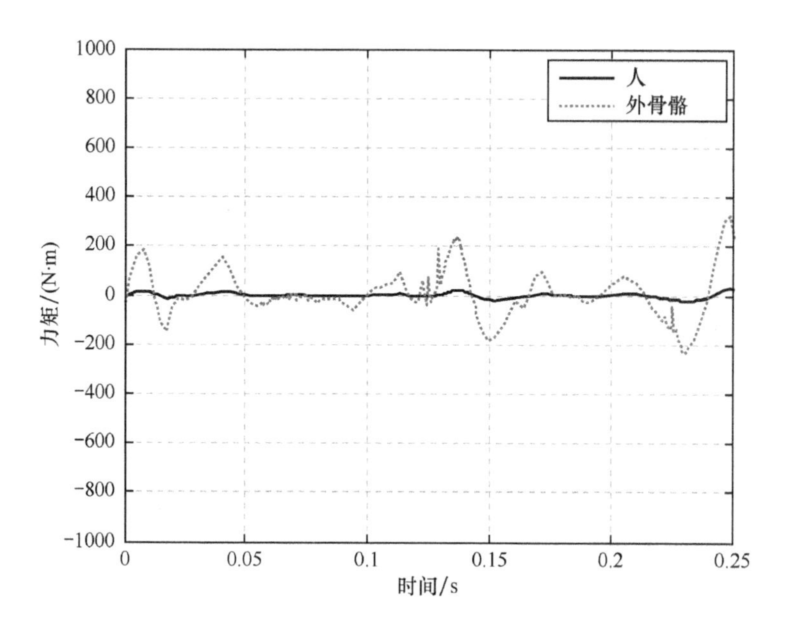

图 4-27　加入精确的重力补偿后的髋关节力矩曲线

加入固定重力补偿，使固定角度和携行者的相同，此时的仿真结果如图 4-28、图 4-29 所示，仿真结果与精确补偿的结果很相似，说明基于固定重力补偿的模糊自适应 PD 控制能够实现在线调整 PD 参数。

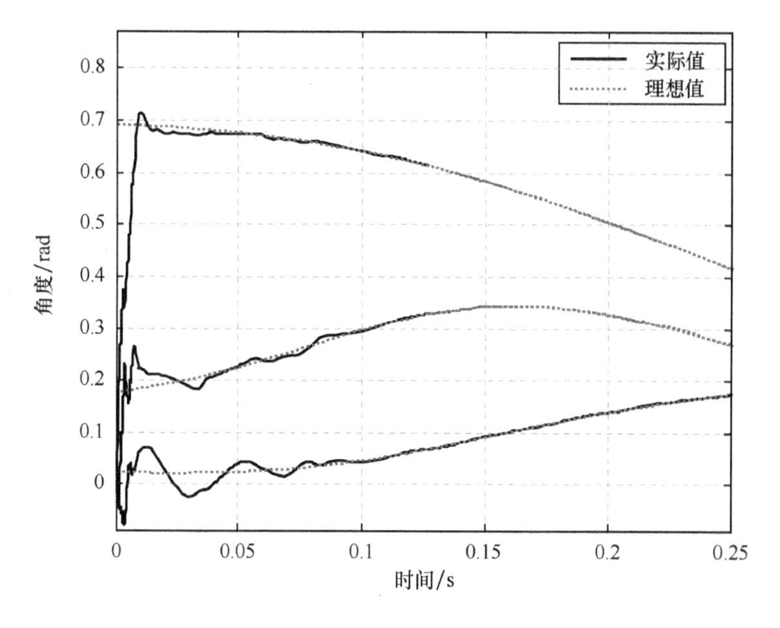

图 4-28　加入固定重力补偿后的角度跟踪曲线

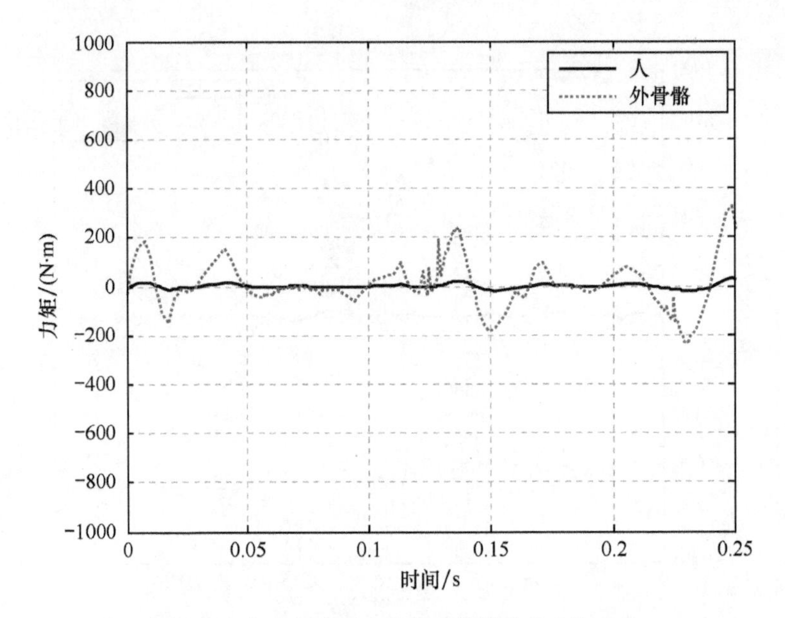

图 4-29　加入固定重力补偿后的髋关节力矩曲线

为了检验用具有固定重力补偿的模糊自适应 PD 控制的效果，利用骨骼服属性的变化将负载进行加减，图 4-30、图 4-31 为将质量属性增加 20%的结果，图 4-32、图 4-33 为将质量属性减少 20%的结果。从仿真结果可以看出，系统的膝关节、踝关节的角度跟踪存在小的误差，人机作用力增加的也不大，得到了较好的控制效果。

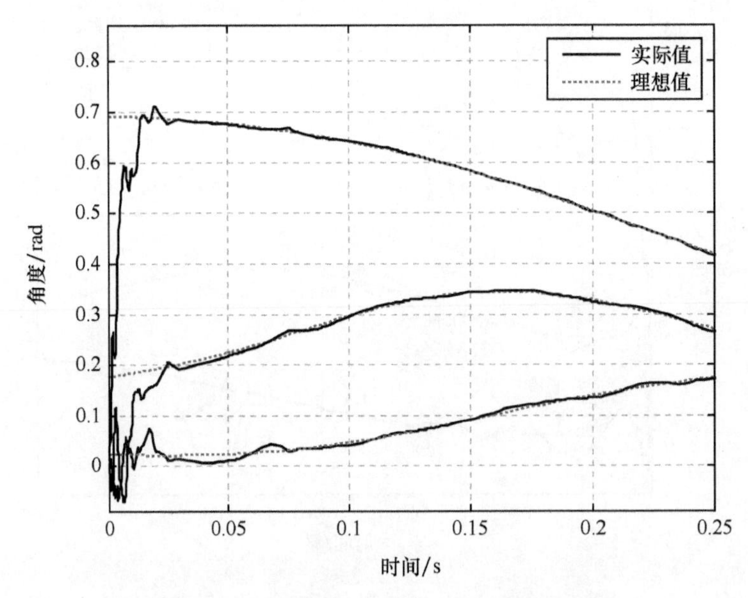

图 4-30　质量属性增加 20%的角度跟踪曲线

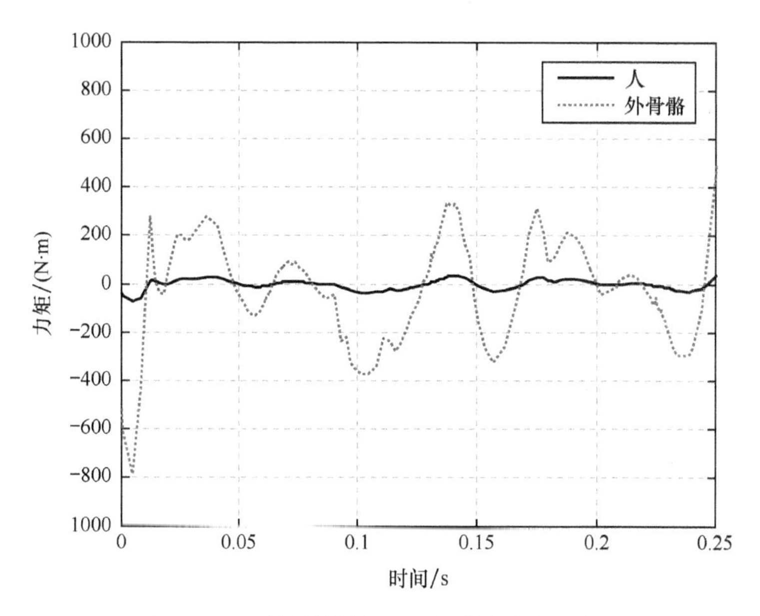

图 4-31　质量属性增加 20%的髋关节力矩曲线

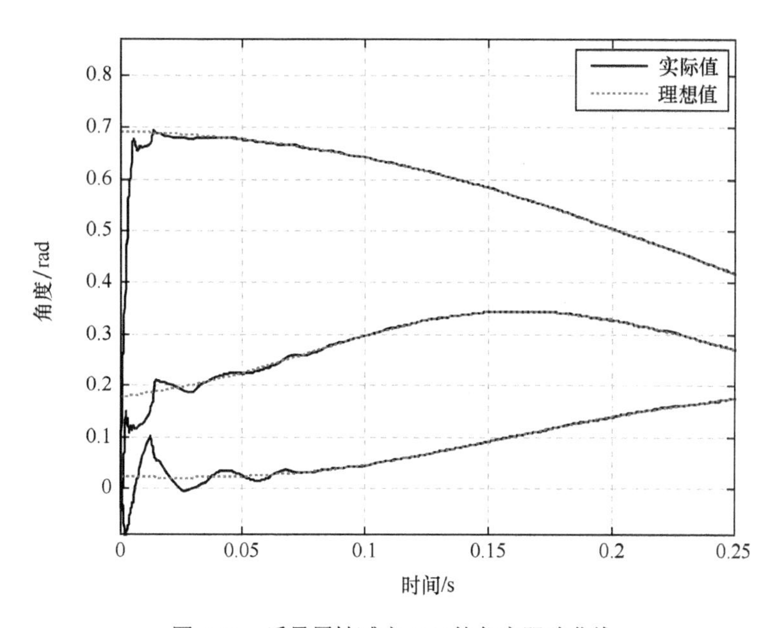

图 4-32　质量属性减少 20%的角度跟踪曲线

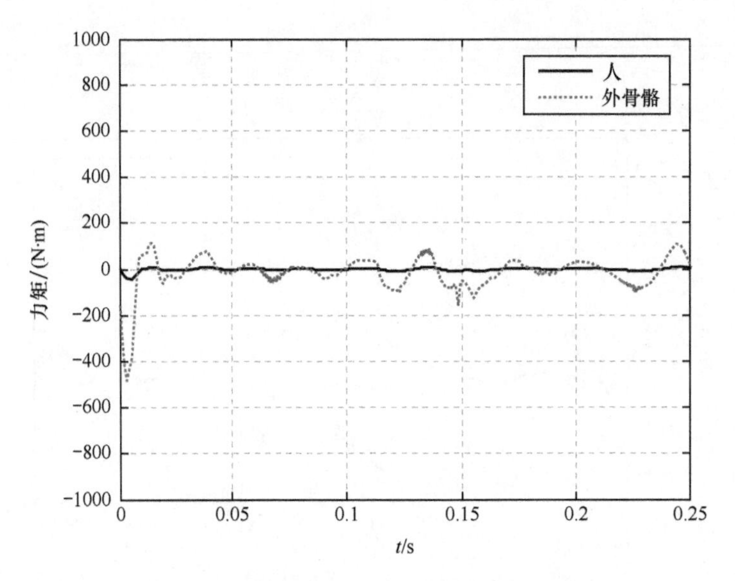

图 4-33 质量属性减少 20%的髋关节力矩曲线

4.3 状态转移控制

当下肢外骨骼从摆动状态向支撑状态切换时，关节的力矩变化很大，这种突变可能会损坏执行机构。为了消除突变带来的影响，设计控制器切换函数使得控制参数在一段时间内逐步达到预定的数值。如设计控制参数切换函数为

$$K=\begin{cases}K_p e^{(t-T_0)} & t\leqslant T_0\\ K_p & t>T_0\end{cases}$$

式中：K_p 为支撑阶段关节控制预定的参数值；T_0 为控制器切换时间。

切换时间的长短与运动速度密切相关，T_0 可以通过对样机进行反复的实验获取最佳的切换时间。支撑阶段向摆动阶段转换时，仍然采用此切换函数，T_0 的大小需要重新确定。

4.4 行走模态预测

为了判断下肢外骨骼所处的状态，设计了基于脚底压力传感器的步态划分实验，根据脚底压力信号来判断下肢的运动状况。系统的硬件框图如图 4-34 所示。

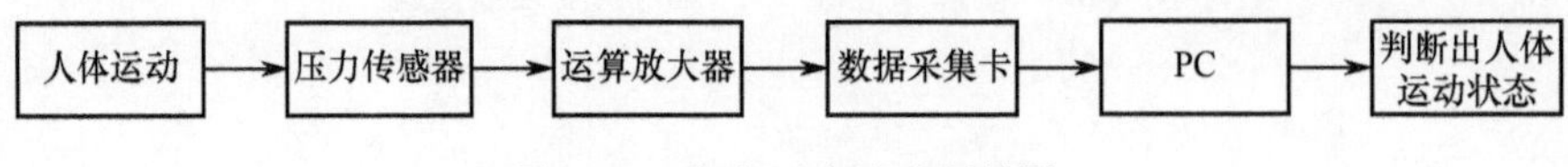

图 4-34 脚底压力试验硬件图

采用由香港理工大学提供的压力鞋垫，压力传感器嵌在鞋垫中，其分布如图 4-35 所示。由于压力传感器是嵌入鞋垫中的，使得系统更加可靠，也使得下肢外骨骼的结构更加紧凑。从图中可以看出，每只脚有 6 个传感器，它们被分成脚掌和脚跟 2 组，每组都有 3 个传感器。这种设计可采用逻辑运算的方法使得测得的数据更加可靠。在实际的试验中每组采用了 2 个传感器。脚跟一组为传感器 1 和传感器 2，脚掌一组为传感器 4 和传感器 6。

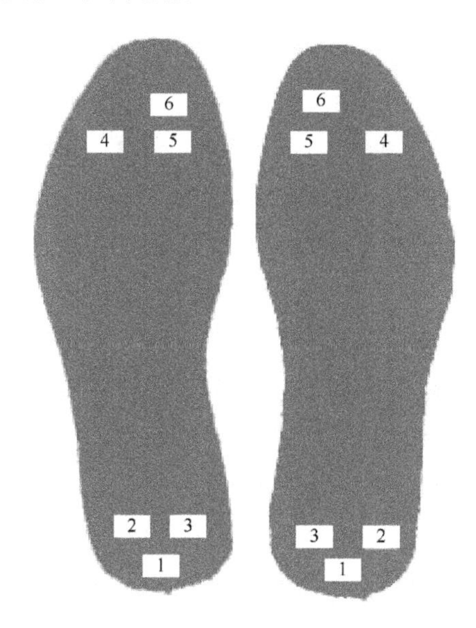

图 4-35　传感器分布图

在上述硬件的基础上，做了脚底压力试验。当步速为 1.3m/s 时，测得脚底的压力如图 4-36～图 4-40 所示。

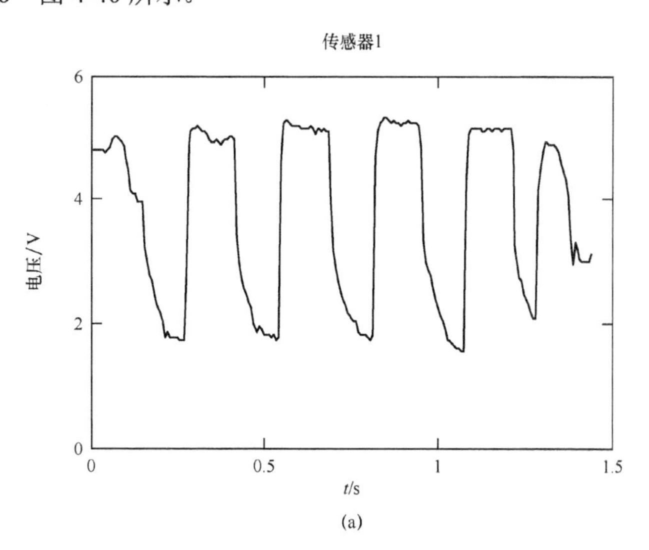

(a)

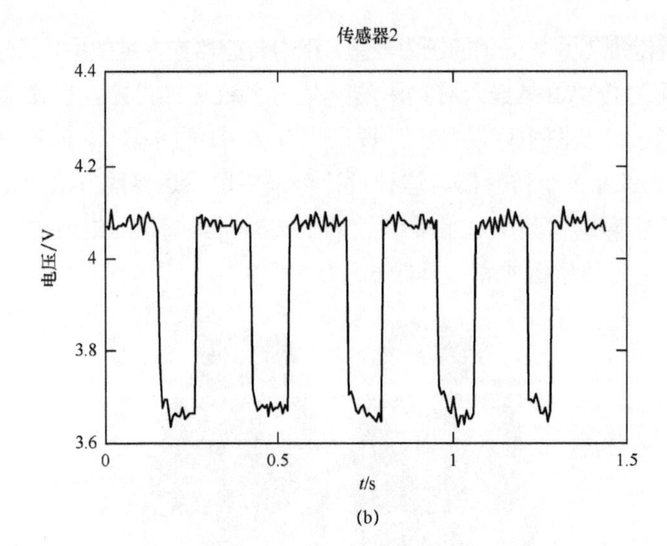

(b)

图 4-36　左脚跟压力图

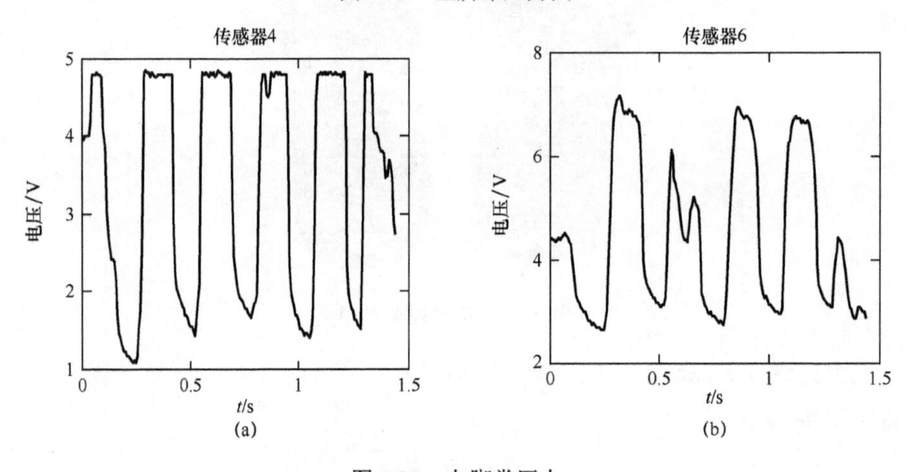

(a)　(b)

图 4-37　左脚掌压力

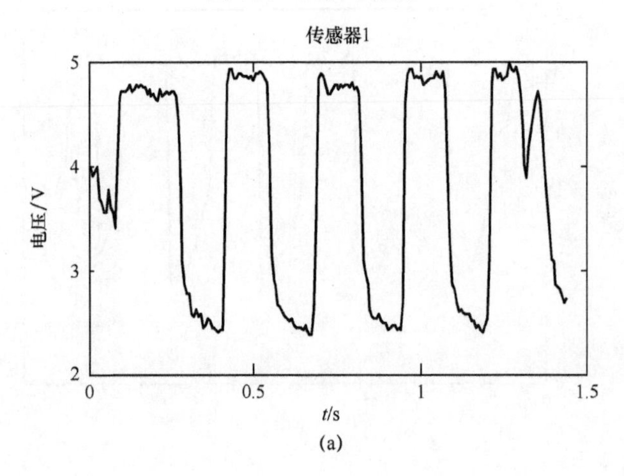

(a)

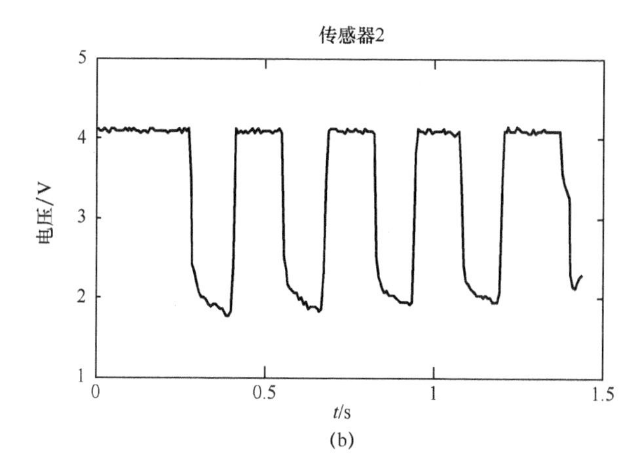

(b)

图 4-38　右脚跟压力图

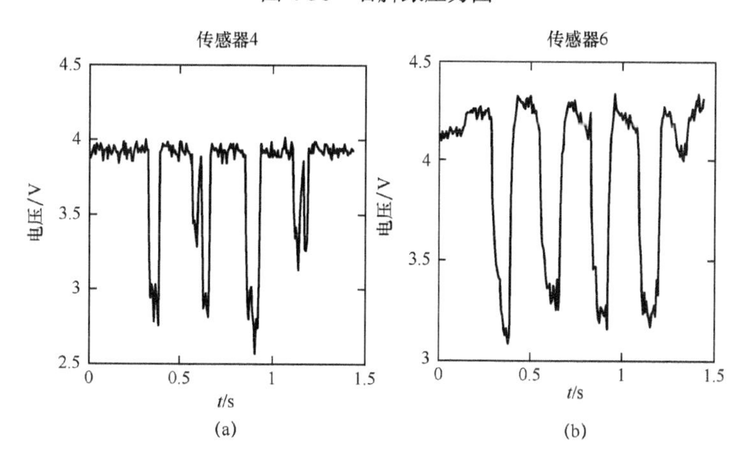

(a)　(b)

图 4-39　右脚掌压力图

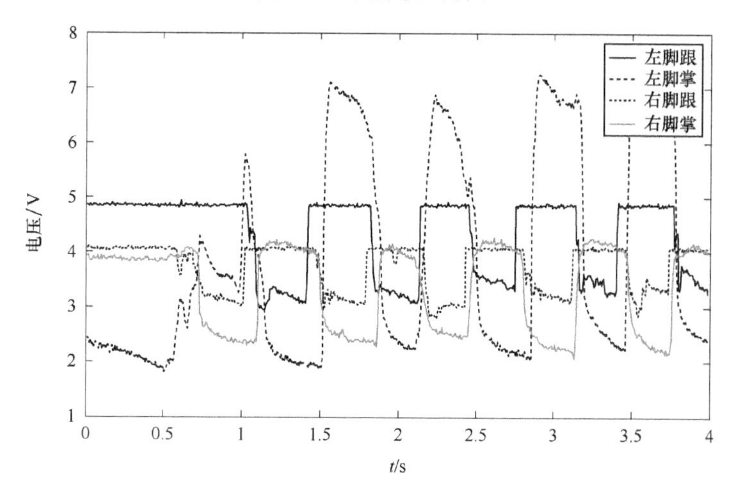

图 4-40　双脚压力示意图

图 4-36 至图 4-40 显示的是各个部位的压力图。图 4-36 表示的是左脚跟的压力传感器的压力，图（a）为 1 号传感器，图（b）为 2 号传感器，从图中可以看出脚底压力的变化是有规律的，高电压的时间大约占据了 60%的时间，低电平占据了 40%的时间。根据获得的脚底压力信号值就可以对下肢的运动状态做出判断，信号为高电平时下肢外骨骼处于支撑状态，信号为低电平时下肢外骨骼处于摆动状态。

图 4-40 显示的是双脚的压力示意图，从图中可以看出单个下肢的压力情况。单个下肢的脚跟、脚掌的压力曲线几乎是相同的，在着地时脚跟的压力先于脚掌的压力达到高电平，离地时脚跟的压力先于脚掌的压力达到低电平。脚跟着地的是摆动模态向支撑阶段转换的特征，脚尖离地是支撑态向摆动态转换特征。下肢的着地状态和离地状态可以根据脚跟和脚掌传感器信号进行判断，当脚跟高电平脚掌低电平时下肢外骨骼处于着地过程中，脚跟低电平脚掌高电平时则外骨骼处于离地的过程中。

4.5 小结

为了实现携行外骨骼的全过程运动控制，设计了基于快速 Terminal 滑模的虚拟力矩控制器对骨骼服行走的摆动阶段进行控制，既利用了虚拟力矩控制方法不需要系统中人机之间力和力矩的作用点信息的优点，又克服了其严重依赖于系统动态模型的缺点，基于李亚普诺夫稳定性原理，提出将快速 Terminal 滑模用于骨骼服的运动控制，理论分析及仿真结果证明了此控制方案的可行性及有效性；设计了具有固定重力补偿的模糊自适应 PD 控制器对骨骼服进行支撑阶段的位置控制，克服了传统的具有固定重力补偿的 PD 控制无法实现在线调整 PD 参数，并且当系统负载变化或有干扰信号时，位置控制会出现不稳定乃至发散现象的缺点，得到了较好的控制效果；对两模态之间的状态转移控制，设计了控制器切换函数，避免关节力矩突变。采用脚底压力传感器对各运动模态进行判断，并进行了具体实验。

第 5 章 外骨骼服迭代学习控制方法研究

在第 4 章中，骨骼服的虚拟力矩控制需要在每个时刻对系统动态方程及控制算法进行解算，没有充分利用人体运动的信息，这势必造成不必要的资源浪费，并且系统的动态响应过程也会存在相应的延迟，同时，虚拟力矩控制需要骨骼服的精确质量属性，而摩擦、死区等非线性均会影响模型的准确性。在正常行走一段时间后，若根据人体行走的生物力学模型及穿戴者的一些信息，对骨骼服加入学习控制，则可减少人体及骨骼服的能量消耗。

而学习控制可采用模型预测[93]、神经网络学习[94-103]、迭代学习[104-123]等方法，而其中迭代学习特别适于骨骼服的重复运动学习，因此，本章采用迭代学习控制弥补虚拟力矩控制的不足，利用人体行走的这一重复过程，提高控制的速度和精度。针对人体个体的差异，根据未加入学习控制阶段的人体行走步态判断出穿戴者的步态特征，结合人体行走的生物力学模型，对骨骼服加入学习控制，骨骼服的学习信号也可结合穿戴者对机械结构装置的调整参数得到。区别于一般的机器人系统，骨骼服系统中有人的参与，因此需考虑人机系统的作用力模型。参考机器人的迭代学习控制[124]，给出骨骼服的时变迭代学习控制律。

下面根据人体行走的生物力学模型，对骨骼服加入迭代学习控制，给出实际驱动力矩，以使骨骼服的步伐跟穿戴者行走的步伐相同。

5.1 外骨骼服迭代学习控制

5.1.1 外骨骼服迭代学习控制器设计

考虑骨骼服的动态方程如下：

$$\boldsymbol{J}(\boldsymbol{q}^j(t))\ddot{\boldsymbol{q}}^j(t)+\boldsymbol{B}(\boldsymbol{q}^j(t),\dot{\boldsymbol{q}}^j(t))\dot{\boldsymbol{q}}^j(t)+\boldsymbol{G}(\boldsymbol{q}^j(t),\dot{\boldsymbol{q}}^j(t))+\boldsymbol{T}_d(t)=\boldsymbol{T}^j(t)+\boldsymbol{T}_{\mathrm{HM}} \quad （5\text{-}1）$$

其中

$$\boldsymbol{T}_{\mathrm{HM}}=\boldsymbol{K}_f\boldsymbol{e}+\boldsymbol{K}_v\dot{\boldsymbol{e}} \quad （5\text{-}2）$$

所以

$$
\begin{aligned}
&\boldsymbol{J}(\boldsymbol{q}^j(t))\ddot{\boldsymbol{q}}^j(t)+\boldsymbol{B}(\boldsymbol{q}^j(t),\dot{\boldsymbol{q}}^j(t))\dot{\boldsymbol{q}}^j(t)+\boldsymbol{G}(\boldsymbol{q}^j(t),\dot{\boldsymbol{q}}^j(t))+\boldsymbol{T}_d(t)\\
&=\boldsymbol{T}^j(t)+\boldsymbol{K}_f\boldsymbol{e}+\boldsymbol{K}_v\dot{\boldsymbol{e}}
\end{aligned} \tag{5-3}
$$

式中：j 为迭代次数；$t\in[0,t_f]$；$\boldsymbol{q}^j(t)\in\mathbf{R}^n$，$\dot{\boldsymbol{q}}^j(t)\in\mathbf{R}^n$ 和 $\ddot{\boldsymbol{q}}^j(t)\in\mathbf{R}^n$ 分别为关节角度、角速度和角加速度；$\boldsymbol{J}(q^j(t))\in\mathbf{R}^{n\times n}$ 为惯性项；$\boldsymbol{B}(q^j(t),\dot{q}^j(t))\in\mathbf{R}^n$ 为离心力和哥氏加速度；$\boldsymbol{G}(q^j(t),\dot{q}^j(t))\in\mathbf{R}^n$ 为重力项；$\boldsymbol{T}_d(t)\in\mathbf{R}^n$ 为可重复的未知干扰项；$\boldsymbol{T}^j(t)\in\mathbf{R}^n$ 为控制输入。

骨骼服动态方程满足如下特性：

（1）$\boldsymbol{J}(\boldsymbol{q}^j(t))$ 为对称正定的有界矩阵；

（2）$\dot{\boldsymbol{J}}(\boldsymbol{q}^j(t))-2\boldsymbol{B}(\dot{\boldsymbol{q}}^j(t))$ 为斜对称阵，即满足

$$x^{\mathrm{T}}(\dot{\boldsymbol{J}}(\boldsymbol{q}^j(t))-2\boldsymbol{B}(\dot{\boldsymbol{q}}^j(t)))x=0 \tag{5-4}$$

骨骼服动态方程满足如下假设条件：

期望轨迹 $\boldsymbol{q}_d(t)$ 在 $t\in[0,t_f]$ 内三阶可导；

迭代过程满足初始条件，即

$$\boldsymbol{q}_d(0)-\boldsymbol{q}^j(0)=0,\dot{\boldsymbol{q}}_d(0)-\dot{\boldsymbol{q}}^j(0)=0,\forall j\in N \tag{5-5}$$

针对系统式（5-1），满足骨骼服特性（1）和（2）以及假设（1）和（2），则控制律设计为

$$\boldsymbol{T}^j(t)=\boldsymbol{K}_p^j e(t)+\boldsymbol{K}_d^j\dot{e}(t)+\boldsymbol{T}^{j-1}(t),\ j=0,1,\cdots,N \tag{5-6}$$

式中：$\boldsymbol{T}^{-1}(t)=0$。

控制规律中增益切换规则为

$$\boldsymbol{K}_p^j=\beta(j)\boldsymbol{K}_p^0,\quad \boldsymbol{K}_d^j=\beta(j)\boldsymbol{K}_d^0,\quad \beta(j+1)>\beta(j) \tag{5-7}$$

式中：$j=1,2,\cdots,N$；$\boldsymbol{K}_p^0$和$\boldsymbol{K}_d^0$ 为 PD 控制器中初始的对角增益阵，且都为正定，$\beta(j)$ 为控制增益，且满足 $\beta(j)>1$。

5.1.2 外骨骼服迭代学习控制收敛性

沿着指令轨迹 $(\boldsymbol{q}_d(t),\dot{\boldsymbol{q}}_d(t),\ddot{\boldsymbol{q}}_d(t))$，采用泰勒公式展开，则方程式（5-1）可线性化[125]。

采用泰勒公式，$\boldsymbol{J}(\boldsymbol{q})$ 线性化为

$$\boldsymbol{J}(\boldsymbol{q})=\boldsymbol{J}(\boldsymbol{q}_d)+\frac{\partial \boldsymbol{J}}{\partial \boldsymbol{q}}\Big|_{\boldsymbol{q}_d}(\boldsymbol{q}-\boldsymbol{q}_d)+\boldsymbol{O}_J(\cdot) \tag{5-8}$$

式中：$\boldsymbol{O}_J(\cdot)$ 为 $\boldsymbol{J(q)}$ 的一阶残差。

即

$$-\boldsymbol{J}(\boldsymbol{q})\ddot{\boldsymbol{q}} = -\boldsymbol{J}(\boldsymbol{q}_d)\ddot{\boldsymbol{q}} - \frac{\partial \boldsymbol{J}}{\partial \boldsymbol{q}}|_{\boldsymbol{q}_d}\boldsymbol{e}\ddot{\boldsymbol{q}} - \boldsymbol{O}_J(\cdot)\ddot{\boldsymbol{q}}$$

$$\boldsymbol{J}(\boldsymbol{q}_d)\ddot{\boldsymbol{q}}_d - \boldsymbol{J}(\boldsymbol{q})\ddot{\boldsymbol{q}} = \boldsymbol{J}(\boldsymbol{q}_d)\ddot{\boldsymbol{q}}_d - \boldsymbol{J}(\boldsymbol{q}_d)\ddot{\boldsymbol{q}} - \frac{\partial \boldsymbol{J}}{\partial \boldsymbol{q}}|_{\boldsymbol{q}_d}\boldsymbol{e}\ddot{\boldsymbol{q}} - \boldsymbol{O}_J(\cdot)\ddot{\boldsymbol{q}} \tag{5-9}$$

$$\boldsymbol{J}(\boldsymbol{q}_d)\ddot{\boldsymbol{e}} + \frac{\partial \boldsymbol{J}}{\partial \boldsymbol{q}}|_{\boldsymbol{q}_d}\ddot{\boldsymbol{q}}\boldsymbol{e} = \boldsymbol{J}(\boldsymbol{q}_d)\ddot{\boldsymbol{q}}_d - \boldsymbol{J}(\boldsymbol{q}_d)\ddot{\boldsymbol{q}} - \boldsymbol{O}_J(\cdot)\ddot{\boldsymbol{q}}$$

由于

$$\frac{\partial \boldsymbol{J}}{\partial \boldsymbol{q}}|_{\boldsymbol{q}_d}\ddot{\boldsymbol{q}}\boldsymbol{e} = \frac{\partial \boldsymbol{J}}{\partial \boldsymbol{q}}|_{\boldsymbol{q}_d}(\ddot{\boldsymbol{q}} + \ddot{\boldsymbol{q}}_d - \ddot{\boldsymbol{q}}_d)\boldsymbol{e} = \frac{\partial \boldsymbol{J}}{\partial \boldsymbol{q}}|_{\boldsymbol{q}_d}\ddot{\boldsymbol{q}}_d\boldsymbol{e} - \frac{\partial \boldsymbol{J}}{\partial \boldsymbol{q}}|_{\boldsymbol{q}_d}\ddot{\boldsymbol{e}}\boldsymbol{e} \tag{5-10}$$

则

$$\boldsymbol{J}(\boldsymbol{q}_d)\ddot{\boldsymbol{e}} + \frac{\partial \boldsymbol{J}}{\partial \boldsymbol{q}}|_{\boldsymbol{q}_d}\ddot{\boldsymbol{q}}_d\boldsymbol{e} - \frac{\partial \boldsymbol{J}}{\partial q}|_{\boldsymbol{q}_d}\ddot{\boldsymbol{e}}\boldsymbol{e} = \boldsymbol{J}(\boldsymbol{q}_d)\ddot{\boldsymbol{q}}_d - \boldsymbol{J}(\boldsymbol{q}_d)\ddot{\boldsymbol{q}} - \boldsymbol{O}_J(\cdot)\ddot{\boldsymbol{q}} \tag{5-11}$$

同理

$$\begin{aligned}
&\boldsymbol{B}(\boldsymbol{q},\dot{\boldsymbol{q}}) = \boldsymbol{B}(\boldsymbol{q}_d,\dot{\boldsymbol{q}}_d) + \frac{\partial \boldsymbol{B}}{\partial \boldsymbol{q}}|_{\boldsymbol{q}_d,\dot{\boldsymbol{q}}_d}(\boldsymbol{q}-\boldsymbol{q}_d) + \frac{\partial \boldsymbol{B}}{\partial \dot{\boldsymbol{q}}}|_{\boldsymbol{q}_d,\dot{\boldsymbol{q}}_d}(\dot{\boldsymbol{q}}-\dot{\boldsymbol{q}}_d) + \\
&\quad O_B(\cdot)\boldsymbol{B}(\boldsymbol{q},\dot{\boldsymbol{q}})\dot{\boldsymbol{e}} + \frac{\partial \boldsymbol{B}}{\partial \boldsymbol{q}}|_{\boldsymbol{q}_d,\dot{\boldsymbol{q}}_d}\dot{\boldsymbol{q}}_d\boldsymbol{e} + \frac{\partial \boldsymbol{B}}{\partial \dot{\boldsymbol{q}}}|_{\boldsymbol{q}_d,\dot{\boldsymbol{q}}_d}\dot{\boldsymbol{q}}_d\dot{\boldsymbol{e}} - \\
&\quad \frac{\partial \boldsymbol{B}}{\partial \boldsymbol{q}}|_{\boldsymbol{q}_d,\dot{\boldsymbol{q}}_d}\dot{\boldsymbol{e}}\boldsymbol{e} - \frac{\partial \boldsymbol{B}}{\partial \boldsymbol{q}}|_{\boldsymbol{q}_d,\dot{\boldsymbol{q}}_d}\dot{\boldsymbol{e}}\dot{\boldsymbol{e}} \\
&\quad = \boldsymbol{B}(\boldsymbol{q}_d,\dot{\boldsymbol{q}}_d)\dot{\boldsymbol{q}}_d - \boldsymbol{B}(\boldsymbol{q},\dot{\boldsymbol{q}})\dot{\boldsymbol{q}} - O_B(\cdot)\dot{\boldsymbol{q}}\boldsymbol{B}(\boldsymbol{q},\dot{\boldsymbol{q}})\dot{\boldsymbol{e}} + \frac{\partial \boldsymbol{B}}{\partial \boldsymbol{q}}|_{\boldsymbol{q}_d,\dot{\boldsymbol{q}}_d}\dot{\boldsymbol{q}}_d\boldsymbol{e} + \\
&\quad \frac{\partial \boldsymbol{B}}{\partial \dot{\boldsymbol{q}}}|_{\boldsymbol{q}_d,\dot{\boldsymbol{q}}_d}\dot{\boldsymbol{q}}_d\dot{\boldsymbol{e}} - \frac{\partial \boldsymbol{B}}{\partial \boldsymbol{q}}|_{\boldsymbol{q}_d,\dot{\boldsymbol{q}}_d}\dot{\boldsymbol{e}}\boldsymbol{e} - \frac{\partial \boldsymbol{B}}{\partial \boldsymbol{q}}|_{\boldsymbol{q}_d,\dot{\boldsymbol{q}}_d}\dot{\boldsymbol{e}}\dot{\boldsymbol{e}} \\
&\quad = \boldsymbol{B}(\boldsymbol{q}_d,\dot{\boldsymbol{q}}_d)\dot{\boldsymbol{q}}_d - \boldsymbol{B}(\boldsymbol{q},\dot{\boldsymbol{q}})\dot{\boldsymbol{q}} - O_B(\cdot)\dot{\boldsymbol{q}}
\end{aligned} \tag{5-12}$$

$$\begin{aligned}
\boldsymbol{G}(\boldsymbol{q},\dot{\boldsymbol{q}}) &= \boldsymbol{G}(\boldsymbol{q}_d,\dot{\boldsymbol{q}}_d) + \frac{\partial \boldsymbol{G}}{\partial \boldsymbol{q}}|_{\boldsymbol{q}_d,\dot{\boldsymbol{q}}_d}(\boldsymbol{q}-\boldsymbol{q}_d) + \frac{\partial \boldsymbol{G}}{\partial \dot{\boldsymbol{q}}}|_{\boldsymbol{q}_d,\dot{\boldsymbol{q}}_d}(\dot{\boldsymbol{q}}-\dot{\boldsymbol{q}}_d) \\
&\quad + \boldsymbol{O}_G(\cdot)\frac{\partial \boldsymbol{G}}{\partial \dot{\boldsymbol{q}}}|_{\boldsymbol{q}_d,\dot{\boldsymbol{q}}_d}\dot{\boldsymbol{e}} + \frac{\partial \boldsymbol{G}}{\partial \boldsymbol{q}}|_{\boldsymbol{q}_d,\dot{\boldsymbol{q}}_d}\boldsymbol{e} \\
&= \boldsymbol{G}(\boldsymbol{q}_d,\dot{\boldsymbol{q}}_d) - \boldsymbol{G}(\boldsymbol{q},\dot{\boldsymbol{q}}) + \boldsymbol{O}_G(\cdot)
\end{aligned} \tag{5-13}$$

由式（5-9）、式（5-12）和式（5-13），得

$$\boldsymbol{J}(t)\ddot{\boldsymbol{e}}+[\boldsymbol{B}+\boldsymbol{B}_1-\boldsymbol{K}_v]\dot{\boldsymbol{e}}+(\boldsymbol{F}-\boldsymbol{K}_f)\boldsymbol{e}+\boldsymbol{n}(\ddot{\boldsymbol{e}},\dot{\boldsymbol{e}},\boldsymbol{e},t)=\boldsymbol{H}-(\boldsymbol{J}\ddot{\boldsymbol{q}}+\boldsymbol{B}\dot{\boldsymbol{q}}+\boldsymbol{G}) \tag{5-14}$$

式中

$$\boldsymbol{n}(\ddot{\boldsymbol{e}},\dot{\boldsymbol{e}},\boldsymbol{e},t)=-\frac{\partial \boldsymbol{J}}{\partial \boldsymbol{q}}|_{\boldsymbol{q}_d,\dot{\boldsymbol{q}}_d}\ddot{\boldsymbol{e}}\boldsymbol{e}-\frac{\partial \boldsymbol{B}}{\partial \boldsymbol{q}}|_{\boldsymbol{q}_d,\dot{\boldsymbol{q}}_d}\dot{\boldsymbol{e}}\boldsymbol{e}+\boldsymbol{O}_J(\cdot)\ddot{\boldsymbol{q}}+O_B(\cdot)\dot{\boldsymbol{q}}-\boldsymbol{O}_G(\cdot) \tag{5-15}$$

忽略残差项 $\boldsymbol{n}(\ddot{\boldsymbol{e}},\dot{\boldsymbol{e}},\boldsymbol{e},t)$，将式（5-1）代入式（5-15），得第 j 次迭代的动力学方程为

$$\begin{aligned}&\boldsymbol{J}(t)\ddot{\boldsymbol{e}}^j(t)+[\boldsymbol{B}(t)+\boldsymbol{B}_1(t)-\boldsymbol{K}_v]\dot{\boldsymbol{e}}^j(t)+[\boldsymbol{F}(t)-\boldsymbol{K}_f]\boldsymbol{e}^j(t)-\boldsymbol{T}_d(t)\\&=\boldsymbol{H}(t)-\boldsymbol{T}^j(t)\end{aligned} \tag{5-16}$$

式中

$$\boldsymbol{J}(t)=\boldsymbol{J}(\boldsymbol{q}_d(t)) \tag{5-17}$$

$$\boldsymbol{B}(t)=\boldsymbol{B}(\boldsymbol{q}_d(t),\dot{\boldsymbol{q}}_d(t)) \tag{5-18}$$

$$\boldsymbol{B}_1(t)=\frac{\partial \boldsymbol{B}}{\partial \dot{\boldsymbol{q}}}|_{\boldsymbol{q}_d(t),\dot{\boldsymbol{q}}_d(t)}\dot{\boldsymbol{q}}_d(t)+\frac{\partial \boldsymbol{G}}{\partial \dot{\boldsymbol{q}}}|_{\boldsymbol{q}_d(t),\dot{\boldsymbol{q}}_d(t)} \tag{5-19}$$

$$\boldsymbol{F}(t)=\frac{\partial \boldsymbol{J}}{\partial \boldsymbol{q}}|_{\boldsymbol{q}_d(t)}\ddot{\boldsymbol{q}}_d(t)+\frac{\partial \boldsymbol{B}}{\partial \boldsymbol{q}}|_{\boldsymbol{q}_d(t),\dot{\boldsymbol{q}}_d(t)}\dot{\boldsymbol{q}}_d(t)+\frac{\partial \boldsymbol{G}}{\partial \boldsymbol{q}}|_{\boldsymbol{q}_d(t)} \tag{5-20}$$

$$\boldsymbol{H}(t)=\boldsymbol{J}(\dot{\boldsymbol{q}}_d(t))\ddot{\boldsymbol{q}}_d(t)+\boldsymbol{B}(\boldsymbol{q}_d(t),\dot{\boldsymbol{q}}_d(t))\dot{\boldsymbol{q}}_d(t)+\boldsymbol{G}(\boldsymbol{q}_d(t)) \tag{5-21}$$

则针对第 j 次迭代和第 $j+1$ 次迭代，方程式（5-14）可写为

$$\begin{aligned}&\boldsymbol{J}(t)\ddot{\boldsymbol{e}}^j(t)+[\boldsymbol{B}(t)+\boldsymbol{B}_1(t)-\boldsymbol{K}_v]\dot{\boldsymbol{e}}^j(t)+[\boldsymbol{F}(t)-\boldsymbol{K}_f]\boldsymbol{e}^j(t)-\boldsymbol{T}_d(t)\\&=\boldsymbol{H}(t)-\boldsymbol{T}^j(t)\end{aligned} \tag{5-22}$$

$$\begin{aligned}&\boldsymbol{J}(t)\ddot{\boldsymbol{e}}^{j+1}(t)+[\boldsymbol{B}(t)+\boldsymbol{B}_1(t)-\boldsymbol{K}_v]\dot{\boldsymbol{e}}^{j+1}(t)+[\boldsymbol{F}(t)-\boldsymbol{K}_f]\boldsymbol{e}^{j+1}(t)-\boldsymbol{T}_d(t)\\&=\boldsymbol{H}(t)-\boldsymbol{T}^{j+1}(t)\end{aligned} \tag{5-23}$$

为了简单起见，取 $\boldsymbol{K}_p^0=\boldsymbol{\Lambda}\boldsymbol{K}_d^0$，并定义

$$\boldsymbol{y}^j(t)=\dot{\boldsymbol{e}}^j(t)+\boldsymbol{\Lambda}\boldsymbol{e}^j(t) \tag{5-24}$$

假设式（5-1）的系统满足骨骼服的特性（1）、（2）和假设条件（1）、（2）。用控制规律式（5-6）及其增益切换公式（5-7），则对于 $t\in[0,t_f]$，有

$$\boldsymbol{q}^j(t)\xrightarrow{j\to\infty}\boldsymbol{q}_d(t),\dot{\boldsymbol{q}}^j(t)\xrightarrow{j\to\infty}\dot{\boldsymbol{q}}_d(t) \tag{5-25}$$

其中控制增益需要满足如下条件：

$$\begin{cases} l_p=\lambda_{\min}(\boldsymbol{K}_d^0+2\boldsymbol{B}_1-2\boldsymbol{K}_v-2\boldsymbol{\varLambda J})>0 \\ l_r=\lambda_{\min}[\boldsymbol{K}_d^0+2\boldsymbol{B}+2(\boldsymbol{F}-\boldsymbol{K}_f)/\boldsymbol{\varLambda}-2\dot{\boldsymbol{B}}_1/\boldsymbol{\varLambda}]>0 \\ l_pl_r\geqslant\left\|(\boldsymbol{F}-\boldsymbol{K}_f)/\boldsymbol{\varLambda}-(\boldsymbol{B}+\boldsymbol{B}_1-\boldsymbol{K}_v-\boldsymbol{\varLambda J})\right\|_{\max}^2 \end{cases} \tag{5-26}$$

式中：$\lambda_{\min}(*)$ 为矩阵 * 的最小特征值；$\|*\|_{\max}=\max\|*(t)\|$，$t\in[0,t_f]$；$\|*\|$ 为矩阵 * 的欧式范数。

收敛性分析的证明如下。

定义李雅普诺夫函数为

$$V^j=\int_0^t\exp(-\rho\tau)\boldsymbol{y}^{j^{\mathrm{T}}}\boldsymbol{K}_d^0\boldsymbol{y}^j\mathrm{d}\tau\geqslant 0 \tag{5-27}$$

式中：$\boldsymbol{K}_d^0>0$ 为 PD 控制中 D 控制项的初始增益；ρ 为正实数。

由式（5-24）得

$$\delta\boldsymbol{y}^j=\boldsymbol{y}^{j+1}-\boldsymbol{y}^j=\dot{\boldsymbol{e}}^{j+1}+\boldsymbol{\varLambda e}^{j+1}-(\dot{\boldsymbol{e}}^j+\boldsymbol{\varLambda e}^j)=\delta\dot{\boldsymbol{e}}^j+\boldsymbol{\varLambda}\delta\boldsymbol{e}^j \tag{5-28}$$

由式（5-22）得

$$\begin{aligned}\boldsymbol{J}(t)(\ddot{\boldsymbol{e}}^{j+1}(t)-\ddot{\boldsymbol{e}}^j(t))&=-[\boldsymbol{B}(t)+\boldsymbol{B}_1(t)-\boldsymbol{K}_v](\dot{\boldsymbol{e}}^{j+1}(t)-\dot{\boldsymbol{e}}^j(t))\\&-[\boldsymbol{F}(t)-\boldsymbol{K}_f](\boldsymbol{e}^{j+1}(t)-\boldsymbol{e}^j(t))-(\boldsymbol{T}^{j+1}(t)-\boldsymbol{T}^j(t))\end{aligned} \tag{5-29}$$

由式（5-28）和式（5-29）得

$$\begin{aligned}\boldsymbol{J}\delta\dot{\boldsymbol{y}}^j&=\boldsymbol{J}\delta\ddot{\boldsymbol{e}}^{j+1}+\boldsymbol{J\varLambda}\delta\dot{\boldsymbol{e}}^j=\boldsymbol{J}(\ddot{\boldsymbol{e}}^{j+1}-\ddot{\boldsymbol{e}}^j)+\boldsymbol{J\varLambda}(\dot{\boldsymbol{e}}^{j+1}-\dot{\boldsymbol{e}}^j)\\&=-[\boldsymbol{B}(t)+\boldsymbol{B}_1(t)-\boldsymbol{K}_v](\dot{\boldsymbol{e}}^{j+1}(t)-\dot{\boldsymbol{e}}^j(t))-[\boldsymbol{F}(t)-\boldsymbol{K}_f](\boldsymbol{e}^{j+1}(t)-\boldsymbol{e}^j(t))\\&\quad-(\boldsymbol{T}^{j+1}(t)-\boldsymbol{T}^j(t))+\boldsymbol{J\varLambda}(\dot{\boldsymbol{e}}^{j+1}-\dot{\boldsymbol{e}}^j)\\&=-[\boldsymbol{B}(t)+\boldsymbol{B}_1(t)-\boldsymbol{K}_v]\delta\dot{\boldsymbol{e}}^j(t)-[\boldsymbol{F}(t)-\boldsymbol{K}_f]\delta\boldsymbol{e}^j(t)\\&\quad-(\boldsymbol{K}_p^{j+1}\boldsymbol{e}^{j+1}(t)+\boldsymbol{K}_d^{j+1}\dot{\boldsymbol{e}}^{j+1}(t))+\boldsymbol{J\varLambda}(\dot{\boldsymbol{e}}^{j+1}-\dot{\boldsymbol{e}}^j)\end{aligned} \tag{5-30}$$

由 $\boldsymbol{K}_p^0=\boldsymbol{\varLambda K}_d^0$ 和式（5-7）知 $\boldsymbol{K}_p^{j+1}=\boldsymbol{\varLambda K}_d^{j+1}$，考虑到式（5-28）得

$$\begin{aligned}\boldsymbol{J}\delta\dot{\boldsymbol{y}}^j&=-[\boldsymbol{B}+\boldsymbol{B}_1-\boldsymbol{K}_v](\delta\boldsymbol{y}^j-\boldsymbol{\varLambda}\delta\boldsymbol{e}^j)-[\boldsymbol{F}(t)-\boldsymbol{K}_f]\delta\boldsymbol{e}^j\\&\quad+\boldsymbol{J\varLambda}(\dot{\boldsymbol{e}}^{j+1}-\dot{\boldsymbol{e}}^j)-(\boldsymbol{\varLambda K}_d^{j+1}\boldsymbol{e}^{j+1}+\boldsymbol{K}_d^{j+1}\dot{\boldsymbol{e}}^{j+1})\end{aligned} \tag{5-31}$$

由于

$$\boldsymbol{J\Lambda}(\dot{\boldsymbol{e}}^{j+1}-\dot{\boldsymbol{e}}^{j})=\boldsymbol{J\Lambda}[(\boldsymbol{y}^{j+1}-\boldsymbol{\Lambda e}^{j+1})-(\boldsymbol{y}^{j}-\boldsymbol{\Lambda e}^{j})]=\boldsymbol{J\Lambda}\delta\boldsymbol{y}^{j}-\boldsymbol{J\Lambda}^{2}\delta\boldsymbol{e}^{j} \tag{5-32}$$

$$\boldsymbol{\Lambda K}_d^{j+1}\boldsymbol{e}^{j+1}+\boldsymbol{K}_d^{j+1}\dot{\boldsymbol{e}}^{j+1}=\boldsymbol{K}_d^{j+1}(\boldsymbol{\Lambda e}^{j+1}+\dot{\boldsymbol{e}}^{j+1})=\boldsymbol{K}_d^{j+1}\boldsymbol{y}^{j+1}=\boldsymbol{K}_d^{j+1}(\delta\boldsymbol{y}^{j}+\boldsymbol{y}^{j}) \tag{5-33}$$

则

$$\begin{aligned}\boldsymbol{J}\delta\dot{\boldsymbol{y}}^{j}&=-[\boldsymbol{B}+\boldsymbol{B}_1-\boldsymbol{K}_v](\delta\boldsymbol{y}^{j}-\Lambda\delta\boldsymbol{e}^{j})-[\boldsymbol{F}-\boldsymbol{K}_f]\delta\boldsymbol{e}^{j}\\&\quad+\boldsymbol{J\Lambda}\delta\boldsymbol{y}^{j}-\boldsymbol{J\Lambda}^{2}\delta\boldsymbol{e}^{j}-\boldsymbol{K}_d^{j+1}(\delta\boldsymbol{y}^{j}+\boldsymbol{y}^{j})\\&=-[\boldsymbol{B}+\boldsymbol{B}_1-\boldsymbol{K}_v-\boldsymbol{\Lambda J}+\boldsymbol{K}_d^{j+1}]\delta\boldsymbol{y}^{j}\\&\quad-(\boldsymbol{F}-\boldsymbol{K}_f-\boldsymbol{\Lambda}(\boldsymbol{B}+\boldsymbol{B}_1-\boldsymbol{K}_v-\boldsymbol{\Lambda J}))\delta\boldsymbol{e}^{j}-\boldsymbol{K}_d^{j+1}\boldsymbol{y}^{j}\end{aligned} \tag{5-34}$$

则

$$\begin{aligned}\boldsymbol{K}_d^{j+1}\boldsymbol{y}^{j}&=-\boldsymbol{J}\delta\dot{\boldsymbol{y}}^{j}-(\boldsymbol{B}+\boldsymbol{B}_1-\boldsymbol{K}_v-\boldsymbol{\Lambda J}+\boldsymbol{K}_d^{j+1})\delta\boldsymbol{y}^{j}\\&\quad-(\boldsymbol{F}-\boldsymbol{K}_f-\boldsymbol{\Lambda}(\boldsymbol{B}+\boldsymbol{B}_1-\boldsymbol{K}_v-\boldsymbol{\Lambda J}))\delta\boldsymbol{e}^{j}\end{aligned} \tag{5-35}$$

由V^j的定义，得

$$V^{j+1}=\int_0^t\exp(-\rho\tau)\boldsymbol{y}^{j+1^{\mathrm{T}}}\boldsymbol{K}_d^0\boldsymbol{y}^{j+1}\mathrm{d}\tau \tag{5-36}$$

定义

$$\Delta V^j=V^{j+1}-V^j \tag{5-37}$$

由式（5-7）和式（5-28），并将式（5-35）代入，得

$$\begin{aligned}\Delta V^j&=\int_0^t\exp(-\rho\tau)(\delta\boldsymbol{y}^{j^{\mathrm{T}}}+\boldsymbol{y}^{j})^{\mathrm{T}}\boldsymbol{K}_d^0(\delta\boldsymbol{y}^{j^{\mathrm{T}}}+\boldsymbol{y}^{j})\mathrm{d}\tau-\int_0^t\exp(-\rho\tau)\boldsymbol{y}^{j^{\mathrm{T}}}\boldsymbol{K}_d^0\boldsymbol{y}^{j}\mathrm{d}\tau\\&=\int_0^t\exp(-\rho\tau)\delta\boldsymbol{y}^{j^{\mathrm{T}}}\boldsymbol{K}_d^0\delta\boldsymbol{y}^{j}+2\delta\boldsymbol{y}^{j^{\mathrm{T}}}\boldsymbol{K}_d^0\boldsymbol{y}^{j}\mathrm{d}\tau\\&=\frac{1}{\beta(j+1)}\int_0^t\exp(-\rho\tau)(\delta\boldsymbol{y}^{j^{\mathrm{T}}}\boldsymbol{K}_d^{j+1}\delta\boldsymbol{y}^{j}+2\delta\boldsymbol{y}^{j^{\mathrm{T}}}\boldsymbol{K}_d^{j+1}\boldsymbol{y}^{j}\mathrm{d}\tau\\&=\frac{1}{\beta(j+1)}\int_0^t\exp(-\rho\tau)\delta\boldsymbol{y}^{j^{\mathrm{T}}}\boldsymbol{K}_d^{j+1}\delta\boldsymbol{y}^{j}\mathrm{d}\tau-2\int_0^t\exp(-\rho\tau)\delta\boldsymbol{y}^{j^{\mathrm{T}}}\boldsymbol{J}\delta\dot{\boldsymbol{y}}^{j}\mathrm{d}\tau\\&\quad-2\int_0^t\exp(-\rho\tau)\delta\boldsymbol{y}^{j^{\mathrm{T}}}((\boldsymbol{B}+\boldsymbol{B}_1-\boldsymbol{K}_v-\boldsymbol{\Lambda J}+\boldsymbol{K}_d^{j+1})\delta\boldsymbol{y}^{j}\\&\quad+(\boldsymbol{F}-\boldsymbol{K}_f-\boldsymbol{\Lambda}(\boldsymbol{B}+\boldsymbol{B}_1-\boldsymbol{K}_v-\boldsymbol{\Lambda J}))\delta\boldsymbol{e}^{j})\mathrm{d}\tau\end{aligned} \tag{5-38}$$

应用分部积分法，根据初始条件（2）有$\delta \boldsymbol{y}^j(0)=0$，则

$$\int_0^t \exp(-\rho\tau)\delta \boldsymbol{y}^{j^{\mathrm{T}}} \boldsymbol{J}\delta \dot{\boldsymbol{y}}^j \mathrm{d}\tau = \exp(-\rho\tau)\delta \boldsymbol{y}^{j^{\mathrm{T}}} \boldsymbol{J}\delta \boldsymbol{y}^j \Big|_0^t - \int_0^t (\exp(-\rho\tau)\delta \boldsymbol{y}^{j^{\mathrm{T}}} \boldsymbol{J})\delta \boldsymbol{y}^j \mathrm{d}\tau$$
$$= \exp(-\rho t)\delta \boldsymbol{y}^{j^{\mathrm{T}}}(t)\boldsymbol{J}(t)\delta \boldsymbol{y}^j(t) + \rho\int_0^t \exp(-\rho\tau)\delta \boldsymbol{y}^{j^{\mathrm{T}}} \boldsymbol{J}\delta \boldsymbol{y}^j \mathrm{d}\tau - \int_0^t \exp(-\rho\tau)\delta \boldsymbol{y}^{j^{\mathrm{T}}} \boldsymbol{J}\delta \dot{\boldsymbol{y}}^j \mathrm{d}\tau \tag{5-39}$$

将式（5-38）、式（5-39）通向合并，得

$$2\int_0^t \exp(-\rho\tau)\delta \boldsymbol{y}^{j^{\mathrm{T}}} \boldsymbol{J}\delta \dot{\boldsymbol{y}}^j \mathrm{d}\tau = \exp(-\rho\tau)\delta \boldsymbol{y}^{j^{\mathrm{T}}} \boldsymbol{J}\delta \boldsymbol{y}^j + \rho\int_0^t \exp(-\rho\tau)\delta \boldsymbol{y}^{j^{\mathrm{T}}} \boldsymbol{J}\delta \boldsymbol{y}^j \mathrm{d}\tau - \int_0^t \exp(-\rho\tau)\delta \boldsymbol{y}^{j^{\mathrm{T}}} \dot{\boldsymbol{D}}\delta \boldsymbol{y}^j \mathrm{d}\tau \tag{5-40}$$

由骨骼服特性（2），可得

$$\int_0^t \delta \boldsymbol{y}^{j^{\mathrm{T}}} \dot{\boldsymbol{J}}\delta \boldsymbol{y}^j \mathrm{d}\tau = 2\int_0^t \delta \boldsymbol{y}^{j^{\mathrm{T}}} \boldsymbol{B}\delta \boldsymbol{y}^j \mathrm{d}\tau \tag{5-41}$$

则

$$\begin{aligned}\Delta V^j =& \frac{1}{\beta(j+1)}\Big\{-\exp(-\rho\tau)\delta \boldsymbol{y}^{j^{\mathrm{T}}} \boldsymbol{J}(t)\delta \boldsymbol{y}^j(t) - \rho\int_0^t \exp(-\rho\tau)\delta \boldsymbol{y}^{j^{\mathrm{T}}} \boldsymbol{J}\delta \boldsymbol{y}^j \mathrm{d}\tau \\ & -2\int_0^t \exp(-\rho\tau)\delta \boldsymbol{y}^{j^{\mathrm{T}}}(\boldsymbol{F}-\boldsymbol{K}_f-\boldsymbol{\varLambda}(\boldsymbol{B}+\boldsymbol{B}_1-\boldsymbol{K}_v-\boldsymbol{\varLambda}\boldsymbol{J})\delta \boldsymbol{e}^j)\mathrm{d}\tau \\ & -\int_0^t \exp(-\rho\tau)\delta \boldsymbol{y}^{j^{\mathrm{T}}}(\boldsymbol{K}_d^{j+1}+2\boldsymbol{B}_1-2\boldsymbol{K}_v-2\boldsymbol{\varLambda}\boldsymbol{J})\delta \boldsymbol{y}^j \mathrm{d}\tau\Big\}\end{aligned} \tag{5-42}$$

由于

$$\begin{aligned}\int_0^t \exp(-\rho\tau)\delta \boldsymbol{y}^{j^{\mathrm{T}}} \boldsymbol{K}_{\mathrm{d}}^{j+1}\delta \boldsymbol{y}^j \mathrm{d}\tau &= \beta(j+1)\int_0^t \exp(-\rho\tau)\delta \boldsymbol{y}^{j^{\mathrm{T}}} \boldsymbol{K}_{\mathrm{d}}^0\delta \boldsymbol{y}^j \mathrm{d}\tau \\ &\geqslant \int_0^t \exp(-\rho\tau)\delta \boldsymbol{y}^{j^{\mathrm{T}}} \boldsymbol{K}_{\mathrm{d}}^0\delta \boldsymbol{y}^j \mathrm{d}\tau\end{aligned} \tag{5-43}$$

利用式（5-28），并将$\delta \boldsymbol{y}^j$展开成$\delta\ddot{\boldsymbol{e}}^j+\boldsymbol{\varLambda}\delta\boldsymbol{e}^j$得

$$\begin{aligned}\Delta V^j \leqslant& \frac{1}{\beta(j+1)}\Big\{\int_0^t -\exp(-\rho\tau)\delta \boldsymbol{y}^{j^{\mathrm{T}}} \boldsymbol{J}(t)\delta \boldsymbol{y}^j(t)\mathrm{d}\tau - \rho\int_0^t \exp(-\rho\tau)\delta \boldsymbol{y}^{j^{\mathrm{T}}} \boldsymbol{J}\delta \boldsymbol{y}^j \mathrm{d}\tau \\ & -2\int_0^t \exp(-\rho\tau)\delta \dot{\boldsymbol{e}}^{j^{\mathrm{T}}}(\boldsymbol{F}-\boldsymbol{K}_f-\boldsymbol{\varLambda}(\boldsymbol{B}+\boldsymbol{B}_1-\boldsymbol{K}_v-\boldsymbol{\varLambda}\boldsymbol{J}))\delta \boldsymbol{e}^j \mathrm{d}\tau\end{aligned}$$

$$
\begin{aligned}
& -2\Lambda\int_0^t \exp(-\rho\tau)\delta\boldsymbol{e}^{j^{\mathrm{T}}}(\boldsymbol{F}-\boldsymbol{K}_f-\Lambda(\boldsymbol{B}+\boldsymbol{B}_1-\boldsymbol{K}_v-\Lambda\boldsymbol{J})\delta\boldsymbol{e}^j\mathrm{d}\tau \\
& -\int_0^t \exp(-\rho\tau)\delta\dot{\boldsymbol{e}}^{j^{\mathrm{T}}}(\boldsymbol{K}_d^0+2\boldsymbol{B}_1-2\boldsymbol{K}_v-2\Lambda\boldsymbol{J})\delta\dot{\boldsymbol{e}}^j\mathrm{d}\tau \\
& -2\Lambda\int_0^t \exp(-\rho\tau)\delta\boldsymbol{e}^{j^{\mathrm{T}}}(\boldsymbol{K}_d^0+2\boldsymbol{B}_1-2\boldsymbol{K}_v-2\Lambda\boldsymbol{J})\delta\dot{\boldsymbol{e}}^j\mathrm{d}\tau \\
& -\Lambda^2\int_0^t \exp(-\rho\tau)\delta\boldsymbol{e}^{j^{\mathrm{T}}}(\boldsymbol{K}_d^0+2\boldsymbol{B}_1-2\boldsymbol{K}_v-2\Lambda\boldsymbol{J})\delta\boldsymbol{e}^j\mathrm{d}\tau\Big\}
\end{aligned}
\tag{5-44}
$$

应用分部积分法，根据初始条件，有 $\delta\boldsymbol{e}^j(0)=0$，则

$$
\begin{aligned}
& \int_0^t \exp(-\rho\tau)\delta\boldsymbol{e}^{j^{\mathrm{T}}}(\boldsymbol{K}_d^0+2\boldsymbol{B}_1-2\boldsymbol{K}_v-2\Lambda\boldsymbol{J})\delta\dot{\boldsymbol{e}}^j\mathrm{d}\tau \\
& =\exp(-\rho\tau)\delta\boldsymbol{e}^{j^{\mathrm{T}}}(\boldsymbol{K}_d^0+2\boldsymbol{B}_1-2\boldsymbol{K}_v-2\Lambda\boldsymbol{J})\delta\boldsymbol{e}^j\Big|_0^t \\
& \quad -\int_0^t -\rho\exp(-\rho\tau)\delta\boldsymbol{e}^{j^{\mathrm{T}}}(\boldsymbol{K}_d^0+2\boldsymbol{B}_1-2\boldsymbol{K}_v-2\Lambda\boldsymbol{J})\delta\boldsymbol{e}^j\mathrm{d}\tau \\
& \quad -\int_0^t \exp(-\rho\tau)\delta\dot{\boldsymbol{e}}^{j^{\mathrm{T}}}(\boldsymbol{K}_d^0+2\boldsymbol{B}_1-2\boldsymbol{K}_v-2\Lambda\boldsymbol{J})\delta\boldsymbol{e}^j\mathrm{d}\tau \\
& \quad -\int_0^t \exp(-\rho\tau)\delta\boldsymbol{e}^{j^{\mathrm{T}}}(2\dot{\boldsymbol{B}}_1-2\Lambda\dot{\boldsymbol{J}})\delta\boldsymbol{e}^j\mathrm{d}\tau
\end{aligned}
\tag{5-45}
$$

将式（5-43）、式（5-45）合并同类项，并将两端同时乘以 Λ，得

$$
\begin{aligned}
& 2\Lambda\int_0^t \boldsymbol{e}^{-\rho\tau}\delta\boldsymbol{e}^{j^{\mathrm{T}}}(\boldsymbol{K}_d^0+2\boldsymbol{B}_1-2\boldsymbol{K}_v-2\Lambda\boldsymbol{J})\delta\dot{\boldsymbol{e}}^j\mathrm{d}\tau \\
& =\Lambda\exp(-\rho\tau)\delta\boldsymbol{e}^{j^{\mathrm{T}}}(\boldsymbol{K}_d^0+2\boldsymbol{B}_1-2\boldsymbol{K}_v-2\Lambda\boldsymbol{J})\delta\boldsymbol{e}^j\Big|_0^t \\
& \quad +\rho\Lambda\int_0^t \exp(-\rho\tau)\delta\boldsymbol{e}^{j^{\mathrm{T}}}(\boldsymbol{K}_d^0+2\boldsymbol{B}_1-2\boldsymbol{K}_v-2\Lambda\boldsymbol{J})\delta\boldsymbol{e}^j\mathrm{d}\tau \\
& \quad +2\Lambda\int_0^t \exp(-\rho\tau)\delta\boldsymbol{e}^{j^{\mathrm{T}}}(\boldsymbol{K}_d^0+\Lambda\dot{\boldsymbol{J}}-\dot{\boldsymbol{B}}_1)\delta\boldsymbol{e}^j\mathrm{d}\tau
\end{aligned}
\tag{5-46}
$$

则

$$
\begin{aligned}
\Delta V^j \leqslant & \frac{1}{\beta(j+1)}\{-\exp(-\rho\tau)\delta\boldsymbol{y}^{j^{\mathrm{T}}}\boldsymbol{J}\delta\boldsymbol{y}^j(t) \\
& -\rho\int_0^t \exp(-\rho\tau)\delta\boldsymbol{y}^{j^{\mathrm{T}}}\boldsymbol{J}\delta\boldsymbol{y}^j\mathrm{d}\tau \\
& -\Lambda\exp(-\rho\tau)\delta\boldsymbol{e}^{j^{\mathrm{T}}}(\boldsymbol{K}_d^0+2\boldsymbol{B}_1-2\boldsymbol{K}_v-2\Lambda\boldsymbol{J})\delta\boldsymbol{e}^j \\
& -\rho\Lambda\int_0^t \exp(-\rho\tau)\delta\boldsymbol{e}^{j^{\mathrm{T}}}(\boldsymbol{K}_d^0+2\boldsymbol{B}_1-2\boldsymbol{K}_v-2\Lambda\boldsymbol{J})\delta\boldsymbol{e}^j\mathrm{d}\tau \\
& -\int_0^t \exp(-\rho\tau)\omega\mathrm{d}\tau
\end{aligned}
\tag{5-47}
$$

进一步

$$
\begin{aligned}
\Delta V^j \leqslant \frac{1}{\beta(j+1)} \Big\{ & -\exp(-\rho\tau)\delta \boldsymbol{y}^{j^{\mathrm{T}}} \boldsymbol{J} \delta \boldsymbol{y}^j(t) \\
& -\rho \int_0^t \exp(-\rho\tau)\delta \boldsymbol{y}^{j^{\mathrm{T}}} \boldsymbol{J} \delta \boldsymbol{y}^j \mathrm{d}\tau \\
& -\Lambda \exp(-\rho\tau)\delta \boldsymbol{e}^{j^{\mathrm{T}}} l_p \delta \boldsymbol{e}^j - \rho\Lambda \int_0^t \exp(-\rho\tau)\delta \boldsymbol{e}^{j^{\mathrm{T}}} l_p \delta \boldsymbol{e}^j \mathrm{d}\tau \\
& -\int_0^t \exp(-\rho\tau)\omega \mathrm{d}\tau \Big\}
\end{aligned}
\tag{5-48}
$$

其中

$$
\begin{aligned}
\omega = & \delta \dot{\boldsymbol{e}}^{j^{\mathrm{T}}} (\boldsymbol{K}_d^0 + 2\boldsymbol{B}_1 - 2\boldsymbol{K}_v - 2\Lambda \boldsymbol{J}) \delta \dot{\boldsymbol{e}}^j \\
& + 2\delta \dot{\boldsymbol{e}}^{j^{\mathrm{T}}} (\boldsymbol{F} - \boldsymbol{K}_f - \Lambda(\boldsymbol{B} + \boldsymbol{B}_1 - \boldsymbol{K}_v - \Lambda \boldsymbol{J})) \delta \boldsymbol{e}^j \\
& + 2\Lambda \delta \boldsymbol{e}^{j^{\mathrm{T}}} (\Lambda \dot{\boldsymbol{J}} - \dot{\boldsymbol{B}}_1) \delta \boldsymbol{e}^j \\
& + \Lambda^2 \delta \boldsymbol{e}^{j^{\mathrm{T}}} (\boldsymbol{K}_d^0 + 2\boldsymbol{B}_1 - 2\boldsymbol{K}_v - 2\Lambda \boldsymbol{J}) \delta \boldsymbol{e}^j \\
& + 2\Lambda \delta \boldsymbol{e}^{j^{\mathrm{T}}} (\boldsymbol{F} - \boldsymbol{K}_f - \Lambda(\boldsymbol{B} + \boldsymbol{B}_1 - \boldsymbol{K}_v - \Lambda \boldsymbol{J})) \delta \boldsymbol{e}^j \\
= & \delta \dot{\boldsymbol{e}}^{j^{\mathrm{T}}} (\boldsymbol{K}_d^0 + 2\boldsymbol{B}_1 - 2\boldsymbol{K}_v - 2\Lambda \boldsymbol{J}) \delta \dot{\boldsymbol{e}}^j \\
& + 2\Lambda \delta \boldsymbol{e}^{j^{\mathrm{T}}} ((\boldsymbol{F} - \boldsymbol{K}_f)/\Lambda - (\boldsymbol{B} + \boldsymbol{B}_1 - \boldsymbol{K}_v - \Lambda \boldsymbol{J})) \delta \boldsymbol{e}^j \\
& + \Lambda^2 \delta \boldsymbol{e}^{j^{\mathrm{T}}} (\boldsymbol{K}_d^0 + 2\boldsymbol{B} + 2(\boldsymbol{F} - \boldsymbol{K}_f)/\Lambda - 2\dot{\boldsymbol{B}}_1/\Lambda) \delta \boldsymbol{e}^j
\end{aligned}
\tag{5-49}
$$

取$\boldsymbol{Q} = (\boldsymbol{F} - \boldsymbol{K}_f)/\Lambda - (\boldsymbol{B} + \boldsymbol{B}_1 - \boldsymbol{K}_v - \Lambda \boldsymbol{J})$，则由式（5-11），得

$$
\omega \geqslant l_p \|\delta \dot{\boldsymbol{e}}\|^2 + 2\Lambda \delta \dot{\boldsymbol{e}}^{\mathrm{T}} \boldsymbol{Q} \delta \boldsymbol{e} + \Lambda^2 l_r \|\delta \boldsymbol{e}\|^2 \tag{5-50}
$$

采用 Cauchy-Schwart 不等式，有

$$
\delta \dot{\boldsymbol{e}}^{\mathrm{T}} \boldsymbol{Q} \delta \boldsymbol{e} \geqslant -\|\delta \dot{\boldsymbol{e}}\| \ \|\boldsymbol{Q}\|_{\max} \|\delta \boldsymbol{e}\| \tag{5-51}
$$

$$
\begin{aligned}
\omega & \geqslant l_p \|\delta \dot{\boldsymbol{e}}\|^2 - 2\Lambda \|\delta \dot{\boldsymbol{e}}\| \ \|\boldsymbol{Q}\|_{\max} \|\delta \boldsymbol{e}\| + \Lambda^2 l_r \|\delta \boldsymbol{e}\|^2 \\
& = l_p (\|\delta \dot{\boldsymbol{e}}\|^2 - \frac{\Lambda}{l_p} \|\boldsymbol{Q}\|_{\max} \|\delta \boldsymbol{e}\|)^2 + \Lambda^2 (l_r - \frac{1}{l_p} \|\boldsymbol{Q}\|^2{}_{\max}) \|\delta \boldsymbol{e}\|^2 \geqslant 0
\end{aligned}
\tag{5-52}
$$

则$\Delta V_j \leqslant 0$，即

$$V^{j+1} \leqslant V^j \tag{5-53}$$

由于$\boldsymbol{K}_d^0$为正定阵，$V^j > 0$且V^j有界，则当$j \to \infty$时，$\boldsymbol{y}^j(t) \to 0$。由于$\boldsymbol{e}^j(t)$和$\dot{\boldsymbol{e}}^j(t)$为两个相互独立的变量，$\boldsymbol{\Lambda}$为正定常数阵，如取$j \to \infty$，则$\boldsymbol{e}^j(t) \to 0, \dot{\boldsymbol{e}}^j(t) \to 0, t \in [0, t_f]$。

通过上面的分析，可得结论，对于$t \in [0, t_f]$，$\boldsymbol{q}^j(t) \xrightarrow{j \to \infty} \boldsymbol{q}_d(t), \dot{\boldsymbol{q}}^j(t) \xrightarrow{j \to \infty} \dot{\boldsymbol{q}}_d(t)$。

5.2 迭代学习控制器的实现

针对系统式(5-1)进行仿真，以摆动相为例进行实现，式中$\boldsymbol{K}_f = \text{diag}\ (12,12,12)$，$\boldsymbol{K}_v = \text{diag}(1,1,1)$，可重复的干扰为$d_1 = 0.1\sin t$，$d_2 = 0.1\sin t$，$d_3 = 0.1\sin t$，$T_d = [d_1 \quad d_2 \quad d_3]^{\mathrm{T}}$。

取$\boldsymbol{\Lambda} = \begin{bmatrix} 1 & 0 & 0 \\ 0 & 1 & 0 \\ 0 & 0 & 1 \end{bmatrix}$，控制器参数设计为$\boldsymbol{K}_p^0 = \boldsymbol{K}_d^0 = \begin{bmatrix} 2 & 0 \\ 0 & 2 \end{bmatrix}$，$\beta(j) = 2j$，$\boldsymbol{K}_p^j = 2j\boldsymbol{K}_p^0$，$\boldsymbol{K}_d^j = 2j\boldsymbol{K}_d^0$，$j = 1, 2, \cdots, N$。

系统的初始状态与人腿相同。在本仿真实例中，经过5次迭代，实际被控系统输出达到期望的跟踪精度，各关节的收敛过程如图5-1所示，其中，红线代表期望值，蓝线代表5次迭代的实际输出值。第5次迭代的角度跟踪曲线如图5-2所示，虚线代表期望值，实线代表第5次迭代的实际输出值。人机作用力曲线如图5-3所示，角度跟踪的误差收敛过程如图5-4所示。从仿真结果可以看出，经过学习，骨骼服的角度输出能够跟踪穿戴者的角度输出，人机作用力比较小，能够实现骨骼服的携行。

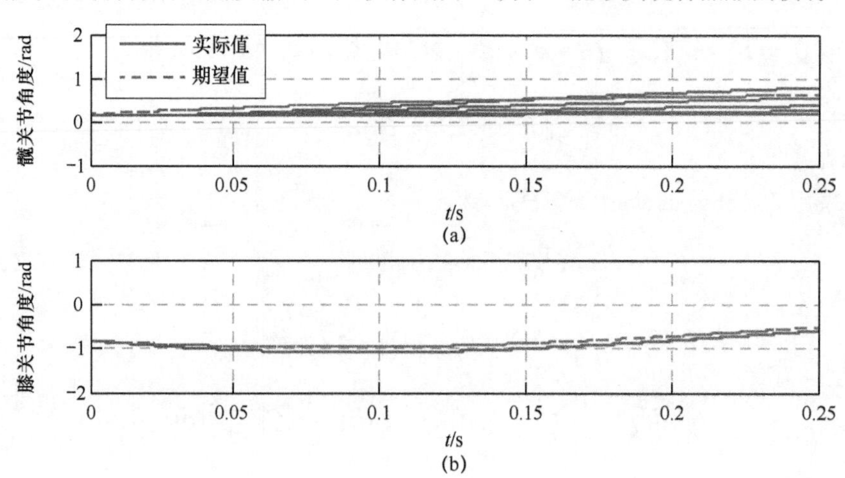

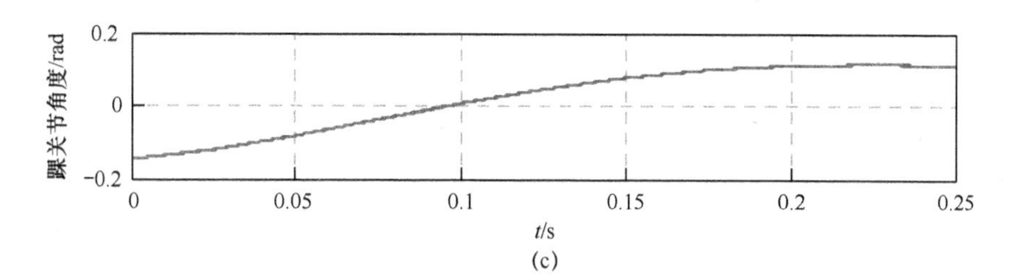

(c)

图 5-1　5 次迭代的角度跟踪曲线

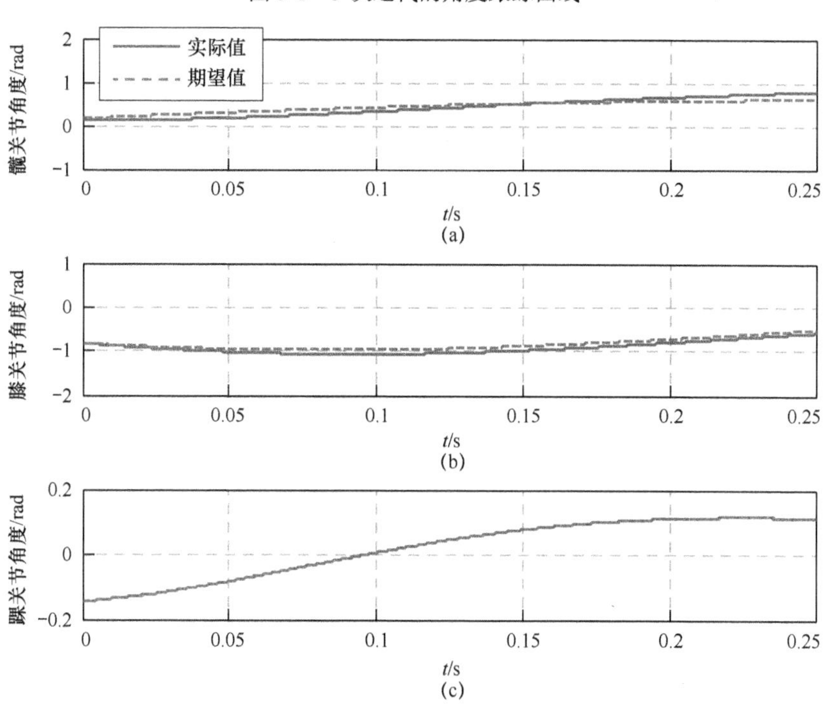

图 5-2　第 5 次迭代的角度跟踪曲线

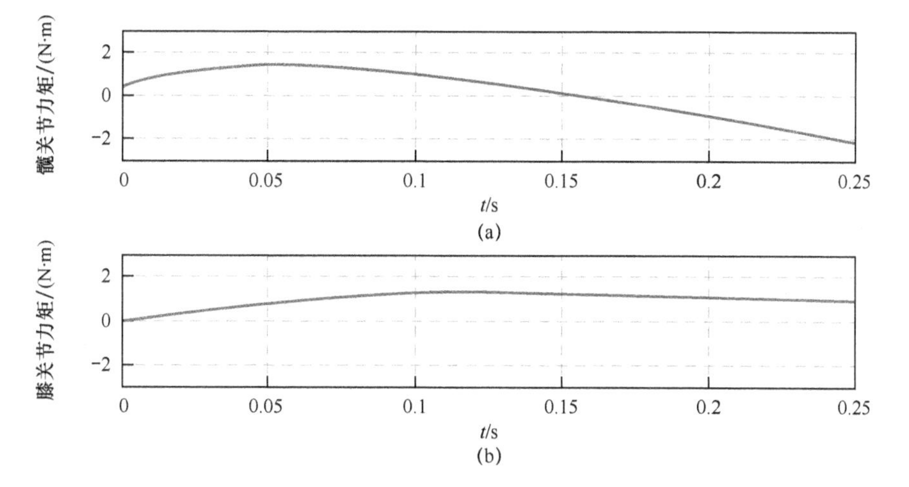

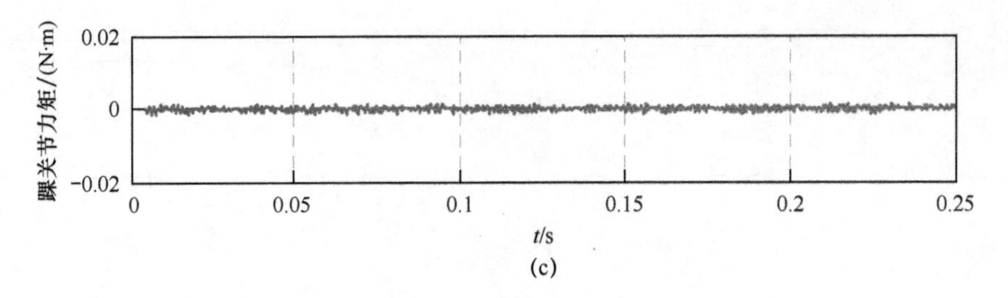

图 5-3　人机作用力曲线

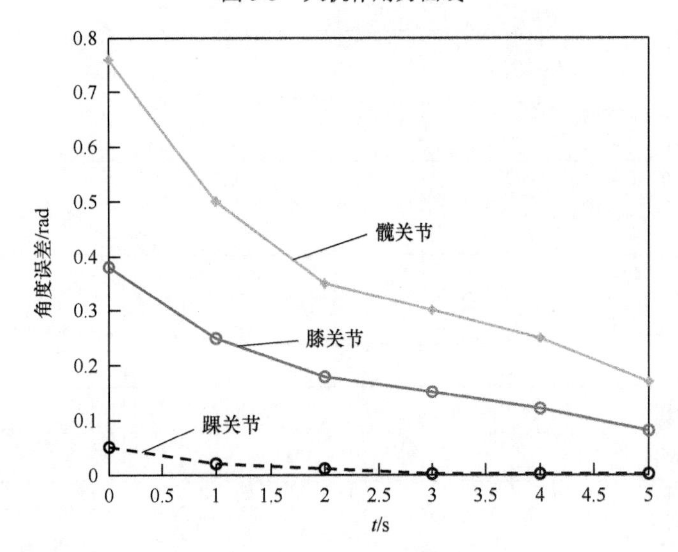

图 5-4　角度跟踪曲线的误差收敛过程

5.3　小结

采用迭代学习控制可以弥补虚拟力矩控制的不足，迭代学习控制的优点就是可以利用人体行走的这一重复过程，提高控制的速度和精度。本章针对人体个体的差异，根据未加入学习控制阶段的人体行走步态判断出穿戴者的步态特征，结合人体行走的生物力学模型，对骨骼服加入学习控制，设计了迭代学习控制器，并进行了收敛性证明，仿真结果说明了此方法的有效性。

第6章　基于静定结构的人机穿戴耦合方式

静止状态下的人服系统，必须要求所设计的人服系统是静定结构。本章研究了人机耦合穿戴方式，从机械结构上避免系结构统内力的产生，为外骨骼服的机械设计提供指导原则。我们知道，人和外骨骼服（Exoskeleton-Suit）通过互联件（Fixation），组成了一个多体结构，称为人服系统（Fuman-Suit System）。人服系统实际上是由人体链（Human Chain）和外骨骼服链（Exoskeleton-Suit Chain）通过相应的互联件链接组成的两链结构。在负荷携行运动中，外骨骼服负荷可以通过电动、液压或气动驱动器控制力和力矩取得平衡，并通过外骨骼服链传输到地面，但由于人体链和外骨骼服链的结构不匹配，必然会通过互联件对人体产生不可控制的力和力矩，穿过人体的皮肤和衣服，使人感觉到不舒服甚至难受，这是目前外骨骼服研究中的主要难点。本章主要解决无负荷静止状态下人服系统两链结构无内力的设计问题，N. Jarrasse 和 G. Morel 在文献[128]中把人体链和外骨骼服链的结构不匹配看作超静定问题，提出了一些法则来解决上肢外骨骼的静定结构设计，其思路非常新颖，但理论上还不够完善。文献[129]中完善了静定结构设计理论成果，并且在上肢外骨骼 ABLE 上得到了应用，但没有解决链接度的属性分配，也就是这个链接度是属于线运动还是属于角运动？只能通过试验的办法来选取。

本节直观地推出机动度递推限制条件和静定递推限制条件，以及两个边界条件，并从空间维数的角度证明所得结论的正确性，最后给出骨骼构件的实现原理。

6.1　不可控内力的产生因素

6.1.1　关节匹配误差因素

在外骨骼系统运动学的分析中，往往认为外骨骼服与人体有很好的耦合性，两者的运动是一致的。但是，在实际情况中，由于关节宏观运动机理与微观运动机理的差别，外骨骼服与人体相应肢体的运动关节之间，在位置上或多或少总会存在一定的偏差，对穿戴者与外骨骼服的协调运动产生一定的影响，以单自由度膝关节为例对此影响进行分析，如图6-1所示。

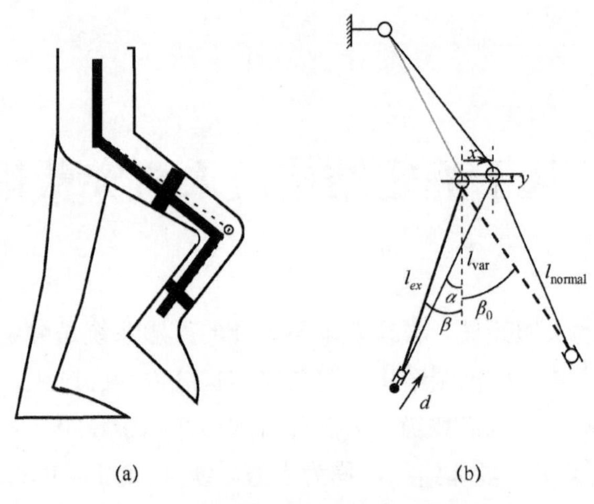

图 6-1 关节位置偏差对运动的影响模型

假设外骨骼服下肢与人体下肢在大腿处的连接是刚性的，即不存在链接度，而在小腿处的连接是柔性连接，即存在链接度，对链接度的数目暂不讨论。人体和外骨骼服对应的膝关节轴间任意的 x 或 y 方向的偏移都会在运动过程中造成两者小腿之间的滑动阻碍位移 d 。根据人体表面软组织模型 Voight 模型[130]可知，由滑动阻碍位移 d 产生的阻碍力为

$$F_d = kd + b\dot{d} \tag{6-1}$$

式中：k 为人体表面软组织的刚度；b 为阻尼系数。

F_d 使人体感觉非常不舒适，如果 F_d 的值过大，则会对人体造成损伤。

根据图 6-1 所示的模型，假设在穿戴者膝关节完全伸的状态下，穿戴者小腿与竖直方向的角度为 β_0 ，小腿的长度为 l_{ex}，穿戴者膝关节和下肢外骨骼服对应关节的水平方向和竖直方向的位置偏差分别为 x 和 y 。屈运动后，下肢外骨骼服小腿与穿戴者小腿与竖直方向的夹角分别为 α 和 β 。根据几何关系有

$$\beta_0 = \arcsin\frac{x}{l_{ex}} \tag{6-2}$$

$$l_{\text{normal}} = \sqrt{x^2 + y^2} + l_{ex}\cos\beta_0 \tag{6-3}$$

因此，在运动过程中，滑动阻碍位移为

$$d = l_{\text{normal}} - l_{ar}(\alpha, \beta, l_{ex}, x, y) \tag{6-4}$$

将式（6-2）～式（6-4）带到式（6-1），就可计算出阻碍力。

从式（6-1）可以看出，关节匹配的误差越大，阻碍力就越大，它不仅会使雅可比矩阵产生奇异性，而且会明显地降低行走的速度，甚者会对穿戴者造成伤害。

6.1.2 超静定结构因素

不同的机械结构产生的内力是不同的。从结构力学上讲，根据未知内力的个数与静力平衡方程的个数之间的关系，把结构划分为静定结构和超静定结构。如果一个结构的反力和各截面的内力都可以用静力平衡条件来确定，称为静定结构。反之，如果一个结构的反力和各截面的内力不能完全用静力平衡条件来确定，称为超静定结构。“没有荷载，就没有内力”，这个结论只适用于静定结构，而不适用于超静定结构[131]。当人体与外骨骼服的绑带方式不同时，整个系统就有可能处于不同的状态——静定结构或者超静定结构。在超静定结构中，关节偏差、温度变化、材料收缩、制造误差等因素都可以引起内力，这些因素都会导致变形，这些变形由于受到多余约束的限制而在超静定结构中引起内力。这种没有荷载作用而在结构中引起的内力状态称为自内力状态，由此可以看出，超静定结构容许存在自内力状态，而静定结构中不可能有自内力状态。

在人体静止的状态下，我们希望穿戴上外骨骼服时，应该是一个静定系统，系统内部不出现不可控制的力，所以人体与外骨骼服之间的约束，即绑带的连接十分关键。下面主要是从绑带连接自由度的设计来研究如何解决系统的超静定性。

6.2 人服系统两链原理

外骨骼服通过背架与人体的躯干紧密地连接在一起，可以看作一个整体，并假设两者之间无链接自由度，不存在相对运动，根据运动学模型，建立人服系统的两链原理图。

6.2.1 两链原理

图 6-2 给出了一种人和下肢外骨骼服两链原理图。图中细线表示人体，粗线表示外骨骼服，阴影线表示人体和外骨骼服之间的互联件。图中 G_0 表示人体和外骨骼服的固连点，并作为人服多体机构图的原点，每个肢体和骨胳构件相对原点的运动空间为 6 维（3 个线运动和 3 个角运动）。设人体有 n（$n \leqslant 3$）个肢体，分别用 H_i（$i \in 1,2,\cdots,n$）表示，相邻肢体 H_i 和 H_{i-1} 存在的链接度（Connectivity）为 h_i（$0 \leqslant h_i \leqslant 6$），链接度实际上是 6 维空间中每一个维的自由度，$h_i = 6$ 表示第 i 肢体相对第 $i-1$ 肢体存在 6 个自由度，$h_i = 0$ 表示第 i 肢体相对第 $i-1$ 肢体是固链的（没有自由度）。同样，设计外骨骼服有 n（$n \leqslant 3$）个骨骼构件（orthsis），分别用 G_i $(i \in 1,2,\cdots,n)$ 表示，主动骨骼构件 G_i 和 G_{i-1} 存在的链接度为 r_i（$0 \leqslant r_i \leqslant 6$）。人肢体和对应的外骨骼服骨骼构件之间的互联件为 L_i，它同样存在链接度（Connectivity），为 l_i（$0 \leqslant l_i \leqslant 5$），$l_i = 0$ 表示相应的人肢体和对应的外骨骼服构

件完全绑死，$l_i=6$ 表示相应的人肢体和对应的外骨骼服骨胳之间没有任何链接，也就是说，不存在链接度，因此互联件的最大链接度（自由度）为 5，但是在计算中，如果人肢体和对应的外骨骼服骨胳没有任何链接，设该互联件链接度 $l_i=6$。

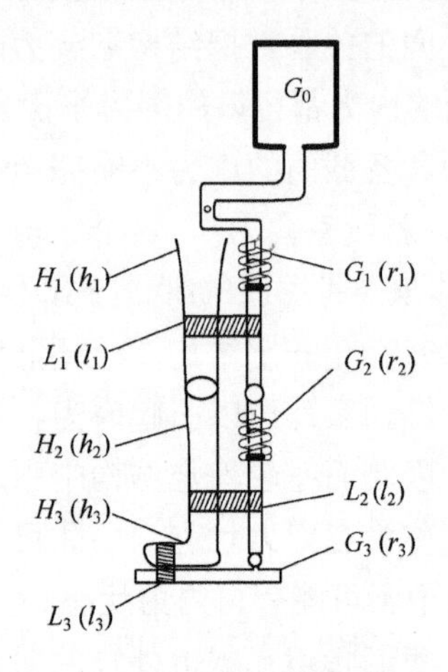

图 6-2　原理图

由人服系统的两链原理图，可以画出两链结构图如图 6-3 所示。图中方块 G_i 表示外骨骼服骨骼件，方块 H_i 表示人体肢体，黑色方块 L_i 表示互联件。考虑到人体肢体模型的复杂性，很难确定各个肢体的链接度，而且本书仅仅研究静止状态下人体穿戴外骨骼服的舒适性，因此假设把人体固化成一个刚体，则人服系统的结构图可以简化为图 6-4。为研究方便，把由骨胳构件 G_0、G_1 和互联件 L_1 组成的回路称为第一回路，由第一回路、G_2 和互联件 L_2 组成的回路称为第二回路，则第 i 回路是由第 $i-1$ 回路、G_i 和互联件 L_i 组成。

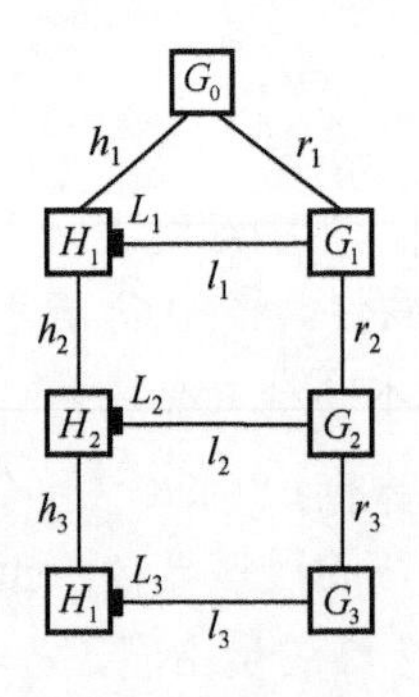

图 6-3　两链机构图

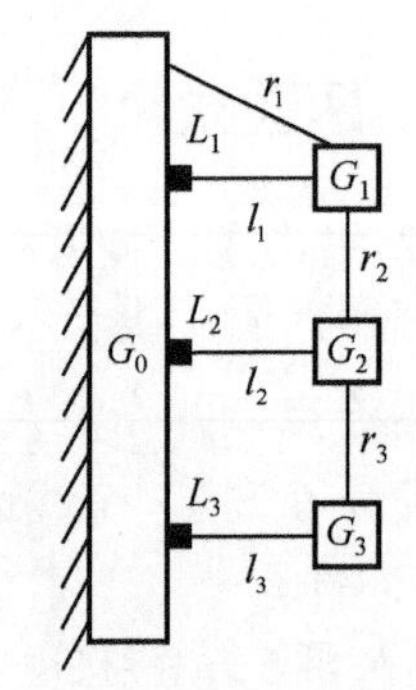

图 6-4　固定人体结构图

6.2.2　链接度的属性

链接度指的各个肢体连接的自由度，是为了与人体的关节自由度相区别开的。骨胳构件和互联件的每个链接度都可以建立一个力方程或者力矩方程。例如链接度为 6，可以建立 6 个平衡条件，它包括 3 个力平衡条件（$\sum_{i=1}^{3}F=0$），从而产生 3 个线运动，另外还包括 3 个力矩平衡条件（$\sum_{i=1}^{3}M=0$），从而产生 3 个角运动。线运动和角运动都是链接度的属性，链接度的属性分配是由外骨骼服的构件结构给定，也有一些是根据链接度分析计算的结果。

在以下讨论中，定义链接度的属性表示方法。

链接度（线运动链接度，角运动链接度）也表示链接度的属性分配。例如某个构件链接度为 4（1，3），表示该构件存在 4 个链接度，其中 1 个是线运动链接度，3 个是角运动链接度。又例如某互联件链接度为 1（0，1），表示该互联件存在 1 个链接度，其中没有线运动链接度，但有 1 个角运动链接度。后面讨论时，用 $r_i[r_{i1},r_{i2}]$ 表示外骨骼服第 i 环节构件的链接度和（线运动链接度，角运动链接度）属性分配。$l_i[l_{i1},l_{i2}]$ 表示第 i 互联件链接度和（线运动链接度，角运动链接度）属性分配。

在第 i 回路的链接度分析中，有可能会出现奇异链，也就是链（方程）数超过了未知数，多余的链称为第 i 机动度，用 $m_i[m_{i1},m_{i2}]$ 表示其属性的分配。

注意到，作为刚体只可能存在 6 个自由度，其中 3 个是线运动，3 个是角运动，因此，线链接度 l_{i1}，r_{i1}，$m_{i1}\in\{0,1,2,3\}$，角链接度 l_{i2}，r_{i2}，$m_{i2}\in\{0,1,2,3\}$。这表明每个链接度的属性链接度最大为 3。

6.2.3 互联件的设计要求

从使用角度上讲，使用者要求下肢外骨骼服的穿戴和脱卸非常方便。最方便的穿戴方式如图 6-5 所示，它要求人体腰部和外骨骼服背架用绑带绑死，实现 G_0；大腿部用绑带绑死，即 $l_1=0[0,0]$；小腿不绑，即 $l_2=6[3,3]$；脚部绑死，即 $l_3=0[0,0]$。下面链接度的分析中，互联件的链接度将作为已知条件引入。

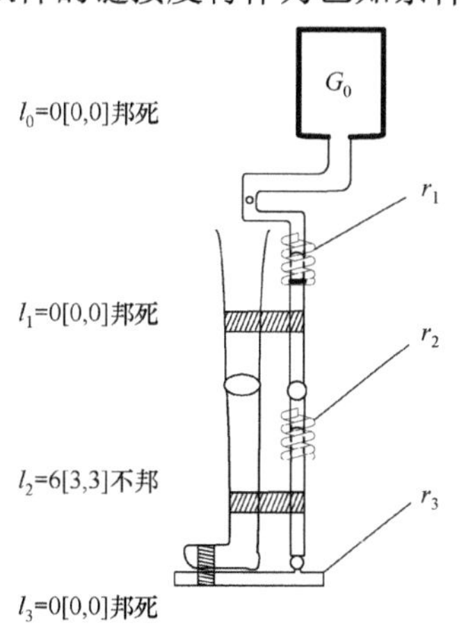

图 6-5　下肢外骨骼服互联件最方便的使用要求

6.2.4 链接度的计算

在无负荷的静止状态下，人服系统的结构图如图 6-4 所示。此时的链接度包括骨骼构件的链接度和互联件的链接度。链接度与外骨骼服的舒适度紧密相连，所谓舒服，就是图6-4表示的结构，各个构件之间没有任何内力，包括骨骼构件（G_i）之间的传输没有内力，还包括互联件与人体（L_i和G_0）之间没有内力。静定系统表示人穿戴外骨骼服以后组成的人服系统结构必须是静定结构，此时人（无论是通过衣服还是肌肉）感受不到外骨骼服传输过来的任何内力。

从数学角度讲，由结构链接件建立的n阶方程（力和力矩方程），可求出唯一的n个解（未知运动量），此系统结构称为静定结构。如果建立的方程数小于n个未知解，则系统称为超静定结构。静定系统求出唯一解会存在两种情况：一种是方程数恰好等于未知数，这是静定系统为一种理想的情况；另一种情况是如果存在奇异链接，这时方程数会大于未知数，也会得到一个静定结构（在数学上，只要增广矩阵的秩等于系数矩阵的秩即可），但要注意奇异链是不可控制的运动，而奇异链又是外骨骼服设计中必然存在的链接。为了回避奇异链的影响，在每个回路的静定结构设计中，可以把这些多余的奇异链放到下一个回路中去机动处理，所以称为机动链。

1．第一回路的静定分析

图 6-6 给出了结构图的第一回路。显然，当

$$l_1 + r_1 < 6 \tag{6-5}$$

时，此回路为超静定结构，链接件存在内力，人体受力不舒服，不能采用。如果设计为静定结构，则要求

$$l_1 + r_1 \geqslant 6 \tag{6-6}$$

在$l_1 + r_1 > 6$的情况下，会出现奇异链，可以设

$$m_1 = l_1 + r_1 - 6 \tag{6-7}$$

式（6-7）称为第一回路的机动度，把它放到下一个回路中去处理。

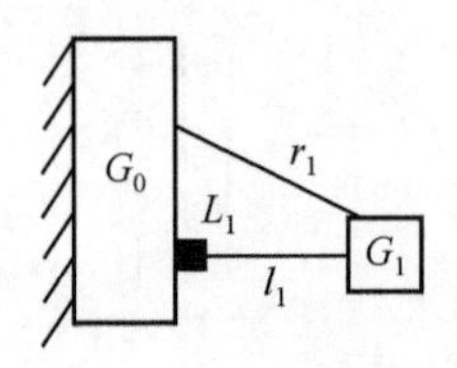

图 6-6　第一回路

2．第二回路的静定分析

图 6-7 给出了结构图的第二回路。考虑到第二回路互联件链接度的存在，显然要求机动度限制在

$$m_1 \leqslant 6 - r_2 \tag{6-8}$$

否则，第一回路的机动度，没有经过第二回路的静定设计，就会进入第三回路，无法回避奇异链的处理，这是我们不希望的。考虑到式（6-7），则式（6-8）可以写为

$$l_1 + r_1 + r_2 \leqslant 2 \times 6 \tag{6-9}$$

式（6-9）称为机动度限制条件。

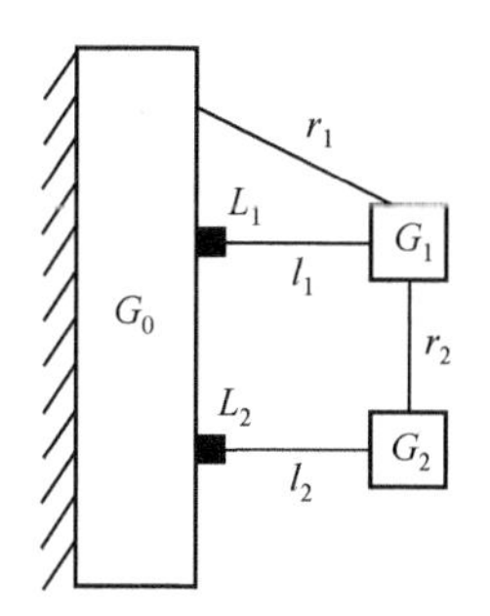

图 6-7　第二回路

第二回路要成为静定结构，必然要求

$$m_1 + l_2 + r_2 \geqslant 6 \tag{6-10}$$

考虑到式（6-7），则

$$\sum_{i=1}^{2}(l_i + r_i) \geqslant 2 \times 6 \tag{6-11}$$

式（6-11）称为静定限制条件。

第二回路的机动度

$$m_2 = m_1 + l_2 + r_2 - 6 \tag{6-12}$$

3．第 i 回路的静定分析

套用式（6-9）～式（6-12）的思路，可以得到第 i 回路的递推公式，其中机动度的递推限制条件为

$$\sum_{j=1}^{i-1}(l_j + r_j) + r_i \leqslant 6i \quad (i = 1,2\cdots n) \tag{6-13}$$

而静定递推限制条件为

$$\sum_{j=1}^{i}(l_j + r_j) \geqslant 6i \quad (i = 1,2\cdots n) \tag{6-14}$$

机动度计算公式为

$$m_i = m_{i-1} + l_i + r_i - 6 \quad (i > 0) \tag{6-15}$$

对下肢外骨骼服而言，注意到G_0和G_n（脚部）是人体和骨骼服固定的部位，因此，有边界条件

$$m_0 = m_n = 0 \tag{6-16}$$

和

$$m_{n-1} + l_n + r_n = 6 \tag{6-17}$$

对第n回路，已经不允许有机动度，式（6-17）展开后得到静定结构的边界条件为

$$\sum_{j=1}^{n}(l_j + r_j) = 6n \tag{6-18}$$

外骨骼服链接度的设计，就是保证图 6-2 的人服系统为静定结构，从而实现外骨骼服和互联件的无内力运动。因此，要实现穿戴情况下的外骨骼服无内力运动，必须在每个回路进行链接度计算，这个计算包括：

（1）满足机动度递推限制条件式（6-13）；

（2）满足静定递推限制条件式（6-14）；

（3）机动度计算公式（6-15）；

（4）分别满足机动度边界条件式（6-16）和静定结构边界条件式（6-18）。

计算完毕后，可以列表进行属性分配，见表 6-1 所列。

在第i回路属性分配计算中，为了防止超静定结构的出现，必须满足

$$\sum_{j=1}^{i}\left(r_{j1} + l_{j1}\right) \geqslant 3i \tag{6-19}$$

$$\sum_{j=1}^{i}\left(r_{j2} + l_{j2}\right) \geqslant 3i \tag{6-20}$$

否则，将会出现链接度的缺空，使方程数不够，而出现超静定现象。

而机动度的属性分配为

$$m_{i1}=\sum_{j=1}^{i}\left(r_{j1}+l_{j1}\right)-3i \tag{6-21}$$

$$m_{i2}=\sum_{j=1}^{i}\left(r_{j2}+l_{j2}\right)-3i \tag{6-22}$$

最后，它必须分别满足机动度边界条件式（6-16）和式（6-18）。

表 6-1　链接度属性分配表

i	外骨骼服链接度	互联件链接度	机动度
1	$r_1[r_{11},r_{12}]$	$l_1[l_{11},l_{12}]$	$m_1[m_{11},m_{12}]$
2	$r_2[r_{21},r_{22}]$	$l_2[l_{21},l_{22}]$	$m_1[m_{11},m_{12}]$
⋮	⋮	⋮	⋮
i	$r_i[r_{i1},r_{i2}]$	$l_i[l_{i1},l_{i2}]$	$m_i[m_{i1},m_{i2}]$
⋮	⋮	⋮	⋮
n	$r_n[r_{n1},r_{n2}]$	$l_n[l_{n1},l_{n2}]$	0[0,0]

在使用属性分配表时，应该注意到，外骨骼服和互联件的链接度，其属性分配与构件和互联件的结构有关，当然也与上述链接度的计算有关，当计算不能满足边界条件时，就必须改变构件和互联件的结构，因此，整个设计过程是一个反复试凑的过程。但一旦找到满足计算条件的结构，则可以保证人服系统的静定结构，实现了无内力，从而解决了超静定问题。

6.3　链接度限制条件的证明

为了证明上述条件的正确性，把机动度递推限制条件和静定递推限制条件及边界条件统称为链接度限制条件。如果设计的系统能够满足链接度限制条件，那么就称系统是静定结构。本节从空间维数的角度来证明该结论。

6.3.1　静定平衡条件

建立下肢负荷外骨骼服的闭环网络如图 6-8 所示，图中的符号与图 6-2 中的定义相同。定义整个人服系统为 S_n，系统宏观上是静止不动的，假设 G_{i-1} 相对 G_0 的运动与 G_i 是不相关的，并且考虑 S_n 时，G_i 相对 G_0 的运动都是静止的。为了表述外骨骼服内部之间的相对运动关系，定义如下两个空间：${}^{S_n}T_i$ 和 ${}^{S_n}W$ 。${}^{S_n}T_i$ 表示 G_i 相对于 G_0 的扭转空间（考虑 S_n 的作用）；${}^{S_n}W$ 表示 G_i 相对于 G_0 的转动空间（当 G_i

仅通过 L_i 连接到 G_0 上，并考虑 S_n 的作用），这两个空间分别代表了力和力矩空间。

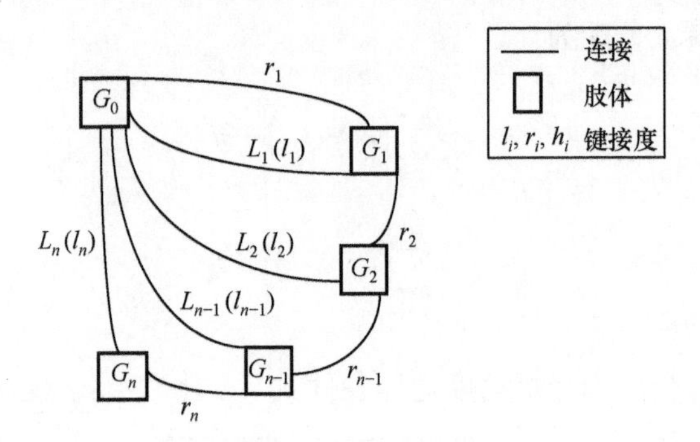

图 6-8　闭环网络图

对一个设计合理的 L_i，在没有外力的作用下，应该满足如下两个方程：

$$\forall i \in \{1,2,\cdots,n\}, \quad {}^{S_n}T_i = \{0\} \tag{6-23}$$

$$\forall i \in \{1,2,\cdots,n\}, \quad {}^{S_n}W_{li\to 0} = \{0\} \tag{6-24}$$

人体静止时，式（6-23）表示在考虑整个系统 S_n 的情况下，G_i 相对 G_0 的速度都为 0。式（6-24）表示在考虑整个系统 S_n 的情况下，外骨骼服对人不会施加力和力矩。式（6-23）、式（6-24）右边为零空间，不仅表示速度或者力为 0，同时也表示空间的维数为 0，这是由零空间的性质决定的，式（6-23）、式（6-24）称为系统的静定平衡条件。

6.3.2　空间维数条件

定义 S_i：$G_0 \to G_1 \to G_2 \to \ldots \to G_i \to L_i \to G_0$ 构成闭环网络，S_{i+1}：$S_i \to G_{i+1} \to L_{i+1} \to G_0$ 构成闭环网络，以此类推。n_i 表示为 S_i 的自由度，S_0 表示没有自由度。利用 S_i 的这种递归方法能够得到以下结论：

$$\forall i \in \{1,2,\cdots,n\}, \quad \dim(T_{S_{i-1}} + T_{G_i} + T_{L_i}) = 6 \tag{6-25}$$

$$\forall i \in \{1,2,\cdots,n\}, \quad \dim(T_{S_{i-1}} \cap T_{R_i}) = 0 \tag{6-26}$$

$$\dim(T_{S_n}) = 0 \tag{6-27}$$

假设 S_j 与其他部分是相互独立的，$T_{S_j} = {}^{S_j}T_j$ 表示仅考虑 S_j 时的扭转空间；T_{G_i} 是由 G_i 产生的扭转空间，T_{L_i} 是由 L_i 产生的扭转空间，式（6-25）～式（6-27）称为空间维数条件。

静定平衡条件与空间维数条件是等价的，下面证明两者之间的等价性。

1．充分性

从图 6-8 中得

$$\forall i \in \{1,2,\cdots,n\}, \quad {}^{S_n}T_{i-1} = {}^{S_{i-1}}T_{i-1} \cap \left[T_{G_i} + {}^{S_n}T_i \right] \tag{6-28}$$

把式（6-26）和式（6-27）带到式（6-28）中，得到式（6-23）。

由图中的 $G_0 \to G_{i-1} \to G_i \to G_0$ 闭环，可以得到

$$\dim({}^{S_i}W_{L_i \to 0}) + \dim(T_{S_{i-1}} + T_{G_i} + T_{L_i}) = 6 \tag{6-29}$$

把式（6-25）带入式（6-29）得

$$ {}^{S_i}W_{L_i \to 0} = \{0\} \tag{6-30}$$

L_i 与 G_i 为串联关系，则

$$ {}^{S_i}W_{L_i \to 0} = {}^{S_i}W_{L_i \to i} = {}^{S_i}W_{G_i \to i} = {}^{S_i}W_{G_i \to i-1} = \{0\} \tag{6-31}$$

从静态角度上讲，多环系统 S_{i-1} 无论是包含在 S_i 中，还是与其他部分分开，都应该有相同的状态，即

$$\forall i \in \{1,2,\cdots,n\}, \quad {}^{S_i}W_{L_{i-1} \to 0} = {}^{S_{i-1}}W_{L_{i-1} \to 0} = \{0\} \tag{6-32}$$

由式（6-31）和式（6-32）就可以得到条件式（6-24）。

2．必要性的证明

如果式（6-27）不成立，应该有 ${}^{S_n}T_n = T_{S_n} \neq \{0\}$，则式（6-23）不满足。

如果式（6-26）不成立，则存在 $\exists i, (T_{G_i} \cap T_{S_{i-1}}) \neq \{0\}$，由于式（6-28），则有，$\exists i \in \{1,2,\cdots,n\}$，${}^{S_n}T_i \neq \{0\}$，与式（6-23）矛盾。

如果式（6-25）不成立，$\exists i \in \{1,2,\cdots,n\}$，$\dim(T_{S_{i-1}} + T_{G_i} + T_{L_i}) \leqslant 6$，则 $\exists i, {}^{S_i}W_{L_i \to 0} \neq \{0\}$，即当孤立地分析 S_i 时，结构是超静定的。显然，增加一些部分来构成 S_n 并不会降低超静定性空间的维数，所以 $\exists i, {}^{S_n}W_{L_i \to 0} \neq \{0\}$，与式（6-24）矛盾。

因此静定平衡条件与空间维数条件是等价的。

6.3.3 链接度限制条件的推导

根据空间维数条件推导 6.2.4 节中的结论。

令 $r_i = \dim(T_{G_i})$，$l_i = \dim(T_{L_i})$，由式（6-25）可得

$$\forall i \in \{1,2,\cdots,n\}, \quad n_{i-1} + r_i + l_i \geqslant 6 \tag{6-33}$$

式中：$n_i = \dim(T_{S_i})$。

由式（6-26）得

$$\forall i \in \{1,2,\cdots,n\}，\ n_{i-1} + r_i \leqslant 6 \tag{6-34}$$

由式（6-27）得

$$n_n = 0 \tag{6-35}$$

式（6-33）～式（6-35）仅表示了关于 l_i, n_i, r_i 的必要条件。下面的讨论中，假设避免了奇异性，在这种情况下就可以得到下面的 n_i, l_i, r_i 之间的关系式。

根据串联链的空间求和率以及并联链的相交率，有

$$T_{S_i} = T_{L_i} \bigcap (T_{G_i} + T_{S_{i-1}}) \tag{6-36}$$

对式（6-36）取维数得

$$\begin{aligned} m_i &= \dim(T_{L_i}) + \dim(T_{G_i} + T_{S_{i-1}}) - \dim(T_{L_i} + T_{G_i} + T_{S_{i-1}}) \\ &= \dim(T_{L_i}) + \dim(T_{G_i}) + \dim(T_{S_{i-1}}) - \dim(T_{G_i} \bigcap T_{S_{i-1}}) - \dim(T_{L_i} + T_{G_i} + T_{S_{i-1}}) \\ &= l_i + r_i + n_{i-1} - 6 \end{aligned} \tag{6-37}$$

$n_0 = 0$ 时，式（6-37）化简为

$$m_i = \sum_{j}^{i} (l_j + r_j) - 6i \tag{6-38}$$

由式（6-33）～式（6-35）、式（6-38）得

$$\forall i \in \{1,2,\cdots,n\}，\ \sum_{j=1}^{i} (l_j + r_j) \geqslant 6i \tag{6-39}$$

$$\forall i \in \{1,2,\cdots,n\}，\ \sum_{j=1}^{i-1} (l_j + r_j) + r_i \leqslant 6i \tag{6-40}$$

$$\sum_{j=1}^{3} (l_j + r_j) = 6n \tag{6-41}$$

式（6-39）～式（6-41）就是我们推导的链接度限制条件，从证明的全部过程来看，设计的人服耦合系统只要满足了链接度限制条件，就能保证系统的静定性。

6.4 穿戴耦合方式的实现

6.4.1 应用分析

设计人服系统的结构图如图 6-5 所示。骨骼构件数 $n=3$，互联件按 6.2.3 节要求，则 $l_1=0[0,0]$，$l_2=6[3,3]$，$l_3=0[0,0]$。下肢外骨骼服设计中，初步确定构件的链接度分别为 $r_1=6[3,3], r_2=3[1,2]$，r_3 由计算确定。

按照静定递推限制条件式（6-14），得到

$$\begin{cases} l_1+r_1 \geqslant 6, \quad i=1 \\ l_1+r_1+l_2+r_2 \geqslant 12, \quad i=2 \\ l_1+r_1+l_2+r_2+l_3+r_3 \geqslant 18, \quad i=3 \end{cases} \tag{6-42}$$

把已知构件链接度 r_i 和 l_i 代入，最后得到

$$\begin{cases} l_1+r_1=6, \ \ i=1 \\ l_1+r_1+l_2+r_2=15 \geqslant 12, \ \ i=2 \\ 15+r_3 \geqslant 18, \ \ i=3 \end{cases} \tag{6-43}$$

式（6-43）中的第三式考虑到式（6-18）的限制条件，则 $r_3=3$。

按照机动度递推限制条件式（6-13），得到

$$\begin{cases} r_1 \leqslant 6, \ \ i=1 \\ l_1+r_1+r_2 \leqslant 12, \ \ i=2 \\ l_1+r_1+l_2+r_2+r_3 \leqslant 18, \ \ i=3 \end{cases} \tag{6-44}$$

把已知构件链接度 r_i 和 l_i 代入，得

$$\begin{cases} r_1=6, \ \ i=1 \\ l_1+r_1+r_2=9 \leqslant 12, \ \ i=2 \\ l_1+r_1+l_2+r_2+r_3=18, \ \ i=3 \end{cases} \tag{6-45}$$

完全满足式（6-44）限制条件。

此外，由机动度计算式（6-15）可以分别计算出每个回路的机动度为 $m_1=0, m_2=3, m_3=0$，满足边界条件式（6-17）和式（6-18）。

下面进行属性分配，按表 6-1 的格式，或者由已知条件写出，或者计算，最后得到表 6-2 的结果。

表 6-2　链接度属性分配

i	r_i	l_i	m_i
1	6[3,3]（结构给定）	0[0,0]（要求给定）	0[0,0]（计算得出）
2	3[1,2]（要求给定）	6[3,3]（要求给定）	3[1,2]（计算得出）
3	3[2,1]（计算得出）	0[0,0]（要求给定）	0[0,0]（计算得出）

按式（6-19）和式（6-20）计算，可以验证

$i=1$时：

$$\begin{cases} r_{11}+l_{11}=3 \\ r_{12}+l_{12}=3 \end{cases} \tag{6-46}$$

$i=2$时：

$$\begin{cases} r_{11}+l_{11}+r_{21}+l_{21}=7\geqslant 6 \\ r_{12}+l_{12}+r_{22}+l_{22}=8\geqslant 6 \end{cases} \tag{6-47}$$

$i=3$时：

$$\begin{cases} r_{11}+l_{11}+r_{21}+l_{21}+r_{31}+l_{31}=9 \\ r_{12}+l_{12}+r_{22}+l_{22}+r_{32}+l_{32}=9 \end{cases} \tag{6-48}$$

表示在每个回路中，链接度的属性分配得到满足，不会出现超静定问题。

另外，按式（6-21）和式（6-22）得到机动度

$i=1$时：

$$\begin{cases} m_{11}=r_{11}+l_{11}-3=0 \\ m_{12}=r_{12}+l_{12}-3=0 \end{cases} \tag{6-49}$$

$i=2$时：

$$\begin{cases} m_{21}=r_{11}+l_{11}+r_{21}+l_{21}-6=1 \\ m_{22}=r_{12}+l_{12}+r_{22}+l_{22}-6=2 \end{cases} \tag{6-50}$$

$i=3$时：

$$\begin{cases} m_{31}=r_{11}+l_{11}+r_{21}+l_{21}+r_{31}+l_{31}-9=0 \\ m_{32}=r_{12}+l_{12}+r_{22}+l_{22}+r_{32}+l_{32}-9=0 \end{cases} \tag{6-51}$$

即

$$\begin{cases} r_{31}=9-\left(r_{11}+l_{11}+r_{21}+l_{21}+l_{31}\right)=2 \\ r_{32}=9-(r_{12}+l_{12}+r_{22}+l_{22}+l_{32})=1 \end{cases} \tag{6-52}$$

可以按式（6-15）和式（6-17）进行验证，完全满足机动度边界条件。

按表 6-2 设计的外骨骼服链接度，再进行外骨骼服的工程设计和制作，可以按 6.2 节的绑带要求，在无负荷静态条件下实现无内力的要求。

6.4.2 外骨骼服构件的实现

下面给出举例中的外骨骼服构件的结构原理。

1．构件 G_1 链接度的实现原理

在举例中，设计的 G_1 链接度为 6[3,3]，其相应的结构图如图 6-9 所示。背架与绑带与人体实现了 G_0 的固定，而 G_1 通过各种结构实现了三个线运动（r_{11}）和三个角运动（r_{12}）。应该指出的是图 6-9 仅仅是一个原理图，实际结构要比此图复杂些。

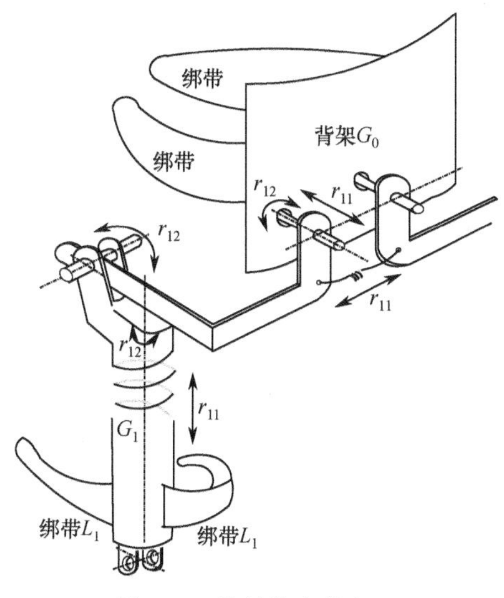

图 6-9　G_1 链接度的实现

2．构件 G_2 的实现原理

在举例中，设计 G_2 的链接度为 3[1,2]，其相应的结构图如图 6-10 所示。图中表示了 G_2 具有一个线运动（r_{21}）和两个角运动（r_{22}）。同样注意它仅是一个原理图，实际结构要比此图复杂得多。

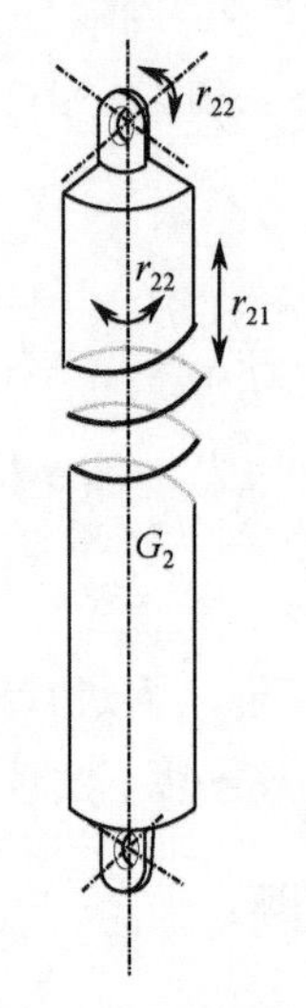

图 6-10　G_2 链接度的实现

3．构件 G_3 的实现原理

在举例中，设计 G_3 的链接度为3[2,1]，其相应的结构图如图 6-11 所示。图中表示了 G_3 具有两个线运动（r_{31}）和一个角运动（r_{32}），其中两个线运动可以通过有阻尼间隙的孔配合来实现。

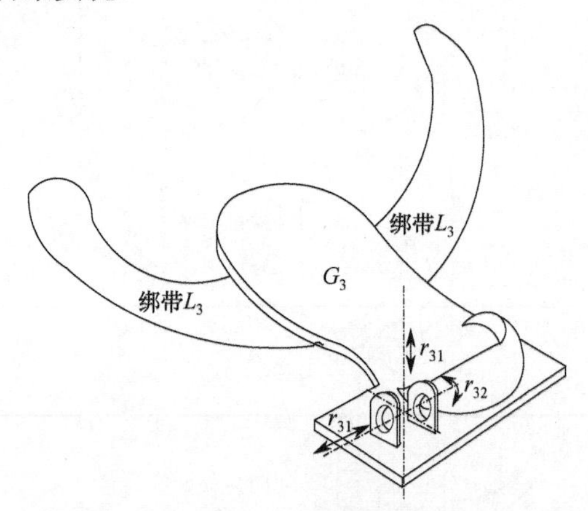

图 6-11　G_3 链接度的实现

6.5　小结

应用机动度递推限制条件和静定递推限制条件，并满足两个机动度边界条件，对人服系统进行静定结构设计，使所设计的外骨骼服和互联件（绑带），在无负荷静止条件下，实现了无内力的效果，也就是说，人的皮肤和衣服不会感觉到外骨骼服和绑带带来的不舒服。本书的举例，实际上是进行外骨骼服研究的一个实例，穿戴实践已表明，按静定结构设计的外骨骼服穿戴非常舒服，解决了长期以来研制的外骨骼服不舒服的感觉，

按静定结构设计的外骨骼服，也为人体负荷体运动的条件下，进行控制力和力矩的动态平衡设计，提供了一个静定外骨骼服架，因此人服系统的静定结构设计是必须进行的一个重要环节。

第 7 章 外骨骼控制系统样机设计及实现

以上各部分从理论上对下肢智能携行系统的控制机理进行了深入的研究，在进行理论分析的同时，还进行了初步的外骨骼样机设计，在第一代样机（图 7-1）的基础上，先后研制了第二代（图 7-2）、第三代样机（图 7-3），并对一些外骨骼

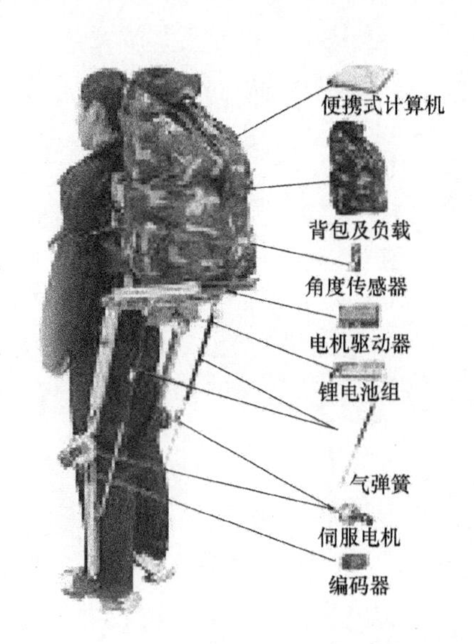

图 7-1 下肢携行外骨骼第一代样机

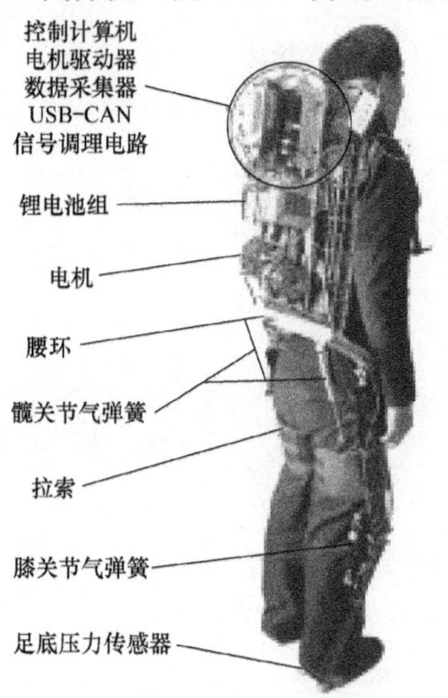

图 7-2 下肢携行外骨骼第二代样机

图 7-3 下肢携行外骨骼第三代样机

设计关键技术如机械设计、传感、驱动、软件等进行了研究，积累了较丰富的实践经验。第一代外骨骼样机采用操作者控制模式，在承载负荷的同时实现了步行、转体运动。第二代和第三代外骨骼样机采用两模态控制方法，实现了外骨骼的基本功能，可以完成负荷步行、转体、上楼梯、下蹲等运动。

7.1 外骨骼服第一代样机的设计与实现

7.1.1 系统组成

骨骼服第一代样机的总体结构如图 7-1 所示，其主要部件包括：便携式笔记本计算机、角度传感器、锂电池组、电机驱动器、编码器和电机。辅助机械部件有气弹簧、铝型材支架、背包等。

其中，作为整个骨骼服核心的控制器是一个便携式计算机，安装在背包支架上的一个帆布包内，可以随时拆卸。

背包支架作为骨骼服的躯干由轻型铝型材组装而成，除了可以安装控制器外，它还具有以下功能：①通过背带完成骨骼服与人体的耦合；②承载背包及负载；③在支架下方，臀部后面安装电机驱动器及系统能源（锂电池组）；④在支架两侧还安装有两个角度传感器，通过球形铰链、连杆和绑带与前臂相连，用于测量前臂的旋转角度。

关节电机选用 Maxon 公司的空心杯式直流伺服电动机 RE40，功率为 150W，最大输出连续电流达 6A，配合日本的高精度谐波齿轮减速箱，可以提供足够的力矩。该减速箱能提供的平均力矩达到 49N·m，重复峰值力矩达到 82N·m，瞬时峰值力矩到达 147N·m。

电机的驱动器选用了 Maxon 公司为其配置的 Epos 70/10，该驱动器是一款模块化结构的数字控制器。它满足 CiA（Can in Automation）的 CANopen 规范，包括 DS–301 通信规范和 DSP–402 设备规范，具有高速数据处理能力，采用电流、速度、位置等闭环工作方式，内置存储器，并能够同步处理命令、实时监控以及出错处理及同步处理当前工作状态，能够适用于多种复杂位置控制，可以通过 CAN 口进行组网通信。在 CANopen 网络中，EPOS 模块属于从属结点模块，并且可以通过 RS–232 口来通信，在骨骼服控制系统中采用 RS–232 口进行通信并利用其 CANopen 网进行组网，如图 7-4 所示。

骨骼服的髋关节处不加驱动，但是具有两个被动自由度：屈伸和外翻及内展。膝关节处安装一个直流伺服电动机，用于驱动膝关节旋转。踝关节处不加驱动，但是也具有三个旋转自由度：屈伸、外翻及内展和旋转。

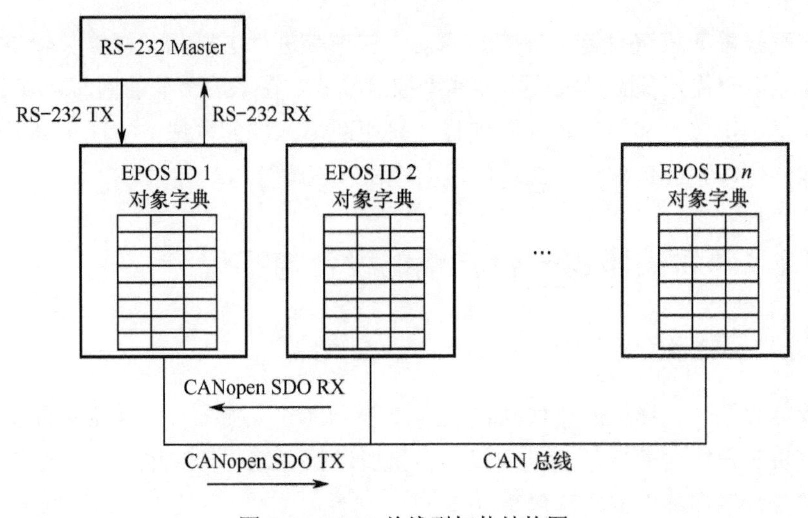

图 7-4　EPOS 总线型拓扑结构图

骨骼服的大腿及小腿均由铝型材制成，在大腿及小腿的型材槽内安装有滑条，滑条与关节相连，滑条可以在槽内滑动，从而可以调节大腿及小腿的长度以适应不同的使用者。在支架后部及小腿中部之间安装一个气弹簧，气弹簧的作用将在下一节阐述。

7.1.2　工作原理

人在行走时，上臂和膝关节具有相似的运动轨迹，因此，只要测量出来上臂的运动，再控制外骨骼膝关节跟随上臂的运动就可以达到外骨骼和人同步行走。骨骼服正是采用了这一上肢控制下肢的原理，其工作原理如图 7-5 所示。

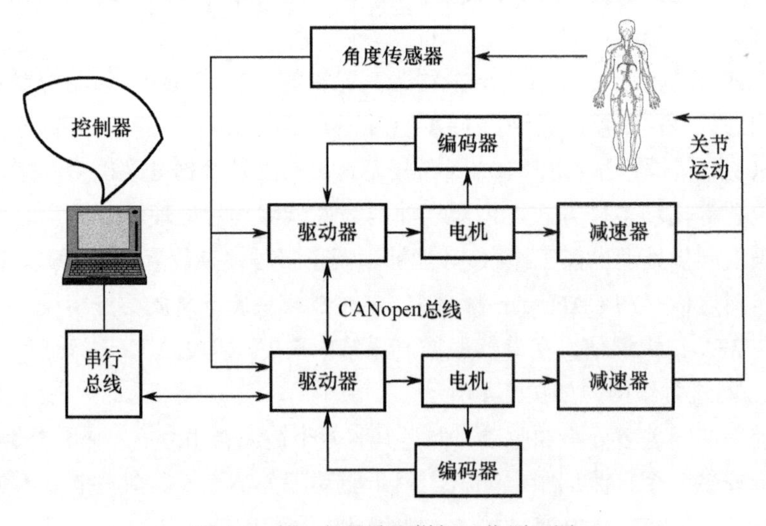

图 7-5　第一代骨骼服样机工作原理图

当操作者行走时，操作者前臂通过绑带、连杆和球形铰链带动角度传感器旋转，角度传感器电压发生变化，该电压信号被送入电机驱动器。而所选用的Eops/70-10 电机驱动器自带 10 位 AD，可以接收两路 0～5V 的模拟电压信号输入，两路角度传感器的电压信号进入电机驱动器被采集，并通过 RS–232 串行总线将这个信号传送到控制器中，控制器通过控制算法，输出信号控制膝关节电机旋转。

建立的膝关节旋转运动与上肢运动之间的关系后虽然可以实现膝关节的运动，但如果髋关节处于自由运动状态，则对于支撑腿的髋关节来说，人体仍需要弯曲身体来使背负的重物中心经过髋关节，从而使重物的重量通过髋关节和支撑腿传递到地面，对于摆动腿的髋关节来说，人体除了摆动自己的摆动腿外，还需要付出额外的力量来摆动骨骼服的摆动腿，从而造成人体能量消耗过大。为了解决这一问题，设计了一个巧妙的机械装置来实现骨骼服髋关节的支撑及摆动，下面将详细阐述。

骨骼服的各个关节连杆采用轻型铝型材制作，并且采用气弹簧连接在背架中部和小腿中上部之间，从而由骨骼服的大腿连杆、小腿连杆、背架侧杆、气弹簧及气弹簧与小腿连杆的转接连杆构成了一个五边形，如图 7-6 所示。这个五边形可以重绘成图，如图 7-7 所示。

图 7-6　外骨骼大腿连杆、小腿连杆和气弹簧等构成的五边形

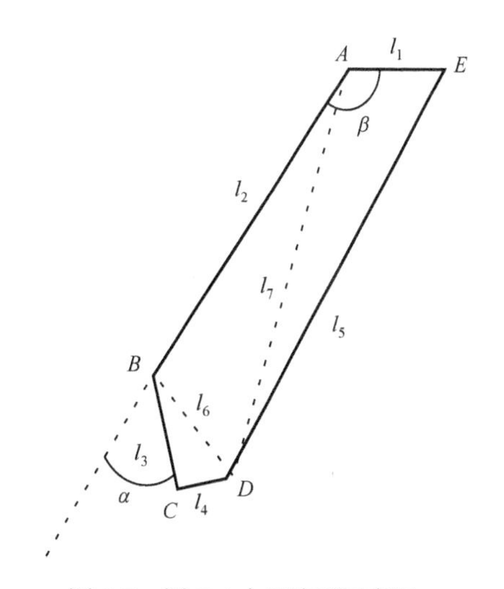

图 7-7　图 7-6 中五边形示意图

图 7-7 中 *A* 点表示髋关节；*B* 点表示膝关节；*C*、*D*、*E* 为几个辅助点，*C* 点不可以转动，*D* 点和 *E* 点处没有驱动，但是可以自由转动；*AB* 表示大腿连杆；*BC* 表示小腿连杆的上半部分；*CD* 为一个转接连杆，用于连接小腿连杆与气弹簧的一端，同时 *BC* 和 *CD* 是固定的垂直关系；*DE* 表示气弹簧，气弹簧可以伸缩；*EA* 为辅助连杆，表示背架侧部连杆由髋关节到连杆中部的一段；*EA*、*AB*、*BC*、*CD*、

DE 的长度分别为 l_1,l_2,l_3,l_4,l_5，并定义 BD 和 AE 的长度分别为 l_6 和 l_7。骨骼服的行走过程可以通过图 7-8 来分析。定义膝关节角度 $\theta_1=\alpha$，定义 AE 和 AB 之间的夹角为 β，则髋关节与躯干之间的夹角 $\theta_2=\beta-\pi/2$。初始状态如图 7-8（a）所示，此时骨骼服处于静止状态。当人运动时，以迈左腿为例进行分析。人在迈左腿时，右上臂必然同时向前摆动，则角度传感器会测量到人体上臂的摆动角度，该信号被采集后又作为控制信号控制骨骼服的膝关节旋转相同的或成比例变化的角度，骨骼服的运动如图 7-8（b）所示，随着小腿的抬起（膝关节角度改变），

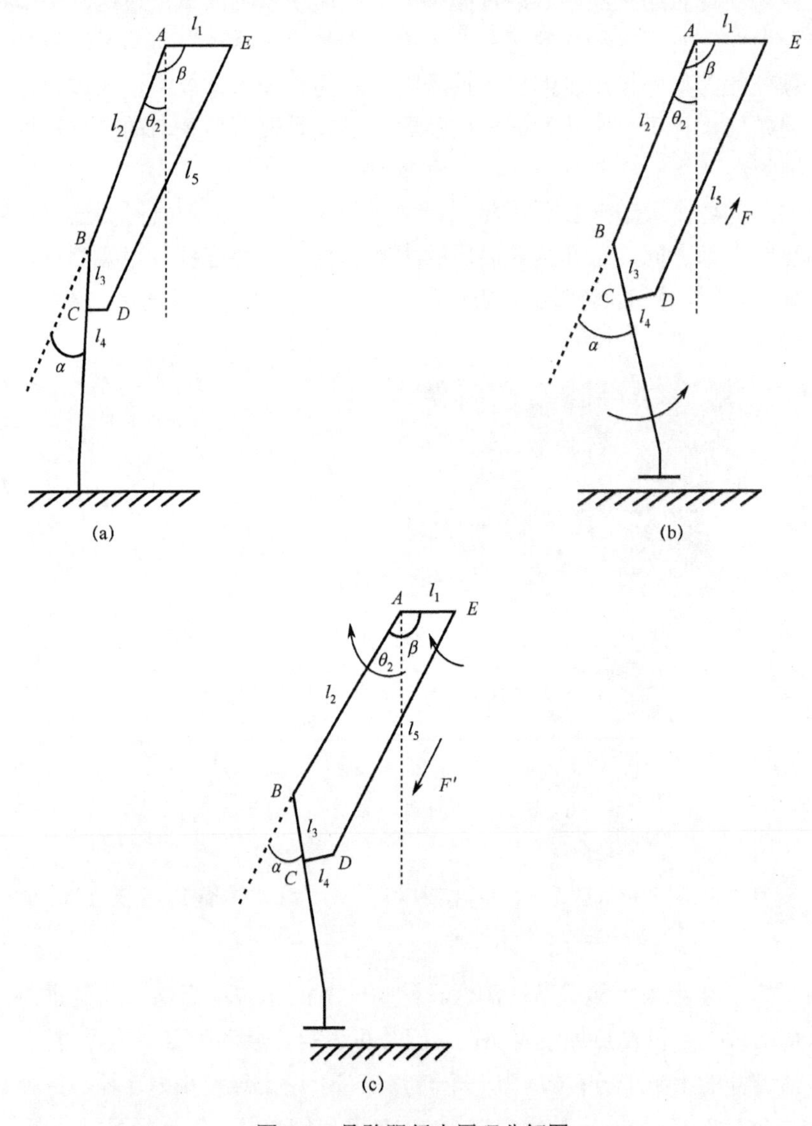

图 7-8　骨骼服行走原理分解图

（a）初始状态；（b）膝关节抬起；（c）膝关节落下。

α 角度增大，若 AE、AB 不运动，则由于 l_4 是固定的，连杆 ABC 就会对 l_5 施加向上的力 F，由于 l_5 是气弹簧，F 对气弹簧的压缩会使其收缩并储存部分机械能，随着气弹簧收缩的增加，气弹簧储存的力也增加，而 A 点和 E 点可以自由转动，且 α 角不受气弹簧的影响，则在气弹簧对连杆 ABC 的反力 F'（与 F 大小相同，方向相反）的作用下，会形成绕 A 点的旋转力矩，从而骨骼服的整个下肢就会绕 A 点和 E 点顺时针转动，这样就实现了在控制骨骼服膝关节转动的同时，又控制了骨骼服髋关节的转动[132]。

由于已知 $\angle BCD = \pi/2$，所以髋关节角度和膝关节角度之间的关系可以通过式（7-1）～式（7-5）所示的几何关系导出，如式（7-6）所示。

$$\angle CBD = \arctan\frac{l_4}{l_3} \tag{7-1}$$

$$\begin{aligned} l_7 &= \sqrt{{l_2}^2 + {l_3}^2 - 2l_2l_3\cos\angle ABD} \\ &= \sqrt{{l_2}^2 + {l_3}^2 + 2l_2l_3\cos(\angle CBD + \theta_1)} \end{aligned} \tag{7-2}$$

$$\angle BAD = \arcsin(\frac{l_6}{l_7}\sin(\angle CBD + \theta_1)) \tag{7-3}$$

$$\angle EAD = \arccos\frac{{l_1}^2 + {l_7}^2 - {l_5}^2}{2l_1l_7} \tag{7-4}$$

$$\beta = \angle BAD + \angle EAD \tag{7-5}$$

$$\begin{aligned} \theta_2 = {} & \arcsin\left(\frac{\sqrt{{l_3}^2 + {l_4}^2}}{\sqrt{{l_2}^2 + {l_3}^2 + 2l_2l_3\cos(\arctan\frac{l_4}{l_3} + \theta_1)}}\sin\left(\arctan\frac{l_4}{l_3} + \theta_1\right)\right) + \\ & \arccos\frac{{l_1}^2 + \sqrt{{l_2}^2 + {l_3}^2 + 2l_2l_3\cos\left(\arctan\frac{l_4}{l_3} + \theta_1\right)}^2 - {l_5}^2}{2l_1\sqrt{{l_2}^2 + {l_3}^2 + 2l_2l_3\cos\left(\arctan\frac{l_4}{l_3} + \theta_1\right)}} - \frac{\pi}{2} \end{aligned} \tag{7-6}$$

气弹簧在实现髋关节旋转的同时，也起到了支撑负载的作用，如果没有气弹簧，则因为髋关节处不加驱动，背包与负荷会绕髋关节产生一个旋转力矩，这个力矩需要人来克服，就使人感到沉重，骨骼服也就失去了承载的目的。而有了气弹簧，则选择合适的气弹簧可以使气弹簧在静止状态时就被负荷压缩，产生反作用力撑起负荷，在行走时，这个压缩力又可以被释放，推动髋关节转动。

7.1.3 性能指标

第一代骨骼服样机目前可以达到的性能指标如下：

（1）样机自重： 20kg；

（2）最大承受载荷： 15kg；

（3）正常工作载荷： ≤10kg；

（4）正常工作步速： 约 0.5m/s；

（5）连续工作时间： 约 2h；

（6）跟踪步态： 行走、转体。

样机虽然仅在膝关节处使用了两个电机，但是通过巧妙的气弹簧的应用，不仅解决了负荷支撑问题，而且实现了髋关节的运动，使得骨骼服在承受负荷的同时能良好地跟踪人的步态。第一代骨骼服样机验证了所背负的负荷的重量可以通过骨骼服的支撑作用在整个步态中被传递到地面，从而减轻人体的承重，其效果是明显的，达到了设计的目的。该样机参加山东省大学生机电产品创新设计竞赛获得一等奖，参加全国大学生机械创新设计大赛获得三等奖。其步行效果图如图 7-9 所示。

图 7-9 第一代样机步行图

然而，第一代样机的控制方案并不是最先进的，它采用的是操作者控制模式，即通过操作者上臂的摆动来控制骨骼服下肢的运动，这种方法限制了人体上肢的运动，当人想在站立时活动上肢时，就会使得骨骼服做出不期望的动作，因此，又设计了骨骼服第二代样机，来研究解决这一问题。

7.2 外骨骼服第二代样机的设计与实现

7.2.1 系统组成

第二代骨骼服样机总体结构图如图 7-2 所示。该样机由背架、腰环、两个腿部支撑件和检测控制系统构成，背架为我国新研制的陆军携行背架，该背架进行了人机工程学设计，使得负荷在人体上的分布更合理，如图 7-10 所示。

图 7-10 新式携行背架

背架上安装有两个驱动电机、两个电机驱动器（控制器）、锂电池组、控制计算机、数据采集器、USB–CAN 转接器和传感器信号调理电路。就目前来说，这些部件占据了背架上较大的空间，但是这些部件可以看作负荷的一部分，对于验证性的样机来说，并不是本质问题，未来型号可以进行小型化设计来解决这一问题。其中电机、电机驱动器和锂电池组与第一代的相同。

电机轴上安装有卷扬轮，卷扬轮上固连钢丝拉索，拉索是柔性的，其另一端连接于膝关节的耳板上。腰环采用铝合金结构，与背架固连在一起，并与腿部支撑件通过铰链相连，起到承上启下的作用。每个腿部支撑件都包括大腿连杆、髋关节气弹簧、膝关节连板、膝关节气弹簧、小腿连杆和一套足连接件。其中大腿连杆、小腿连杆采用碳纤维材料制成，在保证强度的情况下，减轻了重量。

髋关节气弹簧为压缩气弹簧，安装在腰环和大腿连杆之间，如图 7-11 所示。膝关节连板为两个耳板，一端通过微型轴承相连，另一端由拉索相连。膝关节气弹簧为拉伸气弹簧，安装在小腿连杆和大腿连杆之间，膝关节连板和膝关节气弹簧如图 7-12 所示。足连接件一端与小腿连接件通过铰链连接，本体通过绑带与人体足耦合，足连接件本体有两个夹层，中间安装应变片式力传感器，测量足底压力，上送至背架上的信号调理电路进行变换放大后送入数据采集器。

图 7-11 髋关节气弹簧

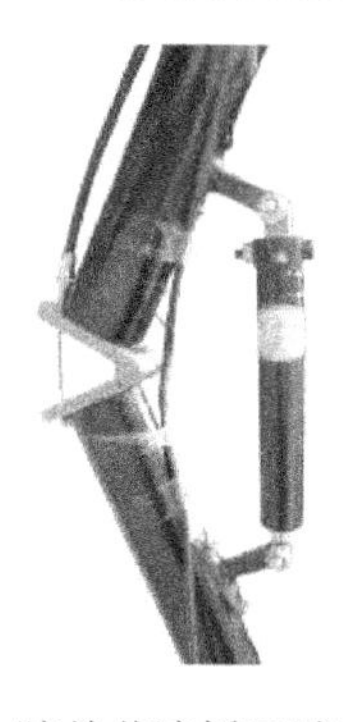

图 7-12 膝关节连板及膝关节气弹簧

7.2.2 工作原理

第二代骨骼服样机的工作原理图如图 7-13 所示。

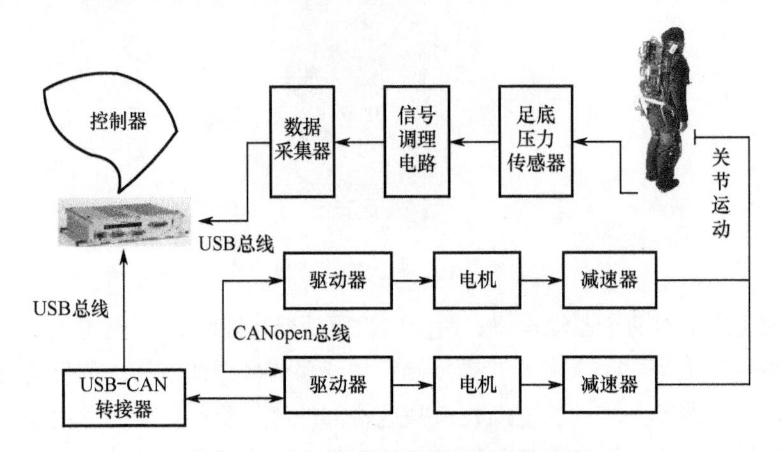

图 7-13 第二代骨骼服样机工作原理图

骨骼服在工作时，由足底压力传感器感受足底触地动作，判断当前下肢处于何种运动状态，若处于支撑状态，则足底压力传感器有压力输出，控制器控制电机转动，电机轴上安装的卷扬轮旋转，拉紧拉索，其拉力大于膝关节拉伸气弹簧的拉力，从而使得骨骼服膝关节伸直，则骨骼服的支撑腿配合髋关节的气弹簧撑起负荷，将负荷的重量传递至地面，从而减轻人体能量消耗。当人体抬腿时，足底压力传感器输出压力为零，则控制器判断人体处于摆动状态，则控制电机反转，使得拉索放松，则骨骼服膝关节在拉伸气弹簧的作用下弯曲，随人腿抬起，而后在人体带动下，骨骼服的整个摆动腿随人体向前摆动，在摆动达到设定的时间后，电机再次正转，拉索重新拉紧，摆动腿在空中伸直，甚至接触地面，进入支撑状态，如此循环往复，达到携行的目的。

由此可以看出，骨骼服的下肢始终在支撑和摆动两种状态之间切换，在支撑态撑起重物，在摆动态由人体控制进行摆动，所以骨骼服的下肢做的越轻，则人体在摆动它的时候消耗的能量就越少，因此将所有的控制、驱动、电源等装置都尽量置于背架之内，从而减轻骨骼服下肢的重量。采用碳纤维制作下肢也是为了这一目的。

7.2.3 电机输出转矩的确定

外骨骼的膝关节在拉索和气弹簧的共同作用下运动，外骨骼膝关节的受力分析如图 7-14 所示。

设图 7-14 中气弹簧产生的拉力为 F_1，则 F_1 对膝关节的力臂为

$$h_1=2\frac{-AB\sin\left(\arctan\dfrac{h}{L_1}+\arctan\dfrac{h}{L_2}+q\right)}{\sqrt{A^2+B^2+2AB\cos\left(\arctan\dfrac{h}{L_1}+\arctan\dfrac{h}{L_2}+q\right)}} \tag{7-7}$$

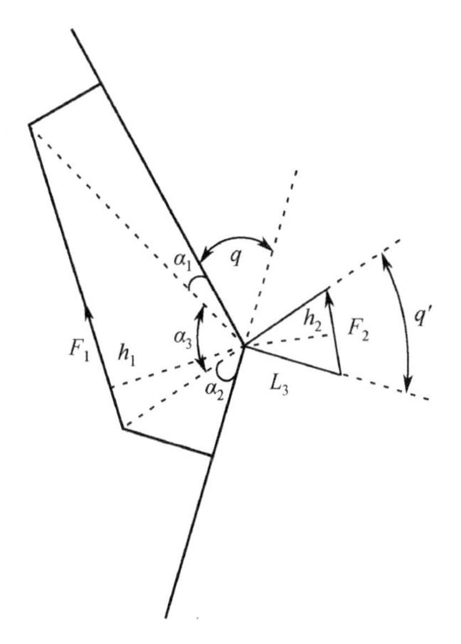

图 7-14　外骨骼膝关节受力分析图

则气弹簧对膝关节的力矩为

$$T_1=F_1h_1=2F_1\frac{-AB\sin\left(\arctan\dfrac{h}{L_1}+\arctan\dfrac{h}{L_2}+q\right)}{\sqrt{A^2+B^2+2AB\cos\left(\arctan\dfrac{h}{L_1}+\arctan\dfrac{h}{L_2}+q\right)}} \tag{7-8}$$

设图 7-14 中拉索产生的拉力为 F_2，则 F_2 到膝关节的力臂为

$$h_2=L_3\cos\left(\frac{q}{2}\right) \tag{7-9}$$

式中：L_3 为拉索的接点到膝关节的距离，拉索产生的力矩为

$$T_2=F_2h_2=F_2L_3\cos\left(\frac{q}{2}\right) \tag{7-10}$$

对膝关节进行简单的动力学建模，可以得到下面的动态方程

$$H\ddot{q}+f\dot{q}=T \tag{7-11}$$

式中：H 为小腿的转动惯量；f 为摩擦系数；T 为膝关节受到的总力矩，且有

$$T = T_1 + T_2 \tag{7-12}$$

为了对这种结构下的运动进行分析，还要考虑极限情况，当膝关节的转角为 0 时，小腿处于伸直状态，此时由于机械限制，膝关节不能再减小，此时膝关节还受到额外的力矩T_3，此力矩阻止膝关节转动，可以用弹簧阻尼模型来描述，即

$$T_3 = \begin{cases} -k_1 q - f_1 \dot{q} & q < 0 \\ 0 & q \geqslant 0 \end{cases} \tag{7-13}$$

式中：k_1为弹簧系数；f_1为阻尼系数。

当膝关节弯曲时，气弹簧到达最短长度时，同样受到机械限制，膝关节角度不能再增大，同样膝关节受到额外的力矩T_4，同样用弹簧阻尼模型来描述，如下：

$$T_4 = \begin{cases} -k_2 (q - q_{\max}) - f_2 \dot{q} & q > q_{\max} \\ 0 & q \leqslant q_{\max} \end{cases} \tag{7-14}$$

所以，膝关节的总力矩为

$$T = T_1 + T_2 + T_3 + T_4 \tag{7-15}$$

假设已经选择了拉力F_1＝30N 的气弹簧，为了确定电机输出转矩的大小，必须先确定拉索产生的拉力F_2的大小，因此，通过对外骨骼的屈伸运动进行仿真来确定这一数据。仿真时，首先给定参数如下：$L_{\max}$＝300mm，l＝100mm，$L_{\min}$＝200mm，L_2＝250mm，L_1＝50mm，h＝35mm，L_3＝55mm，f＝0.5，H＝0.0738，k_1＝–20000，f_1＝–50，k_2＝–20000，f_2＝–50。

由于外骨骼处于支撑态时，膝关节角度始终为 0，因此，仅对处于摆动态的外骨骼膝关节进行仿真，仿真时，假设外骨骼直接从支撑态向摆动态转换，则膝关节的初始角度为 0°，转换时，足底压力变为 0，则拉索放松，拉索上的拉力为 0，膝关节在气弹簧的拉力作用下开始弯曲，弯曲运动大约 0.25s 时，控制拉索产生拉力，使得外骨骼膝关节开始做伸展运动，直至足部着地。

若在仿真时令拉索拉力F_2＝140N，则仿真曲线与医学步态数据 CGA 曲线的对比图如图 7-15 和图 7-16 所示。由图可以看出外骨骼的运动轨迹与 CGA 数据描述的人体运动轨迹非常相似，说明当F_2＝140N 时可以控制外骨骼在做摆动态运动时跟随人体运动。电机通过卷扬轮将输出转矩转换成拉索的拉力，并将该力传递到膝关节，设卷扬轮的半径为h_3，则电机应输出的转矩为

$$T_{des} = F_2 h_3 = 140 \times 0.023 = 3.22\text{N} \cdot \text{m}$$

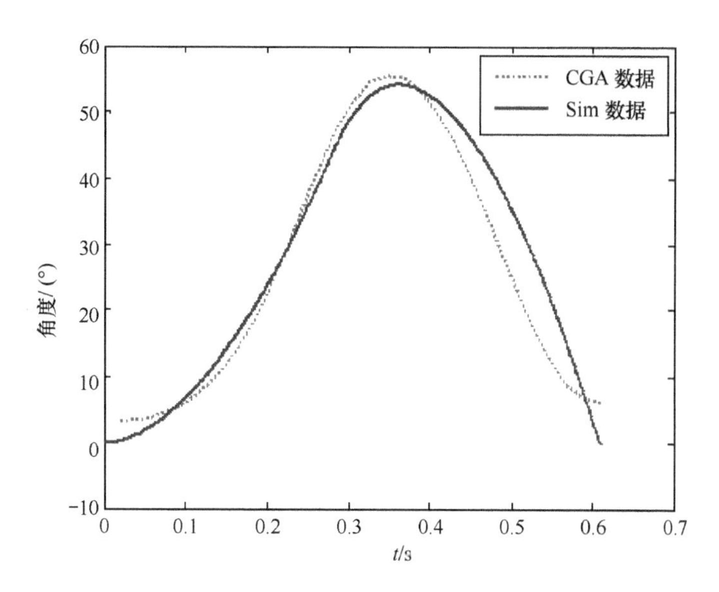

图 7-15　膝关节的运动角度

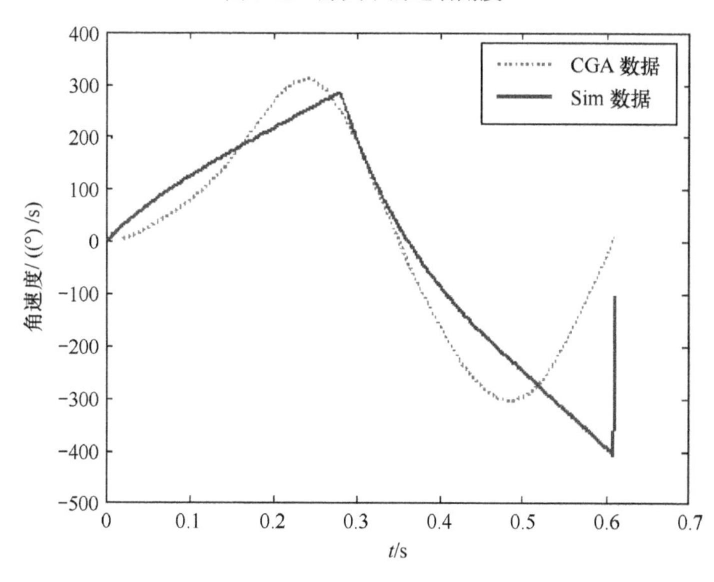

图 7-16　膝关节的运动角速度

7.2.4　拉索式电机驱动结构

动力如何传递到膝关节或踝关节，有多种不同的方案，主要包括：

（1）直接驱动，即将电动机直接安装于转动关节处，带来的问题是关节处体积和重量过大，停电后关节有很大的阻尼（主要是减速器阻尼），几乎不能运动，以目前电机和减速器 1.4kg 考虑，加上连接件每条腿要增加 2kg 重量，相当于在腿上绑了个沙袋，对髋关节无动力外骨骼，要完全靠体力负担这个重量抬腿行走，第一代仿照日本做了样机，从理论到实际都不成功。

（2）液压驱动，液压驱动是目前美国人采用的方案，该方案弊端在于泵体、蓄能器、缸体均为金属件，减轻重量比较难，并且很多构件侵占了人体活动空间。美国人投入大量资金，经过数十年研究，虽然有很大进步，至今仍停留在实验阶段，仍然没有实用的产品面世，如果沿着美国人的路走，资金、时间都会差不多，他们至今没有实用产品面世，必然遇到了技术瓶颈，我们冒着侵权的风险随他们走一条可能遇到技术瓶颈的路，显然不够明智。

（3）自主创新拉索驱动，我们认为人体外骨骼是一个仿生装置，它应该仿人体之筋骨肌肉，实现运动控制。装置的重量应该轻便，即使不可避免的重量也应该与负重时一样，置于负重相同的位置，与载重之比越小越好。选择拉索驱动，就是以拉索仿人体的筋和肌肉，由于人造骨骼可以是中空的，拉索可以置于骨骼内部，使用复合材料还可以轻易将骨骼做成壳体状，全部或部分环包于腿表面，达到人机合一，并可起到支撑中心向重心靠近，减小步行时重心摆动。现在做的只是一个原理试验样机，后背负重 30kg 没有问题；后背和前胸同时负重，由于重心得到改善因而总负重达到 45kg。停电后由于腿部重量轻，拉索经过一次延伸后，腿部可以自由运动。

7.2.5 性能指标

第二代外骨骼样机可以达到的性能指标如下：

（1）样机自重：　　　20kg；

（2）最大承受载荷：　暂未试验；

（3）正常工作载荷：　≤10kg；

（4）正常工作步速：　约 1m/s；

（5）连续工作时间：　约 2h；

（6）跟踪步态：　　　行走、转体、上楼梯、下蹲。

第二代外骨骼样机的最大贡献是采用足底压力传感器来判断人体的运动意识和采用气弹簧与拉索相结合的控制方式控制外骨骼的运动。第二代外骨骼样机在保持第一代样机功能的基础上，可以实现更多运动形式，且负荷的重量始终可以被传递至地面，实用性更强。第二代外骨骼实现的运动形式如图 7-17 所示。

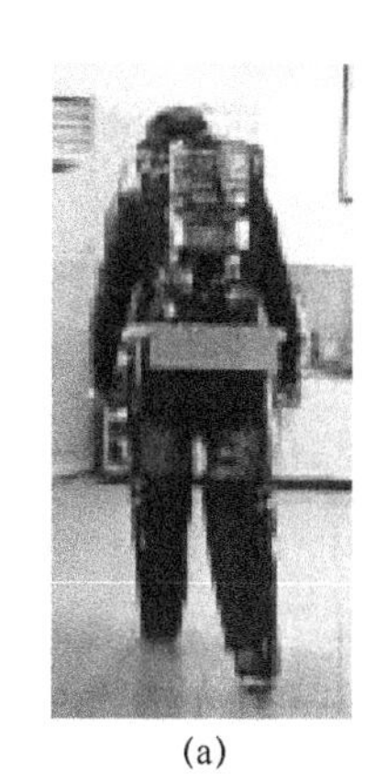

(a)

(b)

(c)

图 7-17　第二代外骨骼实现的运动形式

（a）行走；（b）下蹲；（c）上楼梯。

7.3　外骨骼服第三代样机的设计与实现

7.3.1　样机的改进

第三代样机是在第二代样机的基础上进行了较大的技术改进而制成的，其机械图如图 7-18 所示，实物照片如图 7-19 所示。

主要的改进有以下几点。

（1）背架空间进行了重新设计。采用玻璃钢材料制作了控制系统外壳，将所有的控制器件，包括微型工控机、数据采集器、电机驱动器、传感器信号调理电路、CAN 总线转换器等，以及锂电池都集成于外壳内，外部看不到内部电路，充分利用了空间，并美化了外观。并在外壳下面设计了安装负载的装置，可以装载 30kg 重的负荷，进行带载试验，如图 7-19 所示。

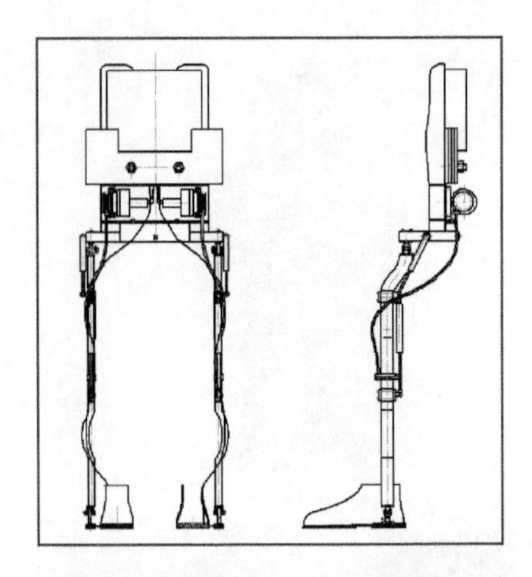

图 7-18　第三代外骨骼样机机械图

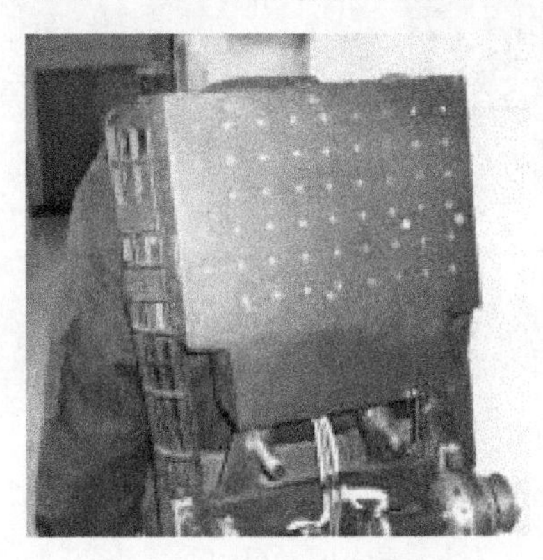

图 7-19　第三代外骨骼样机的背架空间设计

（2）腰环进行了重新设计。第二代外骨骼的腰环设计中缺少躯干在横向平面内的旋转自由度，人体感觉十分不适，通过在腰环中间增加旋转关节，较好地解决了这一问题，如图 7-20 所示。

图 7-20　第三代外骨骼样机的腰环设计

（3）下肢支撑连杆的生物力学设计。第二代外骨骼的下肢连杆均为直杆，不符合人体工学设计，因此，在大腿连杆上部设计了与腰环的曲面连接。在小腿连杆中部设计了曲面过渡，避免了连杆与小腿中部肌肉的摩擦，如图 7-21 所示。

（4）外骨骼鞋子设计。新的鞋子采用新型作战靴改造后制成，在鞋跟底部设计了与外骨骼小腿的连接支撑装置，并将香港理工大学研究的压力鞋垫安装于鞋子内部，就像穿普通鞋垫一样，穿脱方便，如图 7-22 所示。

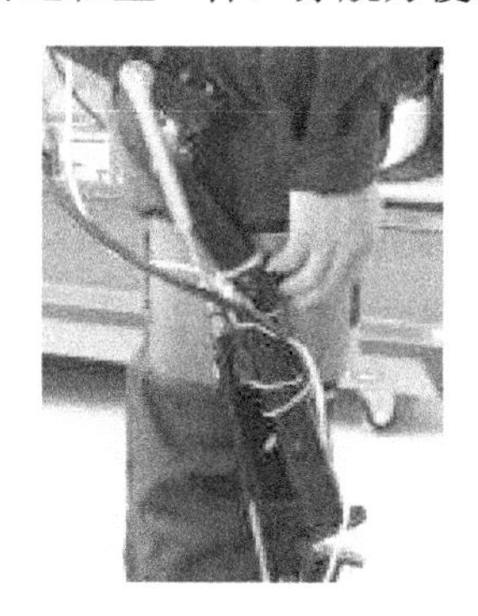

图 7-21　第三代外骨骼的下肢连杆

图 7-22　第三代外骨骼的鞋子

（5）加入了加入传感器。在关节处加入角度传感器，以形成反馈控制，增加控制的柔顺性和精确性。

7.3.2　腰环与背架连接方式及受力分析

腰环与背架以轴承连接，两端连接弹簧，由于两腿在行走时，负载重物的重心需要不断地转移到支撑腿上方，因此，腰部要出力负责偏移角 ϕ，设重心距转轴高为 H，重为 W，弹簧弹性系数为 k，弹簧距转轴长 L，当角 ϕ 较小时，重物产生的转矩为 $W.H.\sin\phi$，弹簧产生的转矩为 $-2k.L.\sin\phi$，当 $W.H.\sin\phi=2k.L.\sin\phi$，即 $W.H=2k.L$ 时腰部不出力即可在任意角度达到平衡，当重物一定时，只要选择正确的弹簧弹性系数或调整好居中心的位置，就能在调整重心时达到腰部不出力或省力的效果。腰环的受力分析如图 7-23 所示。

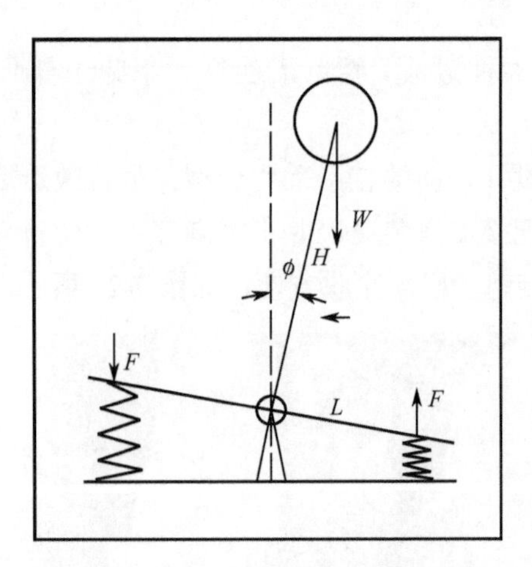

图 7-23　腰环的受力分析

7.3.3　样机实验

电气系统主要完成传感器信号的采集、控制算法的解算、输出控制信号、电机驱动等功能。

主控制器采用 DSP 处理器加外围电路构成，主要完成总线协议、数据采集、运动控制和锁位控制等功能。控制器通过 CAN 2.0 接口同一块电机控制器相连，进行通信，两块电机控制器之间通过 CAN 总线相连，进行通信。

DSP 控制器具有 8 路 AD 转换功能（12bit），用于采集各种传感器信号，并进行控制策略的判断，最后输出控制信号，电机控制信号通过 CAN 总线送至电机控制器，控制电机转动。

在对 DSP 进行编程时，需要通过 JTAG 接口与上位计算机相连，调试通过后，可将最终的控制程序写入 DSP，并脱离上位机运行。

为了编程调试方便，DSP 控制器上预留了 LCD 显示器接口，便于监测调试过程中的一些数据。

同时，DSP 控制器预留了 RS–485 通信接口，可以将各种传感器信号和控制信号送达上位机进行信号监测，作为系统调试和性能评估使用。同时预留 4 路 I/O 接口，便于系统进行扩展。

所有的传感器信号需要经过调理，变为 DSP 能够接收的电压信号，才能被 DSP 采集，主要包括 3 部分电路：DC–DC 变换电路、足底压力传感器变换电路、膝关节角度传感器变换电路。

DC–DC 变换电路，将电池提供的 24V 直流电，转换为+15V 电压供足底压力传感器用，转换为–15V 和+5V 电压供其他电路使用等。

足底安装压力传感器共有 4 路，由于每个压力传感器自带压力变送器，以将压力信号调制为 0～5V 电压信号，因此，在调制板上仅起一个转接作用。

关节处安装角度传感器，用于测量外骨骼关节的旋转角度，采用 15V 供电，调理电路将角度传感器的电压转换为 DSP 可以接收并采集的模拟电压范围后采集。

控制电机，选用麦柯升公司的 200W 电机，选用配套的行星齿轮减速器，减速比 66∶1；两个电机控制器之间采用 CAN 总线进行通信，其中一个作为 CAN 总线的 Master 与 DSP 控制之间通过 CAN 总线进行通信，DSP 控制器通过两个电机控制器的节点号（Node ID）来区分二者，DSP 控制器发送的指令符合 CAN 通信协议格式，CAN 总线上的指令符合 CANopen 总线协议。

整个系统采用电池供电，电池采用 24V、17A·h 的高性能磷酸铁锂电池，直接为 DSP 控制器、电机控制器传感器信号调理板供电，各块板上所需的其他二次电源，由各自的电源变换电路实现。

系统控制软件基于 C 语言，采用 CCS3.0 编程环境进行编程，具有自适应人体背负重量、步速、步幅，调试完毕后可以直接写进 DSP 芯片中，上电即可运行程序，启动时间快。

为了方便系统的调试，系统设计了 485 通信接口，可以将中间变量，例如足底压力、关节角度、输出控制信号等送至上位机进行实时数据监控和分析，也可以记录过程数据，事后分析控制规律，设计控制算法。

在样机开始工作时，采用全过程运动控制算法对样机进行控制，在行走稳定后，加入学习控制。为了分析骨骼服膝关节角度和电机转角之间的比例关系，将记录的数据在 Matlab 工具软件中进行绘图分析，如图 7-24 所示，为骨骼服左腿膝关节角度和电机转角之间的关系。其他部分过程分析曲线如图 7-25～图 7-27 所示。

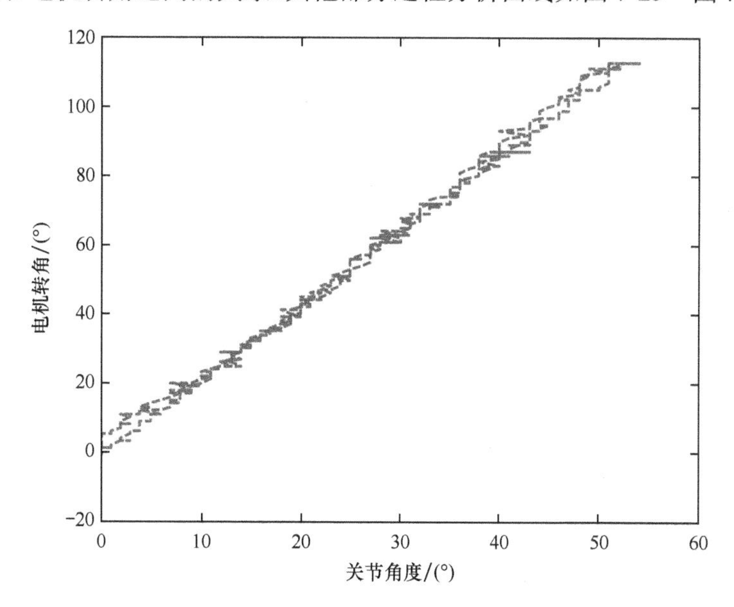

图 7-24　骨骼服左腿膝关节角度和电机转角之间的关系曲线

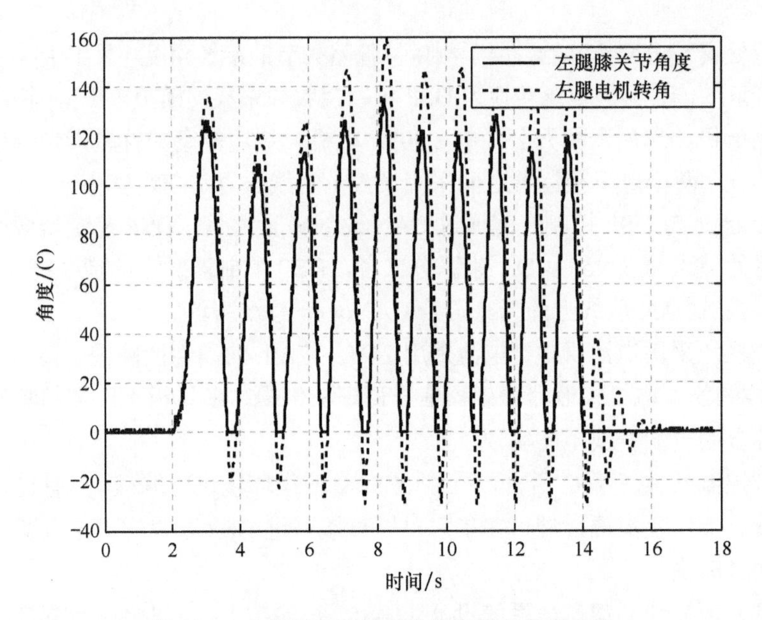

图 7-25　电机转角跟踪骨骼服膝关节角度曲线

负荷过程的调试曲线如图 7-26 至图 7-28 所示。图 7-26 所示为负荷 45kg 的上下楼梯骨骼服膝关节角度曲线。图 7-27 为中，竖起的虚线表示脚着地，点划线表示脚离地（以脚前掌和脚后跟的综合压力来判断），由图中可以看出，在正常的步态下，呈现出一定的规律，步态基本保持一致。图 7-28 为足底压力切换时，压力与膝关节角度之间的关系，图中竖线为足底着地的压力切换点，由图可以看出，并结合实际运动情况和感受分析，在足底着地时，负荷的重力由另外一只腿切换到支撑腿，在负荷重力的冲击作用下，骨骼服膝关节先弯曲，之后在拉锁的拉力下开始绷直。从实验结果可以看出，外骨骼实现了跟踪与携行。

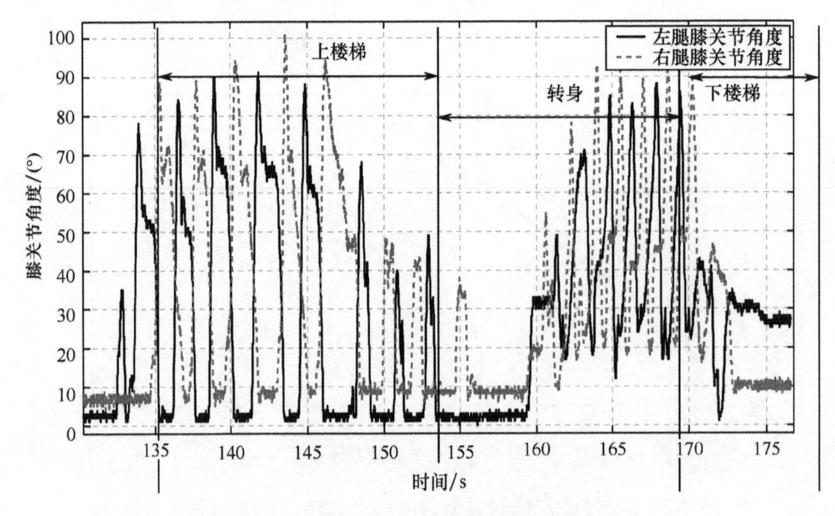

图 7-26　负荷 45kg 上下楼梯膝关节角度曲线

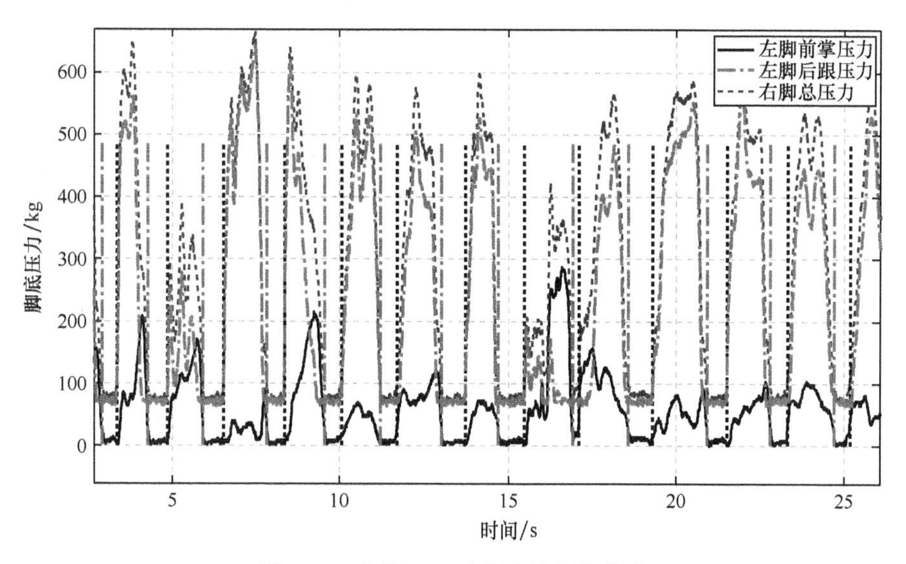

图 7-27　负荷 45kg 步行左脚压力曲线

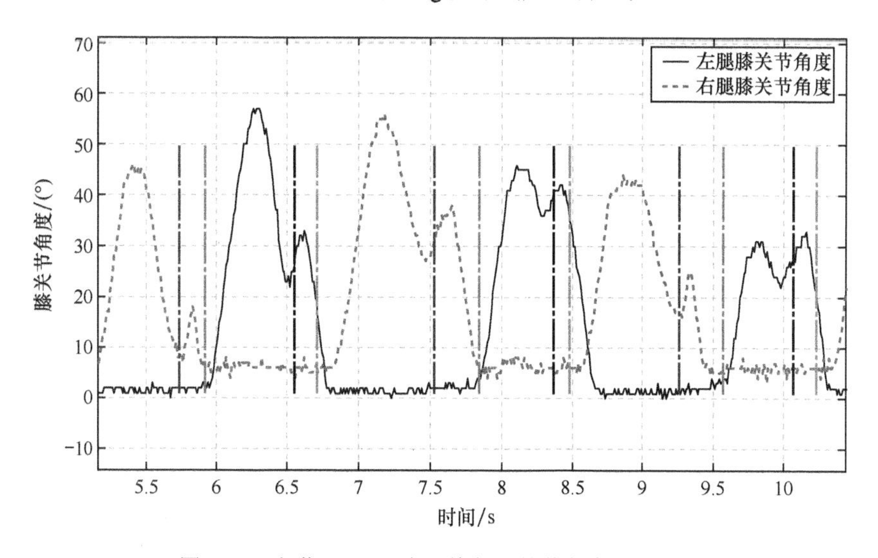

图 7-28　负荷 45kg 压力切换与膝关节角度关系曲线

7.3.4　性能指标

第三代外骨骼样机可以达到的性能指标如下。

（1）样机自重：　　21.2kg；

（2）最大承受载荷：　暂未试验；

（3）正常工作载荷：　30kg；

（4）正常工作步速：　约 1m/s；

（5）连续工作时间：　约 2h；

（6）跟踪步态：　　　行走、转体、上下楼梯、下蹲、屈膝、坐、侧踹、匍匐前进、上下斜坡等动作（如图 7-29 所示）。

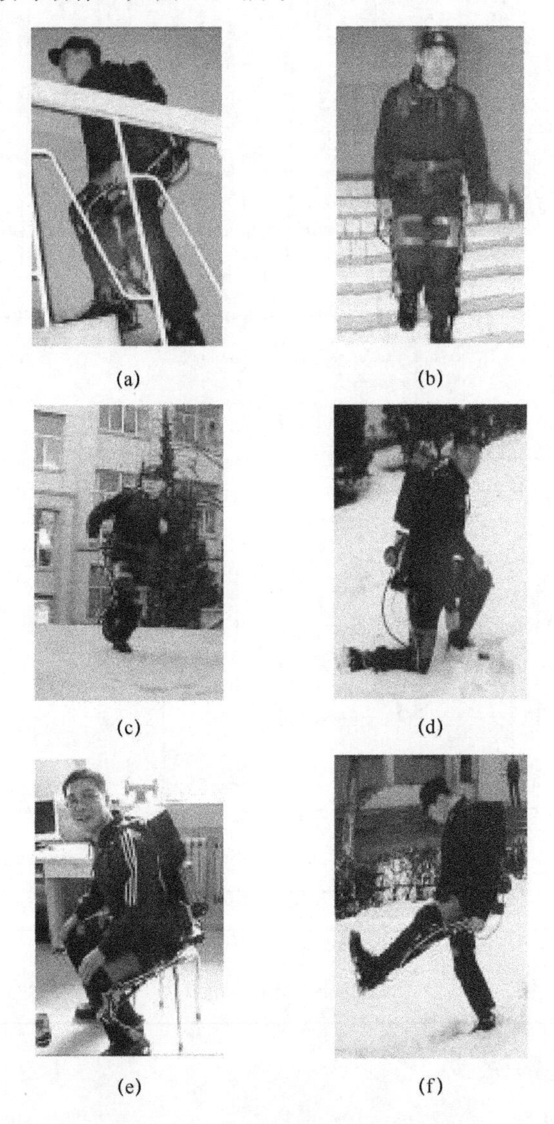

图 7-29　第三代外骨骼实现的运动形式

（a）上楼梯；（b）下楼梯；（c）无动力奔跑；（d）单膝着地；（e）坐；（f）踢腿。

7.4　小结

本章从工程实现上对下肢智能携行外骨骼进行了研究，力图用最简单有效的方法来实现骨骼服的控制，在第一代样机的基础上，研制了第二代、第三代样机，虽然这些样机还有许多不足之处，但所做工作有一定的借鉴价值，事实证明：

（1）气弹簧在骨骼服上应用的意义重大；

（2）拉索式控制方式是一个有益的尝试；

（3）使用足底压力传感器是十分必要的；

（4）采用三关节单驱动是一种行之有效的方法，从结构设计、能源需求、便携性等方面来说都是目前的最优选择。

参考文献

[1] Peter Neuhaus, Kazerooni H. Design and Control of Human Assisted Walking Robot[C]. Proceedings of 2000 IEEE International Conference on Robotics& Automation, San Francisco, 2000: 563-569.

[2] Keitaro Naruse, Satoshi Kawai, Hiroshi Yokoi, et al. Development of Wearable Exoskeleton Power Assist System for Lower Back Support[C]. Proceddings of the 2003 IEEE/RSJ Intl Conference on Intelligent Robots and Systems, Las Vegas, Nevada, 2003: 3630-3635.

[3] 陈鹰, 杨灿军. 人机智能系统理论与方法[M]. 杭州: 浙江大学出版社, 2006.

[4] Shunji Moromugi. Exoskeleton Suit for Human Motion Assistance[D]. California：University of California, Irvine, 2003.

[5] Yoshiitsu T, Yamamoto K. Development of a Power Assit Suit for Nursing Work[C]. SICE 2004 Annual Conference, Sapporo, Tokyo, 2004: 577-580.

[6] Lee S, Sankai Y. Power Assist Control for Walking Aid with HAL-3 Based on EMG and Impedance Adjustment around Knee Joint[C]. Proceeding of 2002 IEEE/RSJ Intl Conference on Intelligent Robots and Systems, EPFL, Lausanne, 2002: 1499-1504.

[7] Hiroaki Kawamoto, Yoshiyuki Sankai. Power Assist Method Based on Phase Sequence Driven by Interaction between Human and Robot Suit[C]. Proceedings of the 2004 IEEE International Workshop on Robot and Human Interactive Communication, Kurashiki, Okayama, Japan, 2004: 491-496.

[8] Kota Kasaoka, Yoshiyuki Sankai. Predictive Control Estimating Operator's Intention for Stepping-up Motion by Exo-Skeleton Type Power Assist System HAL[C]. Proceeding of 2001 IEEE/RSJ Intl Conference on Intelligent Robots and Systems, Maui, Hawaii, 2001: 1578-1583.

[9] Hiroaki Kawamoto, Shigehiro Kanbe, Yoshiyuki Sankai. Power Assist Method for HAL-3 Estimating Operator's Intention Based on Motion Information[C]. Proceedings of the 2003 IEEE Intl Workshop on Robot and Human Interactive Communication, Millbrae, California, 2003: 67-72.

[10] Hruki Imai, Masako Nozawa, Yuichiro Kawamura, et al. Human Motion Oriented Control Method for Humanoid Robot[C]. Proceedings of the 2002 IEEE Intl Workshop on Robot and Human Interactive Communication, Berlin, 2002: 211-216.

[11] Kawamoto H, Sankai Y. Power Assist System HAL-3 for Gait Disorder Person[C]. In Proceedings of International Conference on Computers Helping People with Special Needs (ICCHP 2002), Linz, Austria, 2002: 196-203.

[12] Yamamoto K, Ishii M, et al. Stand Alone Wearable Power Assisting Suit-Sensing and Control Systems[C]. 13th IEEE International Workshop on Robot and Human Interactive Communication, Roma, Italy, 2004: 661-666.

[13] Veneman J F, Ekkelenkamp R. A Series Elastic and Bowden-Cable-Based Actuation System for Use as Torque Actuator In Exoskeleton-Type Robots[J]. International Journal of Robotics Research, 2006, 25(3): 261-281.

[14] 董亦鸣. 下肢康复医疗外骨骼训练控制系统研究与实现[D]. 杭州: 浙江大学, 2008.

[15] 张杰. 脑卒中瘫痪下肢外骨骼康复机器人的研究[D]. 杭州: 浙江大学, 2007.

[16] 牛彬. 可穿戴式的下肢步行外骨骼控制机理研究与实现[D]. 杭州: 浙江大学, 2006.

[17] 王岚, 王婷, 张立勋, 等. 助力机器腿仿真研究[J]. 机械设计, 2006, 23(9): 12-15.

[18] 赵豫玉. 穿戴式下肢康复机器人的研究[D]. 哈尔滨: 哈尔滨工程大学出版社, 2009.

[19] 张今瑜, 王岚, 王劲松. 人体步态相位检测试验研究[J]. 传感器与微系统, 2006, 25(5): 42-44.

[20] 张今瑜, 王岚, 张立勋. 基于多传感器的实时步态检测研究[J]. 哈尔滨工程大学学报, 2007, 28(2): 218-221.

[21] Mosher R S. Handyman to Hardiman, SAE Automotive Engineering Congress[C]. Detroit, Mich, 1967.

[22] Rosen J, Brand M,Fuchs M B, et al. A Mysignal-Based Powered Exoskeleton System[J]. IEEE Transaction on Systems, Man, and Cybernetics- Part A: Systems and Humans, 2001, 31(3): 210-222.

[23] Adam Zoss, Kazerooni H, Andrew Chu. On the Mechanical Design of the Berkeley Lower Extremity Exoskeleton (BLEEX)[C]. Intelligent Robots and Systems (2005). IEEE/RSJ International conference, Edmonton, Alberta, Canada, 2005: 3465-3472.

[24] Kazerooni H. Exoskeleton for Human Power Augmentation[C]. IEEE/RSJ International Conference on Intelligent Robots and Systems, Edmonton, Canada, 2005: 3120-3125.

[25] Andrew Chu. Design of the Berkeley Lower Extremity Exoskeleton (BLEEX)[D]. California: University of California, Berkeley, 2005.

[26] Andrew Chu, Kazerooni H, Adam Zoss. On the Biomimetic Design of the Berkeley Lower Extremity Exoskeleton (BLEEX)[C]. Proceedings of the 2005 IEEE International Conference on Robotics and Automation, Barcelona, 2005: 4345-4352.

[27] Adam Brian Zoss. Actuation Design and Implementation for Lower Extremity Human Exoskeleton[D]. California: University of California, Berkeley, 2006.

[28] John Ryan Steger. A Design And Control Methodology for Human Exoskeleton[D]. California: University of California, Berkeley, 2006.

[29] Jean-Louis Charles Racine. Control of Lower Extrimity Exoskeleton for Human Performance Amplication[D]. California: University of California, Berkeley, 2003.

[30] Ryan Steger, Sung Hoon Kim, Kazerooni H. Control Scheme and Networked Control Architecture for the Berkeley Lower Extremity Exoskeleton (BLEEX)[C]. Proceedings of the 2006 IEEE International Conference on Robotics and Automation Orlando, Florida, 2006: 3469-3476.

[31] Justin Ghan, Kazerooni H. System Identification for the Berkeley Lower Extremity Exoskeleton (BLEEX)[C]. Proceedings of the 2006 IEEE International Conference on Robotics and Automation, Orlando, Florida, 2006: 3477-3484.

[32] Kazerooni H, Jean-Louis Charles Racine, Lihua Huang, et al. On the Control of Berkeley Lower Extremity Exoskeleton (BLEEX)[C]. Proceedings of the 2005 IEEE International Conference on Robotics and Automation, Barcelona, 2005: 4353-4360.

[33] Conor James Walsh, Daniel Paluska, Kenneth Pasch, et al. Development of a Lightweight, Underactuated Exoskeleton for Load-carrying Augmentation[C]. Proceedings of the 2006 IEEE International Conference on Robotics and Automation. Orlando, Florida, 2006(5): 3485-3491.

[34] Conor James Walsh, Kenneth Pasch, et al. An autonomous, underactuated exoskeleton for loadcarrying augmentation [C]. Proceedings of the 2006 IEEE/RSJ International Conference on Intelligent Robots and Systems, October 9-15, 2006, Beijing, China: 1410-1415.

[35] High-Tech Exoskeleton gives Farmers Extra Power. Http: //www. 2dayblog. com.

[36] Low K H, Xiaopeng Liu, Goh C H, et al. Locomotive Control of a Wearable Lower Exoskeleton for Walking Enhancement [J]. Journal of Vibration and Control, 2006, 12(12): 1311-1316.

[37] Low K H, Xiaopeng Liu, Hao Yong Yu, et al. Development of a Lower Extremity Exoskeleton-Preliminary Study for Dynamic Walking [C]. In The 8th International Conference on Control Automation, Robotics and Vision, Kunming, China, 2004: 2088-2093.

[38] Heng Cao, Wenjin Gu, Yuhai Yin, et al. Neural-Network Inverse Dynamic Online Learning Control on Physical Exoskeleton[C]. In 13th International Conference of Neural Information Processing, ICONIP 2006, Vol.III, Hong Kong, 2006: 702-710.

[39] Heng Cao, Yuhai Yin, Zhengyang Ling. Walk-aided System with Wearable Lower Extremity Exoskeleton for Brain-machine Engineering[C]. In Proceedings of the International Conference on Cognitive Neurodynamics, shanghai, China, 2007: 849-855.

[40] 陈占伏, 杨秀霞, 顾文锦. 下肢外骨骼机械结构的分析与设计[J], 计算机仿真, 2008, 25(8): 238-241.

[41] 刘明辉, 顾文锦, 陈占伏. 基于骨骼服的虚拟人体建模与仿真. 海军航空工程学院学报[J]. 2009, 24(2): 157-161.

[42] Low K H, Xiaopeng Liu, Haoyong Yu. Development of NTU Wearable Exoskeleton System for Assistive Technologies[C]. Proceedings of the IEEE International Conference on Mechatronics & Automation, Niagara Falls, Canada, 2005: 1099-1106.

[43] Johnson D, Repperger D W, Thomson G. Development of a Mobility Assist for the Paralyzed, Amputee, and Spastic Patient[C]. Proceedings of the 1996 Fifteenth Southern Biomedical Engineering Conference, New York, NY, USA: IEEE, 1996: 67-70.

[44] Kiguchi K, Iwami K, Saza T, et al. A Study of an Exoskeletal Robot for Human Shoulder Motion Support[C]. Proceedings of the 2001 IEEE/RSJ International Conference on Intelligent Robots and Systems, Maui Hawaii, USA, Oct. 29-Nov. 03, 2001.

[45] Miyamoto H, Sakurai Y, Nakajima I, et al. Powered Orthosis for Lower Limb[C]. Proceedings of the 3rd Japanese-French Biomedical Technologies Symposium, May 5-7, 1989, Himeji, Japan.

[46] Ruthenberg B J, Wasylewski N A, Beard J E. An Experimental Device for Investigating the Force and Power Requirements of a Powered Gait Orthosis[J]. Journal of Rehabilitation Research and Development, Washington, 1997, 34(2): 203-213.

[47] 毛勇, 王家廞, 贾培发, 等. 双足被动步行研究综述[J]. 机器人, 2007, 29(3): 274-280.

[48] Eppinger S D, Seering W P. Understanding Bandwidth Limitations in Robot Force Control[C]. Proceeding of the IEEE International Conference on Robotics and Automation, Carolina, USA , 1987: 904-909.

[49] Whitney D E. Historical Perspective and State of the Art in Robot Force Control[J]. The International Journal of Robotics Research, 1997, 6(1): 3-14.

[50] Craig J J. Introduction to Robotics[M]. Addison-Wesley Publishing Co., 1989.

[51] Kazerooni, H. Human/ Robot Interaction via the Transfer of Power and Information Signals, Part I: Dynamics and Control Analysis[C]. 1989 IEEE international Conference on Robotics and Automation, Scottsdale, Arizona, USA , 1989, (3): 1632-1640.

[52] Kazerooni, H. Human/ Robot Interaction via the Transfer of Power and Information Signals, Part II: An Experimental Analysis[C]. 1989 IEEE International Conference on Robotics and Automation, Scottsdale, Arizona, USA , 1989,3: 1641-1647.

[53] Kazerooni, H. The Extender Technology: An Example of Human-Machine Interaction via the Transfer of Power and

Information Signals[C]. Experimental Robotics IV. 4th International Symposium. Springer-Verlag, 1997, Berlin, Germany, 170-180.

[54] Hayashibara Y, Tanie K, Arai H, et al. Development of Power Assist System with Individual Compensation Ratios for Gravity and Dynamic Load[C]. Proceedings of the 1997 IEEE/RSJ International Conference on Intelligent Robot and Systems. Innovative Robotics for Real-World Applications, New York, NY, USA1997, vol.2.

[55] Hayashibara, Y, Tanie K, Arai H. Design of a Power Assist System with Consideration of Actuator's Maximum Torque[C]. Proceedings 4th IEEE International Workshop on Robot and Human Communication, New York, NY, USA, 1995.

[56] 牛彬. 可穿戴式的下肢步行外骨骼控制机理研究与实现[D]. 杭州: 浙江大学机械与能源工程学院, 2006.

[57] 赵彦峻. 人体下肢外骨骼工作机理研究[D]. 南京: 南京理工大学, 2006.

[58] 陈峰. 可穿戴型助力机器人技术研究[D]. 合肥: 中国科学技术大学, 2007.

[59] Han Yali, Wang Xingsong. Kinematics Analysis of Lower Extremity Exoskeleton[C]. In 2008 Chinese Control and Decision Conference, Yantai, China, 2008: 2753-2758.

[60] Chen Jinzhou, Wei Hsin Liao. Design and Control of a Magnetorheological Actuator for Leg Exoskeleton [C]. In Proceedings of the 2007 IEEE International Conference on Robotics and Biomimetics, Sanya, China, 2007: 1388-1393.

[61] 尹军茂. 穿戴式下肢外骨骼结构分析与设计[D]. 北京: 北京工业大学, 2010.

[62] Yang Xiuxia, Zhao Hongchao, Zhang Yi, et al. Carrying Lower Extreme Exoskeleton Rapid Terminal Sliding-Mode Robust Control [J]. Journal of Computers, 2014, 19(1): 202-208.

[63] Yang Xiuxia, Zhang Yi, Pan Changpeng. Carrying Lower Extreme Exoskeleton Control with Fixed Gravity Compensation[C]. International Conference on Oxide Materials for Electronic Engineering, L'viv, Ukraine, 2012, 9: 460-462.

[64] 杨秀霞, 归丽华, 杨智勇, 等. 下肢携行外骨骼系统模糊自适应位置控制研究[J]. 计算机仿真, 2012, 29(3): 231-235.

[65] 戴邵武, 李双明, 杨秀霞, 等. 外骨骼中超静定力问题的解法研究[J]. 计算机仿真, 2012, 29(4): 204-206.

[66] 杨秀霞, 赵国荣, 顾文锦, 等. 智能携行系统时变学习控制方法研究[J]. 电子科技大学学报, 2012, 12: 67-69.

[67] 李世昌. 运动解剖学[M]. 北京: 高等教育出版社, 2006: 12-13.

[68] 叶永延. 运动生物力学[M]. 2 版, 北京: 高等教育出版社, 2000: 26-74.

[69] Christopher L Vaughan, Brian L Davis. Jeremy C O'Connor. Dynamics of Human Gait[M]. 2th ed. Cape Town, South Africa: Kiboho Publishers, 1999: 15-43.

[70] 李世明. 运动生物力学理论与方法[M]. 北京: 科学出版社, 2006: 152-154.

[71] 刘建成. 基于骨骼服的人体负荷行走建模与实验[D]. 烟台: 海军航空工程学院, 2008.

[72] Kirtley C. CGA Normative Gait Database, Hong Kong Polytechnic Univ[Onine]. Available: http://guardian.curtin.edu.au/cga/data/.

[73] 陈乐生. Kane 方法的质心坐标系[J]. 机器人, 1994, 16(3): 176-180.

[74] 刘敏杰, 田涌涛, 李从心. 并联机器人动力学的子结构 Kane 方法[J]. 上海交通大学学报, 2001, 35(7): 1032-1035.

[75] 张国伟, 宋伟刚. 并联机器人动力学问题的 Kane 方法[J]. 系统仿真学报, 2004, 16(7): 1386-1391.

[76] 杨元明, 董秋泉. 能量形式的 KANE 方程[J]. 陕西工学院学报, 1997, 13(2): 91-94.

[77] 杨庆. 仿人机器人实时运动规划方法研究[D]. 长沙: 国防科学技术大学, 2005.

[78] Hollerbach J M. A recursive Lagrangian formulation of manipulator dynamics and a comparative study of dynamics formulation complexity[J]. IEEE Trans. On Systems, Man and Cybernetics, 1980, 10: 730-736.

[79] Winter A. Gait Data. Int. Soc. Biomechanics, Biomechanical Data Resources [J]. Available: http://guardian.curtin.edu.au/org/data/.

[80] Yang Can-Jun, Niu Bin, Chen Ying. Adaptive Neuro-Fuzzy Control Based Development of a Wearable Exoskeleton Leg for Human Walking Power Augmentation[C]. Proceedings of the 2005 IEEE/ASME, Monterey, California, USA , 2005: 467-472.

[81] 林守金. 基于非线性连续状态反馈的机器人鲁棒控制[D]. 西安: 西安交通大学, 2003.

[82] Ham C, Qu Z, Johnson R. Robust Fuzzy Control for Robot Manipulators[J]. IEEE Proc Control Theory Appl, 2000, 147(2): 212-216.

[83] Zhang F, Dawson D M, de Queiroz M S, et al. Global Adaptive Output Tracking Control of Robot Manipulators[J]. IEEE Trans on Automatic Control, 2000, 45(6): 1203-1208.

[84] Francesco Calugi, Anders Robertsson, Rolf Johanssn. Output Feedback Adaptive Control of Robot Manipulators Using Observer Backstepping[C]. Proceedings of the IEEE Conference on Intelligent Robots and Systems, EPFL Lausanne Switzerlan, 2000: 2091-2096.

[85] 丁学恭. 机器人控制研究[M]. 浙江大学出版社, 2006.

[86] Chee-Meng Chew, Gill A Pratt. Adaptation to Load Variations of a Planar Biped: Height Control Using Robust Adaptive Control[J]. Robotics and Autonomous Systems, 2001, 35: 1-22.

[87] 李俊, 徐德民. 电机驱动机械手的自适应反演变结构控制[J]. 机械科学与技术, 2001, 20(4): 528-530.

[88] 梶田秀司. 仿人机器人[M]. 北京: 清华大学出版社, 2007: 61-96.

[89] Chih-Min Lin, Kun-Neng Hung, Chun-Fei Hsu. Adaptive Neuro-Wavelet Control for Switching Power Supplies[J]. IEEE Transactions on Power Electronics, 2007, 22(1): 87-95.

[90] Yacine OUSSAR, Gérard DREYFUS. Initialization by Selection for Wavelet Network Training[J]. Neurocomputing, 2000, 34: 131-143.

[91] Chen Hua, Chen Wei-shan, Xie Tao. Wavelet Network Solution for the Inverse Kinematics Problem in Robotic Manipulator[J]. Journal of Zhejiang University, 2006, 7(4): 525-529.

[92] 彭玉华. 小波变换与工程应用[M]. 北京: 科学出版社, 2000.

[93] Uchiyama M. Formation of high-speed motion pattern of a mechanical arm by trial[J]. Transactions of the Society of Instrumentation and Control Engineers, 1978, 14(6): 706-712.

[94] Arimoto S, Kawamura S, Mayazaki F. Bettering operation of robots by learning[J]. Journal of Robotic Systems, 1984, 1(2): 123-140.

[95] Arimoto S, Kawamura S, Mayazaki F. Bettering operation of dynamic systems by learning: A new control theory for servomechanism or mechatronics systems[J]. Proceedings of the 23rd IEEE Conference on Decision and Control, 1984: 1064-1069.

[96] Arimoto S. Mathematical theory of learning with applications to robot control[C]. Proceedings of the 4th Yale Workshop on Applications of Adaptive Systems Theory, New Haven, Connecticut, 1985: 379-388.

[97] Arimoto S, Kawamura S, Mayazaki F et al. Learning control theory for dynamic systems[C]. Proceedings of the 24th IEEE Conference on Decision and Control, Ft. Lauderdale, FL, USA, 1985: 1375-1380.

[98] Kawamura S, Miyazaki F, Arimoto S. Applications of learning control method for dynamic control of robot manipulators[C]. Proceedings of the 24th IEEE Conference on Decision and Control, Ft. Lauderdale, FL, USA, 1985: 1381-1386.

[99] Craig J J. Adaptive control of manipulators through repeated trials[C]. Proceedings of the 1984 American Control

Conference San Diego, California, USA, 1984: 1566-1573.

[100] Casalino G, Bartolini G. A learning procedure for the control of movements of robotic manipulators[C]. Proceedings of the IASTED Symposium on Robotics and Automation, Amsterdam Netherland, 1984: 108-111.

[101] Chiang Ju Chien, Li Chen Fu. A neural network based learning controller for robot manipulators[C]. Proceedings of the 39th IEEE Conference on Decision and Control2000, Sydney, Australia, 1748-1753.

[102] BH Park, TY Kuc, SL Jin. Adaptive learning of uncertain robotic systems[J]. International Journal of Control, 2007, 65(5): 725-744.

[103] Xu J X, Viswanathan B, Qu Z. Robust learning control for robotic manipulators with an extension to a class of non-linear systems[J]. Internal Journal of Control, 2000, 73(10):858-870.

[104] Hamamoto K, Sugie T. Iterative learning control for robot manipulators using the finite dimensional input subspace[C]. Proceedings of the 40th IEEE Conference on Decision and Control, Orlando, FL USA, 2001: 4926-4931.

[105] Norrlof, M. An adaptive iterative learning control algorithm with experiments on an industrial robot[J]. IEEE Transactions on Robotics and Automation, 2002, 18(2): 245-251.

[106]Hamamoto K, Sugie T. Iterative learning control for robot manipulators using the finite dimensional input subspace[J]. IEEE Transactions on Robotics and Automation, 2002, 18(4): 632-635.

[107] Jiang P, Unbehauen R. Robot visual servoing with iterative learning control[J]. IEEE Transactions on Systems, Man, and Cybernetics-Part A: Systems and Humans, 2002, 32(2): 281-287.

[108] LEE H S, Bien Z. Study on robustness of iterative control with non-zero initial error[J]. International Journal of Control, 1996, 64(3): 345-359.

[109] 孙明轩, 黄宝健. 任意初始状态下不确定时滞系统的 PD 型迭代学习控制[J]. 控制理论与应用, 1998, 15(6): 853-858.

[110] Chen Y Q, Wen C Y. Iterative Learning Control: Convergence, Robustness and Applications[M]. Springer Press, 1999.

[111] Mingxuan Sun, Danwei Wang, Guangyan Xu. Initial shift problem and its ILC solution for nonlinear systems with higher relative degree[C]. Proceedings of the American Control Conference, Chicago, Illinois, USA, 2000, 1(6): 277-281.

[112] Mingxuan Sun, Danwei Wang. Robust discrete-time iterative learning control: initial shift problem[C]. Proceedings of the 40th IEEE Conference on Decision and Control, Orlando Florida, USA , 2001: 1211-1216.

[113] Sun Mingxuan, Wang Danwei. Iterative learning control with initial rectifying action[J]. Automatica, 2002, 38: 1177-1182.

[114] Arif M, Ishihara T, Inooka H. Iterative learning control utilizing the error prediction method[J]. Journal of Intelligent and Robotic Systems, 1999, 25(2): 95-108.

[115] Park K H, Bien Z, Hwang D H. A study on the robustness of a PID-type iterative learning controller against initial state error[J]. International Journal of Systems Science, 1999, 30(1): 49-59.

[116] Park P H, Bien Z. A generalized iterative learning controller against initial state error[J]. International Journal of Control, 2000, 73(10): 871-881.

[117] Mingxuan Sun, Danwei Wang. Iterative learning control design for uncertain dynamic systems with delayed states[J]. Dynamics and Control, 2000, 10: 341-357.

[118] 虞忠伟, 陈辉堂, 王月娟. 基于反馈控制的迭代学习控制器设计[J]. 控制理论与应用, 2001, 18(5): 785-791.

[119] 阮小娥, 万百五, 高红霞. 具有滞后的饱和非线性工业控制系统的迭代学习控制[J]. 自动化学报, 2001, 27(3): 219-223.

[120] Fang Y, Soh Y G, Feng G. Convergence analysis of iterative learning control with uncertain initial conditions[C]. Proceedings of the 4th World Congress on Intelligent Control and Automation, Shanghai, China, 2002: 960-963.

[121] Fang Y, Chow W S. 2-D analysis for iterative learning controller for discrete-time systems with variable initial conditions[J]. IEEE Transactions on Circuits and Systems-I: Fundamental Theory and applications, 2003, 50(5): 722-727.

[122] Dao Ying Pi, Panaliappan, K. Robustness of discrete nonlinear systems with open-closed-loop iterative learning control[C]. Proceedings of the First International Conference on Machine Learning and Cybernetic, Beijing, China, 2002: 1263-1266.

[123] Avrachenkov K E. Iterative learning control based on quasi-Newton methods[C]. Proc.1998 Conf. Decision and Control, Tampa Florida, USA , 1998: 170-174.

[124] 姚远. 机械手迭代学习控制算法的应用研究[D]. 杭州: 浙江大学, 2004.

[125] Khalil H K. Nonlinear Systems(Third Edition) [M]. 3rd ed. New Jersey: Prentice Hall, 2002.

[126] Takegakim, Arimoto S. New feedback method for dynamic control of manipulators [J]. Journal of Dynamic Systems, Measurement and Control, Transactions of the ASME, 1981, 103(2): 119-125.

[127] 刘金锟. 机器人控制系统的设计与 Matlab 仿真[M]. 北京: 清华大学出版社, 2008.

[128] Jarrasse, Nathanael, Guillaume Morel. A formal method for avoiding hyperstaticity when connecting an exoskeleton to a human member [C]. IEEE International Conference on Robotics and Automation, Anchorage, Alaska, USA, 2010: 1188-1195.

[129] Jarrasse, Nathanael, Guillaume Morel. A methodology to design kinematics of fixations between an orthosis and a human member [C]. IEEE/ASME International Conference on Advanced Intelligent Mechatronics, Suntec Convention and Exhibition Center Singapore, 2009: 1958-1963.

[130] Shuhei Nakagawara, Hiroyuki Kajimoto, Naoki Kawakami, et al. An Encounter-Type Multi-Fingered Master Hand Using Circuitous Joints[C]. Proceedings of the 2005 IEEE International Conference on Robotics and Automation Barcelona, Spain, April, 2005: 2667-2672.

[131] 支秉琛, 包世华, 雷钟和. 结构力学[M]. 北京: 中央广播电视大学出版社, 1987: 321.

[132] 朱宇光, 杨智勇, 朱海军, 等. 气弹簧在骨骼服中的应用研究[J]. 机电工程, 2010, 27(2): 8-10.

内 容 简 介

本书在分析了国内外下肢携行外骨骼系统的发展技术基础上，讨论了外骨骼这一人机系统控制的特殊性。从研究人体生物力学模型入手，分析了下肢步行的运动机理和主要特征；建立了系统控制模型，给出了外骨骼的全过程运动控制方法，并设计了迭代学习控制器；从人机穿戴耦合方式入手，解决了穿戴者与外骨骼服的匹配问题；最后，给出了携行外骨骼服样机控制系统实现。

本书可以为从事外骨骼系统研究的专业技术人员在探索、创新过程中提供参考，也可作为大专院校有关专业师生的参考读物。

On the basis of analysing the domestic and foreign carrying lower extreme exoskeleton development, the special control problem about the system is introduced. The human biomechanics is studied and the movement mechanism and main characteristics of lower limbs walking are analysed. The control model is built, the total course movement control method is given. The iterative learning controller is also presented. The coupling of man-machine system is studied, which solved the matching problem between wearer and extreme exoskeleton suit. At the end, the control system relization of the carrying exoskeleton prototype is given.

This book can provide reference for the professional technologist exploration and innovation. At the same time, it is a refrence book for the universities and colleges' teachers and students.